Scholz
Grundlagen der Elektrotechnik

Bleiben Sie auf dem Laufenden!

Hanser Newsletter informieren Sie regelmäßig
über neue Bücher und Termine aus den verschiedenen Bereichen der Technik. Profitieren
Sie auch von Gewinnspielen und exklusiven
Leseproben. Gleich anmelden unter

www.hanser-fachbuch.de/newsletter

Reinhard Scholz

Grundlagen der Elektrotechnik

Eine Einführung in die Gleich- und Wechselstromtechnik

Mit 157 Bildern und 18 Tabellen

Fachbuchverlag Leipzig
im Carl Hanser Verlag

Prof. Dr.-Ing. Reinhard Scholz
Fachhochschule Dortmund

Bibliografische Information der Deutschen Nationalbibliothek

Die Deutsche Nationalbibliothek verzeichnet diese Publikation in der Deutschen Nationalbibliografie; detaillierte bibliografische Daten sind im Internet über http://dnb.d-nb.de abrufbar.

ISBN: 978-3-446-45160-5
E-Book-ISBN: 978-3-446-45631-0

© 2018 Carl Hanser Verlag München
Internet: http://www.hanser-fachbuch.de

Lektorat: Manuel Leppert, M.A.
Herstellung: Dipl.-Ing. (FH) Franziska Kaufmann
Coverconcept: Marc Müller-Bremer, www.rebranding.de, München
Coverrealisierung: Stephan Rönigk
Druck und Bindung: Hubert & Co., Göttingen
Printed in Germany

Vorwort

„Wie sieht eigentlich Strom aus?" Eine Bekannte erzählte mir einmal, ihr kleiner Sohn hätte ihr diese Frage gestellt. Nur eine banale Kinderfrage oder steckt mehr dahinter? Die Frage ist viel tiefgründiger, als es auf den ersten Blick erscheint. Es geht hier um nichts Geringeres als um wissenschaftliche Methodik. Wie können wir etwas beschreiben, das sich offensichtlich unseren Sinnen entzieht, etwas, das wir nicht im wahrsten Sinne des Wortes *begreifen* können?

Wird der Mensch mit solchen Problemen konfrontiert, so versucht er vergleichbare Muster in der ihm vertrauten Welt zu finden. So können wir beispielsweise den elektrischen Strom mit einer Flüssigkeit vergleichen, die durch Rohre und Schläuche fließt. Das geht bis zu einem gewissen Grade, stößt aber sehr schnell an Grenzen. Der Naturwissenschaftler nennt so etwas *Modell* und drückt dies in der Regel mathematisch aus. Aber auch mathematische Modelle sind nicht uneingeschränkt gültig, und auch sie stoßen an Grenzen.

In diesem Buch werden Sie als Praktiker oder Laie mit einer Fülle von Mathematik konfrontiert. Der theoretisch interessierte Experte wird die Ausführungen eher als oberflächlich betrachten und mathematische Tiefe vermissen. Viele Studienanfänger haben die Elektrizitätslehre bislang nur als Teilgebiet der Physik kennengelernt und verfügen nur über geringe oder gar keine praktische Erfahrung. Andererseits fehlt ihnen vielfach auch noch die notwendige mathematische Sicherheit, da das erforderliche Wissen meist parallel gelehrt wird. Hinzu kommt eine veränderte Struktur des Studiums. Grundlegende Kenntnisse der Elektrotechnik sind heutzutage fester Bestandteil des Curriculums vieler Studiengänge, die Lehrinhalte müssen aber aus Zeitmangel sehr kompakt vorgetragen werden.

Wir tragen diesem Umstand Rechnung, indem wir uns bei den physikalischen Grundlagen auf ein Minimum beschränken und die Gleichstromtechnik als Sonderfall der Wechselstromtechnik betrachten. Andererseits ermöglichen wir mit der Herangehensweise an die Thematik einen einfachen Einstieg in weiterführende Studien der Netzwerktheorie und der klassischen Nachrichtentechnik. Des Weiteren stehen uns heute sehr leistungsstarke Softwareprodukte zur Verfügung, mit denen die theoretischen Betrachtungen ohne großen Aufwand numerisch veranschaulicht werden können. Der Einsatz und die Anwendung von modernen Simulations- und Berechnungswerkzeugen wie *Matlab*, *Octave*, *Mathcad* oder ähnlichen Produkten sollte im Studium heute so selbstverständlich sein, wie noch vor wenigen Jahrzehnten der Gebrauch des Rechenschiebers.

In den Bereichen Forschung und Entwicklung gehört *Matlab/Simulink* zu den Standard-Werkzeugen. Zumindest Grundkenntnisse dieser Werkzeuge sollten Studierenden der Ingenieurwissenschaften geläufig sein. *Octave* ist eine freie Software (GNU general public license) und in der Grundfunktionalität mit *Matlab* nahezu identisch. Die Software ist für alle gängigen Plattformen verfügbar und bietet somit einen kostengünstigen Einstieg in die Arbeitsumgebung des Entwicklungsingenieurs.

Die theoretischen Grundlagen der Elektrotechnik sind seit Jahrzehnten sehr gut verstanden und in vielen Publikationen ausführlich dargelegt. Die Anzahl an Lehrbüchern mit unterschiedlichen Ansprüchen ist entsprechend umfangreich. Am Ende des Buches haben wir, ohne Anspruch auf Vollständigkeit, eine thematisch geordnete Literaturauswahl angegeben. Auch ältere Werke sind durchaus noch aktuell. Geändert hat sich vor allem die didaktische Aufbereitung, und auch der Einfluss moderner computergestützter Methoden erfordert Ergänzungen bei der Darstellung grundlegender Zusammenhänge. Zum Nacharbeiten fehlender Grundlagen und für weiterführende theoretische Betrachtungen verweisen wir auf diese Literaturliste.

Im Anhang findet sich neben einer kleinen Starthilfe für *Octave* auch ein kurzer Abriss über komplexe Zahlen und Matrizenrechnung. Gerade die beiden letztgenannten Themengebiete der Mathematik spielen eine überaus wichtige Rolle in der Elektrotechnik.

Wir werden zur Beschreibung elektrischer Vorgänge unterschiedliche mathematische Methoden kennenlernen und dabei eine möglichst hohe Präzision bei vertretbarem Aufwand anstreben. Für Sie als Ingenieur bedeutet dies, Sie müssen die Methoden, ihre Anwendung, aber auch ihre Grenzen kennen. Sie müssen in der Lage sein, Ergebnisse zu verifizieren und auf Plausibilität zu untersuchen. Und nicht zuletzt: Sie müssen die richtigen Methoden einsetzen.

In diesem Sinne wünsche ich Ihnen viel Erfolg bei der Arbeit mit diesem Buch.

 Die Lösungen der Übungsaufgaben sowie die dazu verwendeten Octave-Programme stehen auf der Website www.fh-dortmund.de/scholz_get zur Verfügung.

An dieser Stelle möchte ich mich bei allen Kollegen und Studierenden für die Anregungen und Diskussionen bedanken, die zur Entstehung dieses Buchs beigetragen haben. Mein besonderer Dank gilt Frau Franziska Kaufmann (Herstellung) und Herrn Manuel Leppert (Lektorat) vom Carl Hanser Verlag für die wertvollen Hinweise und Korrekturen sowie die gute Zusammenarbeit bei der Realisierung des Projekts.

Dortmund, im Mai 2018   Reinhard Scholz

Inhalt

4   Frequenzselektive Schaltungen **126**

5   Leistung und Arbeit **152**

6   Lineare elektrische Netzwerke **169**

1   Elektrizität und Magnetismus

Zum Verständnis der Elektrizität ist ein Blick in die Atomphysik unerlässlich. Die Elektrizität ist eine der vier fundamentalen Wechselwirkungen zwischen physikalischen Objekten. Elektrische Kräfte spielen beim Atomaufbau sowie bei chemischen Bindungen in Molekülen eine entscheidende Rolle. In der technischen Anwendung stehen jedoch der Ladungstransport und die sich daraus ergebenden Gesetzmäßigkeiten im Vordergrund.

■ 1.1   Physikalische Grundlagen

Elektrizität und Magnetismus sind zwei physikalische Erscheinungen, die sehr eng miteinander verbunden sind. Die elektromagnetische Kraft ist eine der vier physikalischen Grundkräfte. Urheber dieser Kraft ist die *elektrische Ladung*. Die Träger der elektrischen Ladung (Ladungsträger) sind Elementarteilchen wie z. B. Elektronen (negative Ladung) und Protonen (positive Ladung). Zwischen elektrischen Ladungen herrschen Kräfte, und zwar ziehen sich ungleichnamige Ladungen an, gleichnamige Ladungen hingegen stoßen sich ab. (Dieses Verhalten unterscheidet sich grundlegend von der Schwerkraft, bei der es nur die Anziehung, aber keine Abstoßung gibt.[1]) Die elektrische Ladung ist, ähnlich wie die Energie, eine *Erhaltungsgröße*, d. h., bei allen Prozessen in einem abgeschlossenen System ändert sich die Gesamtladung nicht.

Die Wirkung einer elektrischen Ladung auf den umgebenden Raum wird durch ein *elektrisches Feld* beschrieben. Ladungsträger sind somit die Quelle eines elektrischen Feldes. Der Feldbegriff ist übrigens wesentlich allgemeiner formuliert und beschränkt sich nicht auf den Elektromagnetismus.

Ruhende Ladungsträger erzeugen ein statisches elektrisches Feld. Bewegte Ladungsträger werden als *elektrischer Strom* bezeichnet. Ein *magnetisches Feld* wird von bewegten Ladungsträgern erzeugt, d. h., jeder elektrische Strom hat ein Magnetfeld zur Folge. Magnetische Ladungen konnten bisher nicht entdeckt werden, das magnetische Feld ist somit quellenfrei.[2]

Nicht nur ruhende oder bewegte Ladungen erzeugen elektrische bzw. magnetische Felder. Zeitliche Veränderungen von elektrischen Feldern rufen magnetische Felder und zeitliche Veränderungen von magnetischen Feldern rufen elektrische Felder hervor. Ein derartiges Verhalten bezeichnet man als Symmetrie.

---

[1]   Offensichtlich tritt die Ursache der Gravitation nur in einer einzigen Form auf und diese führt immer zu einer Anziehung von Massen. Elementarteilchen, die eine andere Art der Gravitation mit abstoßender Wirkung haben, konnten bislang noch nicht entdeckt werden.

[2]   Als direkte Folge der Quellenfreiheit des magnetischen Feldes können keine isolierten magnetischen Nord- oder Südpole existieren. Jeder Dauermagnet hat einen Nord- und einen Südpol. Wird dieser Magnet durchgeschnitten, so entstehen zwei Magnete mit jeweils einem Nord- und einem Südpol.

Das grundlegende Verhalten aller elektromagnetischen Vorgänge kann mit wenigen einfachen Aussagen beschrieben werden. Eine derartige Zusammenstellung spiegelt zwar prinzipiell den Elektromagnetismus wider, kann allerdings bestenfalls ein grober Leitfaden sein. Dennoch ist es wichtig, sich stets aller Zusammenhänge bewusst zu sein, auch wenn einige Aspekte für die Betrachtung eines konkreten Problems von untergeordneter Bedeutung sind.

Grundlegendes Verhalten elektromagnetischer Vorgänge

- Urheber elektromagnetischer Kräfte ist die elektrische Ladung.
- Die elektrische Ladung ist eine Erhaltungsgröße.
- Die elektrische Ladung kann positiv oder negativ sein.
- Ungleichnamige Ladungen ziehen sich an.
- Gleichnamige Ladungen stoßen sich ab.
- Es gibt keine magnetischen Ladungen.
- Bewegte elektrische Ladungsträger nennt man elektrischen Strom.
- Elektrische Ladungsträger erzeugen elektrischer Felder.
- Elektrische Ströme erzeugen magnetischer Felder.
- Zeitlich veränderliche elektrische Felder erzeugen magnetische Felder.
- Zeitlich veränderliche magnetische Felder erzeugen elektrische Felder.

Eine derartige Beschreibung heißt *Modell*. Ein Modell ist ein mehr oder weniger stark vereinfachtes Abbild der Wirklichkeit. Jedes Modell hat einen abgegrenzten Geltungs- und Anwendungsbereich. Wird dieser Bereich überschritten, so liefert das Modell falsche Ergebnisse. Andererseits ist es oftmals sinnvoll, eingeschränkte Modelle zur Lösung bestimmter Aufgaben zu verwenden, da ein umfangreiches Modell viel zu komplex ist und Lösungen nur mit unangemessen hohem Aufwand zu erzielen sind.

Das oben dargestellte Modell eignet sich bestenfalls zur groben Betrachtung prinzipieller Verhaltensweisen. Genauere Untersuchungen oder sogar theoretische Beschreibung sind daraus nicht abzuleiten.

Das wichtigste Werkzeug der Physik ist die Mathematik. Nun ist es nicht so, dass die Physik mit Mathematik funktioniert. Physikalische Vorgänge verhalten sich so, wie sie sich verhalten. Vielmehr bietet die Mathematik Möglichkeiten, dieses Verhalten sehr präzise zu beschreiben. Jede physikalische Formel ist ein mathematisches Modell des realen Vorganges mit allen Vorteilen und Einschränkungen, die Modellen zu eigen sind.

■ 1.2 Skalare und vektorielle Größen

Im vorangegangen Abschnitt wurden einige physikalische Größen eingeführt und mit Begriffen wie z. B. Ladung oder Strom bezeichnet. Für eine kompakte Darstellung von physikalischen Zusammenhängen ist die Verwendung von Begriffen allerdings zu unhandlich. Diese werden daher durch einfache Zeichen (meist lateinische oder griechische Buchstaben) ersetzt. So wird für den Begriff Ladung im Allgemeinen das Formelzeichen Q und für den Begriff Strom I verwendet. In vielen Fällen haben sich zunächst willkürlich gewählte Formelzeichen durchgesetzt. Teilweise sind sie auch aus den Begriffen abgeleitet worden, wie z. B. bei der Leistung P (von *power*).

Zur quantitativen Erfassung der Größen ist es notwendig, diese mit einem Referenzwert zu vergleichen. Dieser Referenzwert ist die *Einheit*, die für jede physikalische Größe festgelegt ist. Die Einheit des Stromes ist das Ampere. Fließt also der 5,3-fache Strom der Einheit Ampere durch einen Leiter, so sagt man: Der Strom beträgt 5,3 Ampere oder kurz

$$I = 5,3 \, \text{A} \, .$$

Jede Größenangabe wird als Produkt aus einem Zahlenwert und einer Einheit angegeben.

Größe = `Zahlenwert` · Einheit

Referenzieren wir auf Einheiten, so setzen wir die betreffende Größe in eckige Klammern.

$[\textit{Größe}] = \text{Einheit}$ bzw. $[I] = \text{A}$ oder $[I] = 1 \, \text{A}$

Auch für die Einheiten gelten die Regeln der Mathematik, d. h., zwei Größen mit unterschiedlichen Einheiten können nicht addiert werden. Die Summe $I + Q$ ist daher sinnlos. Bei Produkten oder Quotienten von Größen werden auch die Einheiten multipliziert bzw. dividiert. Auf diese Weise leiten sich zusammengesetzte Einheiten ab.

Das Internationale System (SI) legt einige physikalischen Größen als Grundgrößen und deren Basiseinheiten fest. Alle anderen Größen lassen sich aus den Grundgrößen ableiten. In der Elektrotechnik wird neben den SI-Grundgrößen Länge, Zeit, Masse und Stromstärke praktischerweise die abgeleitete Größe Spannung wie eine Grundgröße verwendet.

In der Netzwerktheorie werden zeitunabhängige Größen durch Großbuchstaben und zeitabhängige Größen durch Kleinbuchstaben gekennzeichnet. Gleichstrom ist über die Zeit konstant, als Formelzeichen wird I verwendet. Wechselstrom ist eine zeitabhängige Größe. Daher wird das Formelzeichen i verwendet bzw. die Form $i(t)$ gewählt, um den Strom i als Funktion der Zeit t darzustellen.

Wir unterscheiden zwischen *skalaren Größen*, die durch die Angabe eines Zahlenwertes und einer Einheit vollständig beschrieben sind, und *vektoriellen Größen*, die zusätzlich eine Richtung besitzen. Vektoren werden durch einen Pfeil über dem Formelzeichen gekennzeichnet.

Ladung und Strom sind ungerichtete Größen. Bei der Kraft (ebenso wie bei der elektrischen und magnetischen Feldstärke) ist neben dem Absolutwert die Wirkrichtung von entscheidender Bedeutung. Vektorielle Größen können immer in voneinander unabhängige Komponenten zerlegt werden, die praktischerweise den Grundrichtungen des verwendeten Koordinatensystems entsprechen.

$$\vec{F} = \left(F_x, F_y, F_z \right) \qquad\qquad |\vec{F}| = F = \sqrt{F_x^2 + F_y^2 + F_z^2}$$

Der Betrag des Vektors ist dann die Größe, die in der Richtung des Vektors wirkt (oder genau entgegengesetzt). Oftmals ist diese skalare Darstellung ausreichend.

Obwohl der Strom kein Vektor ist, muss die Richtung, in die er fließt, gekennzeichnet werden. Unter Richtung versteht man in diesem Fall den Weg entlang eines elektrischen Leiters. Es gibt daher nur eine Richtung und eine Gegenrichtung. Die Kennzeichnung erfolgt durch einen *Zählpfeil*. Ein Strom, der entgegen der Zählpfeilrichtung fließt, ist negativ.

Auf *Feldgrößen* soll an dieser Stelle nur kurz eingegangen werden. Unter einem Feld versteht man eine räumlich verteilte Größe, d. h., jedem Punkt im Raum ist ein Wert (Skalarfeld) bzw. ein Wert und eine Richtung (Vektorfeld) zugeordnet. Im allgemeinsten Fall ist die Größe abhängig vom Ort und von der Zeit.

■ 1.3   Mathematische Modelle in der Elektrotechnik

Die umfassendste Beschreibung des Elektromagnetismus liefern die Maxwell'schen Gleichungen.[3] Die beiden Darstellungen *Integralform* und *Differenzialform* sind äquivalent. Welche Form zur Anwendung kommt, hängt von der Aufgabenstellung und der Lösungsmethode ab.

Integralform	Differenzialform

$$\oint_C \vec{H}\, d\vec{s} = \iint_A \left(\vec{J} + \frac{\partial \vec{D}}{\partial t} \right) d\vec{A} \qquad\qquad \operatorname{rot} \vec{H} = \vec{J} + \frac{\partial \vec{D}}{\partial t}$$

$$\oint_C \vec{E}\, d\vec{s} = \frac{d}{dt} \iint_A \vec{B}\, d\vec{A} \qquad\qquad \operatorname{rot} \vec{E} = \frac{\partial \vec{B}}{\partial t}$$

$$\oiint_A \vec{D}\, d\vec{A} = \iiint_V \varrho\, dV \qquad\qquad \operatorname{div} \vec{D} = \varrho$$

$$\oiint_A \vec{B}\, d\vec{A} = 0 \qquad\qquad \operatorname{div} \vec{B} = 0$$

Auf die Gleichungen soll an dieser Stelle nicht näher eingegangen werden. Es sei hier nur Folgendes erwähnt: $\vec{E}$ und $\vec{D}$ beschreiben das elektrische und $\vec{H}$ und $\vec{B}$ das magnetische Feld. Der Strom wird durch die Stromdichte $\vec{J}$ und die Ladung durch die Ladungsdichte ϱ ausgedrückt. Die Differenzialoperatoren d/dt bzw. $\partial/\partial t$ bezeichnen zeitliche Veränderungen. Die Differenzialoperatoren „rot" und „div" in der Differenzialform stellen Ableitungen nach den Ortsvariablen dar.

Die elektrischen und magnetischen Eigenschaften des (leeren) Raums sowie der darin enthaltenen Stoffe werden durch die Materialgleichungen beschrieben.

$\vec{D} = \varepsilon \vec{E}$	$\varepsilon = \varepsilon_0 \varepsilon_r$	Permittivität
$\vec{B} = \mu \vec{H}$	$\mu = \mu_0 \mu_r$	Permeabilität
$\vec{J} = \kappa \vec{E}$	κ	Leitfähigkeit

Die Lorentzkraft[4] schließlich beschreibt die Kraft $\vec{F}$, die ein elektrisches oder ein magnetisches Feld auf eine Ladung Q ausübt. Hierbei ist $\vec{v}$ die Relativgeschwindigkeit zwischen Ladung und Magnetfeld.

$$\vec{F} = Q\left(\vec{E} + \vec{v} \times \vec{B} \right)$$

Der hier dargestellte Formelsatz lässt sich auch ohne tiefere mathematische Kenntnisse direkt mit der eingangs aufgestellten „Verhaltensliste des Elektromagnetismus" vergleichen. Jeder Listeneintrag findet sich in den Formeln wieder.

---

[3]   James Clerk Maxwell, englischer Physiker, 1831–1879.
[4]   Hendrik Antoon Lorentz, holländischer Physiker, 1853–1928.

Zur Anwendung des *Maxwell'schen Modells* werden zunächst die elektrischen und magnetischen Eigenschaften des betrachteten Raums beschrieben, d. h., es werden Raumbereiche definiert, denen eine bestimmte *Permittivität*, eine bestimmte *Permeabilität* und eine bestimmte *Leitfähigkeit* zugeordnet sind. Je nach Umfang der zu untersuchenden Anordnung kann allein diese Beschreibung schon sehr komplex werden. Ferner ist noch die Ladungsverteilung vorzunehmen. Dabei wird definierten Raumbereichen eine Ladungsdichte zugeordnet. Schließlich ist der anfängliche Zustand der Feldverteilung anzugeben. Nun kann mit der Lösung der Integrale begonnen werden. Aufgrund der beschriebenen Vorgehensweise ist leicht ersichtlich, dass eine geschlossene analytische Lösung nur für sehr einfache Anordnungen angegeben werden kann. Numerische Lösungen (z. B. mit der Methode der finiten Elemente) sind auch bei komplizierten Anordnungen berechenbar, erfordern z. T. aber eine extrem hohe Rechenleistung.

Schon die Berechnung eines einfachen Stromkreises, beispielsweise einer Lampe, die mit zwei beliebig durch den Raum gezogenen Drähten an einer Batterie angeschlossen ist, führt zu unvertretbar hohem Aufwand. Hinzu kommt, dass schon das Verbiegen eines Drahtes eine vollständig neue Beschreibung erfordert. Dabei hat die Lage des Drahtes keinen praktischen Einfluss auf die Funktion des Stromkreises, lediglich die Feldverteilung im umgebenden Raum ändert sich ein wenig.

Mit diesem Beispiel wird ersichtlich, dass die Maxwell'schen Gleichungen, obwohl sie alle physikalischen Vorgänge in der Anordnung beschreiben, nicht zur Lösung dieses Problems geeignet sind. Das Modell „Maxwell'sche Gleichungen" ist für diese Aufgabe gültig, praktisch aber kaum anwendbar. Die Maxwell'schen Gleichungen kommen in der Elektrostatik, der Magnetostatik und der Elektrodynamik zur Anwendung.

In der Netzwerktheorie wird ein Modell eingesetzt, dass aus dem *Ohm'schen Gesetz*[5] und den *Kirchhoff'schen Regeln*[6] besteht. Netzwerke (Schaltungen) werden durch Zeichnungen, sogenannte Schalt- oder Stromlaufpläne, beschrieben. Hierbei werden Schaltelemente durch elektrische Leiter miteinander verbunden. Die physikalische Lage der Schaltelemente im Raum spielt dabei keine Rolle. Jedes Schaltelement wird durch eine Beziehung zwischen Strom I und Spannung U charakterisiert.

Der *Strom* ist die bewegte Ladungsmenge pro Zeiteinheit und bereits aus aus dem Maxwell'schen Modell bekannt. (Dort wird der Strom allerdings auf die durchdrungene Fläche bezogen und als Stromdichte bezeichnet.)

Die *Spannung* ist eine Potenzialdifferenz zwischen zwei Punkten in einem elektrischen Feld, d. h. die Feldstärke längs einer Strecke zwischen den beiden Punkten. (Anders ausgedrückt: Die Feldstärke ist die auf den Abstand bezogene Spannung zwischen zwei Punkten.)

 Strom und Spannung

- Strom fließt durch einen Leiter (oder ein Bauelement).
- Spannung liegt zwischen zwei Punkten (z. B. über einem Bauelement) an.

Strom und Spannung sind keine gerichteten Größen (wie z. B. die Feldstärken), ihnen werden jedoch Zählpfeile zugeordnet. Ein negativer Wert bedeutet dann lediglich dass eine Spannung

[5]   Georg Simon Ohm, deutscher Physiker, 1789–1854.
[6]   Robert Kirchhoff, deutscher Physiker,1824–1887.

entgegen der Zählpfeilrichtung anliegt. Im Falle eines negativen Stromes erfolgt die Bewegung von (positiven) Ladungsträgern entgegen der Zählpfeilrichtung. Auf die tatsächlichen Vorgänge in einem Leiter sowie die Definition der „technischen Stromrichtung" wird in den Abschnitten 1.4.3 und 1.5 genauer eingegangen.

Das Verhältnis von Spannung zu Strom in einem Schaltkreis wird als elektrischer Widerstand R bezeichnet und beschreibt gleichzeitig ein Bauelement, durch das beim Anlegen einer Spannung ein bestimmter Strom fließt. Dieser Zusammenhang wird durch das Ohm'sche Gesetz

$$R = \frac{U}{I} \tag{1.1}$$

beschrieben.

Ohm'sches Gesetz

Der Quotient von Spannung und Strom an einem Widerstand ist konstant.

Die Kirchhoff'schen Regeln beziehen sich auf die Netzwerktopologie und bestehen aus der Knoten- und der Maschengleichung. Ein *Knoten* ist ein beliebiger Stromverzweigungspunkt. Eine *Masche* ist eine beliebige Verbindung von Spannungszählpfeilen zu einem geschlossenen Umlauf.

Kirchhoff'sche Regeln

* Knotenregel: Die Summe der Ströme in einem Knoten ist null.
* Maschenregel: Die Summe der Spannungen in einer Masche ist null.

Zur Anwendung der Kirchhoff'schen Regeln muss, wie in Bild 1.1 dargestellt, die Zählpfeilrichtung berücksichtigt werden. In einen Knoten hineinfließende Ströme werden positiv und aus dem Knoten herausfließende Ströme werden negativ gezählt. Entsprechendes gilt für die Spannungen: Je nachdem ob eine Spannung beim Umlauf durch eine Masche in Zählpfeilrichtung oder entgegengesetzt durchlaufen wird, wird diese positiv oder negativ gezählt.

Der Schaltkreis in Bild 1.2 beschreibt eine sehr einfache Anordnung von zwei Bauelementen. Dort ist eine *Glühlampe* an einer Batterie angeschlossen. Diese Schaltung enthält eine einzige Masche und keinen Knoten. Die räumliche Anordnung der Bauelemente wird in dem Modell nicht berücksichtigt. Die Verbindungsleitungen beschreiben nur die Verschaltung der Bauelemente, nicht aber die Einflüsse der verwendeten Drähte bzw. Leitungen. Somit stellt die Schaltung eine Situation dar, in der die Lampe unmittelbar (ohne die geringste räumliche Entfernung) an die Spannungsquelle angeschlossen ist. Nun werden ein paar kurze Drähte kaum einen Einfluss haben. Wird jedoch ein sehr langes Kabel zwischen Batterie und Lampe geschaltet, so wird deren Leuchtkraft deutlich geringer sein. Solche Einflüsse werden durch eine Ersatzschaltung des Kabels (in diesem Fall durch einen Widerstand) berücksichtigt. Eine Ersatzschaltung ist wiederum ein Modell für eine komplexere Struktur. Auf diese Weise können die realen Verhältnisse durch Kombination idealer Bauelemente je nach Anforderung sehr genau nachgebildet werden.

Das *Kirchhoff'sche Modell* hat aber auch Einschränkungen, die in vielen, nicht jedoch in allen Fällen durch Einbringen zusätzlicher Bauelemente behoben werden können.

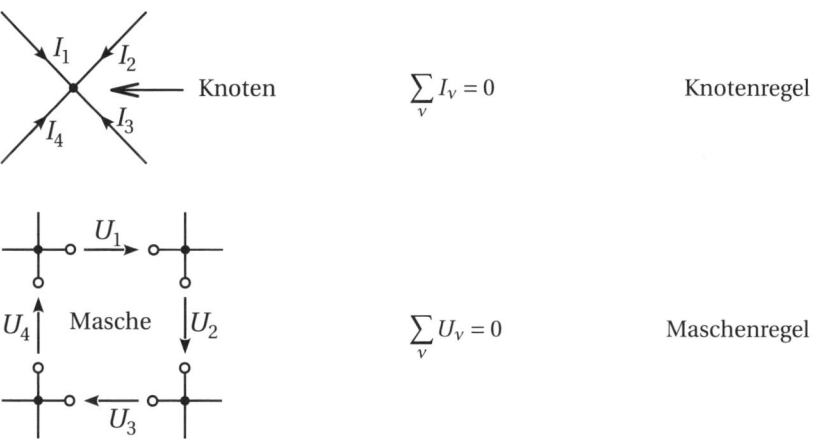

$$\sum_v I_v = 0 \qquad \text{Knotenregel}$$

$$\sum_v U_v = 0 \qquad \text{Maschenregel}$$

Bild 1.1 In einem Knoten kann kein Strom verschwinden, daher muss die Summe aller Ströme null sein. Ein vollständiger Umlauf in einer Masche erfasst alle anliegenden Spannungen. Unter Berücksichtigung ihrer Zählpfeilrichtung muss ihre Summe null sein.

Batterie   Verbindungsleitung   Glühlampe

Bild 1.2 Elektrische Bauelemente werden durch Symbole dargestellt. Ihre Verschaltung ist durch Verbindungslinien festgelegt. Verbindungslinien sind keine Leitungen, insbesondere besitzen sie weder eine Ausdehnung noch einen Widerstand.

Eingangs hatten wir erörtert, dass jeder stromdurchflossene Leiter ein Magnetfeld ausbildet. Zum Aufbau dieses Feldes ist eine gewisse Energie erforderlich, die natürlich der Spannungsquelle entnommen wird. Dieses Verhalten bleibt im Kirchhoff'schen Modell anscheinend unberücksichtigt. Wie wir später noch sehen werden, lassen sich auch diese Effekte in das Modell einbringen, indem entsprechende (ideale) Bauelemente definiert werden.

Weiterhin ist z. B. der Kurzschluss einer idealen Spannungsquelle nicht erlaubt, da dann die Maschenregel nicht mehr erfüllt werden kann. (Wenn in einer Masche nur eine einzige Spannung vorkommt, so darf diese sich nicht von null unterscheiden.) Abhilfe schafft hier die Erweiterung des Modells „ideale Spannungsquelle", die eine bessere Annäherung an eine reale Spannungsquelle darstellt.

Die beiden hier kurz angerissenen Modelle und ihre Anwendung werden wir im Anschluss an einige grundlegende Bemerkungen eingehend behandeln. Zuvor soll jedoch ein erstes Beispiel betrachtet und konkret berechnet werden.

Beispiel 1.1 Schaltkreis mit Stromverzweigung

Wir betrachten die in Bild 1.3 dargestellte Schaltung mit der Quellspannung $U_0 = 10\,\text{V}$ und den Widerständen $R_1 = R_2 = 1\,\text{k}\Omega$ sowie $R_3 = 500\,\Omega$. Die Spannungen U_1, U_2 und U_3 sowie die Ströme I_1, I_2 und I_3 sollen bestimmt werden.

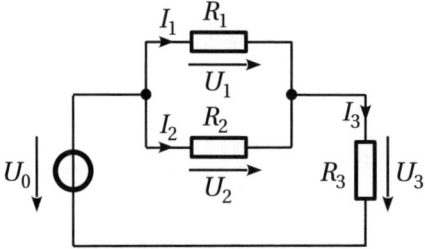

Bild 1.3 Schaltkreis

Zur Lösung des Problems wenden wir die Knotenregel auf einen der beiden Knoten an und führen zwei Maschenumläufe über die Spannungen U_0, U_1, U_3 sowie U_0, U_2, U_3 aus. Damit finden wir ein lineares Gleichungssystem.

$$I_1 + I_2 - I_3 = 0$$
$$-U_0 + U_1 + U_3 = 0$$
$$-U_0 + U_2 + U_3 = 0$$

An den Widerständen gilt jeweils das Ohm'sche Gesetz. Damit verknüpfen wir die Spannungen mit den Strömen.

$$U_1 = R_1\,I_1$$
$$U_2 = R_2\,I_2$$
$$U_3 = R_3\,I_3$$

Nach Einsetzen und Umformen des Gleichungssystems erhalten wir schließlich die gesuchten Spannungen und Ströme.

$$U_1 = \frac{R_1 R_2 U_0}{R_1 R_2 + R_1 R_3 + R_2 R_3} = 5\,\text{V} \qquad I_1 = \frac{R_2 U_0}{R_1 R_2 + R_1 R_3 + R_2 R_3} = 5\,\text{mA}$$

$$U_2 = \frac{R_1 R_2 U_0}{R_1 R_2 + R_1 R_3 + R_2 R_3} = 5\,\text{V} \qquad I_2 = \frac{R_1 U_0}{R_1 R_2 + R_1 R_3 + R_2 R_3} = 5\,\text{mA}$$

$$U_3 = \frac{R_3 (R_1 + R_2) U_0}{R_1 R_2 + R_1 R_3 + R_2 R_3} = 5\,\text{V} \qquad I_1 = \frac{(R_1 + R_2) U_0}{R_1 R_2 + R_1 R_3 + R_2 R_3} = 10\,\text{mA}$$

∎

Die Berechnung von Spannungen und Strömen in einem relativ kleinen Netzwerk scheint auf den ersten Blick recht kompliziert zu sein. Wir werden jedoch Methoden kennenlernen, die dieses Problem deutlich vereinfachen. Ein wesentlicher Punkt wird dabei die systematische Analyse von Netzwerken sowie die Behandlung linearer Gleichungssysteme sein. Außerdem lassen sich mehrere Widerstände mit einfachen Regeln zu einem einzigen zusammenfassen und verringern damit die Komplexität einer Schaltung.

▇ 1.4   Elektrische Ladung und Potenzial

Strom und Spannung sind für die technische Anwendung der Elektrizität fundamentale Größen. Sie lassen sich messtechnisch sehr einfach und mit großer Präzision erfassen. Eine Betrachtung elektrischer Ladungen, der Kräfte zwischen diesen Ladungen sowie deren Bewegungen ist die Grundlage zur Definition von Strom und Spannung.

1.4.1   Elementarladung

Die elektrische Ladung ist die Ursache des Elektromagnetismus und eine Grundeigenschaft der Materie. Elektrische Ladung tritt nur in quantisierter Form als ganzzahliges Vielfaches der *Elementarladung*

$$e = 1{,}602 \cdot 10^{-19}\,C \tag{1.2}$$

auf,[7] d. h., für jede Ladungsmenge Q gilt

$$Q = n \cdot e, \quad n \in \mathbb{Z}. \tag{1.3}$$

Die Einheit der elektrischen Ladung ist das Coulomb[8] (C). Das Coulomb ist eine zusammengesetzte Einheit. Ein Coulomb ist die Ladungsmenge, die von einem Strom der Stärke ein *Ampere*[9] in einer Sekunde transportiert wird.

$$1\,\text{Coulomb} = 1\,\text{Ampere} \cdot 1\,\text{Sekunde} \qquad\qquad 1\,C = 1\,A \cdot s$$

Elektrisch nicht neutrale Elementarteilchen werden als *Ladungsträger* bezeichnet. In der Elektrotechnik sind nur Elektronen und Protonen von praktischer Bedeutung.

Protonen sind positiv geladen ($e^+ = +e$) und bilden (zusammen mit elektrisch neutralen Neutronen) den Atomkern. *Elektronen* sind negativ geladen ($e^- = -e$) und bilden die Atomhülle. Ein vollständiges Atom besitzt genau so viele Elektronen wie Protonen. Es ist nach außen elektrisch neutral. Das Bohr'sche[10] Atommodell lässt nur bestimmte Elektronenbahnen zu. Eine bestimmte Zahl von Elektronenbahnen lässt sich zu jeweils einer Schale zusammenfassen. Jede Schale kann nur eine maximale Anzahl an Elektronen aufnehmen. Es zeigt sich, dass eine vollbesetzte äußere Elektronenschale der energetisch günstigste Zustand eines Atoms ist. Atome, die nur ein Elektron auf ihrer äußeren Schale haben, geben dieses bei Energiezufuhr relativ leicht ab. Andererseits nehmen Atome, denen lediglich ein Elektron zu einer vollbesetzten äußeren Schale fehlt, begierig freie Elektronen auf. Derartige Elemente sind daher chemisch sehr reaktionsfreudig.

Metalle weisen sich durch eine nur schwach besetzte äußere Schale auf. Die Elektronen auf dieser Schale nennt man auch *Valenzelektronen*. Sie sind nur sehr schwach an den Kern gebunden bzw. bewegen sich ungeordnet zwischen den Atomen. Valenzelektronen können mit

---

[7]   Quarks werden Drittelladungen zugeschrieben; sie treten aber nie isoliert auf, sondern immer nur in Kombinationen, deren Gesamtladung ein ganzzahliges Vielfaches der Elementarladung ist.
[8]   Charles Augustin de Coulomb, französischer Physiker, 1736–1806.
[9]   André-Marie Ampère, französischer Naturforscher, 1775–1836.
[10] Niels Bohr, dänischer Physiker, 1885–1962.

geringer Energiezufuhr gerichtet bewegt werden. Diese Form des Ladungstransports heißt metallische Leitung.

Ist die Anzahl von Elektronen und Protonen eines Atoms nicht ausgeglichen, so spricht man von einem *Ion*. Je nachdem ob ein Überschuss oder ein Mangel an Elektronen besteht, ist das Ion positiv oder negativ geladen. In leitenden Flüssigkeiten und angeregten Gasen (Plasma) erfolgt der Ladungstransport durch gerichtete Bewegung von Ionen.

Die Gesamtladung eines Raumbereichs ist gegeben durch die Summe der einzelnen Elementarladungen. Bei einer makroskopischen Betrachtung setzt sich die Gesamtladung aus einer sehr großen Zahl von Elementarladungen zusammen, sodass sich deren diskrete Natur nach außen nicht mehr bemerkbar macht. Die Ladungsverteilung in einem Volumen kann daher durch Betrachtung der Ladung dQ in einem infinitesimalen Volumenelement dV als *Raumladungsdichte*

$$\varrho = \frac{dQ}{dV} \tag{1.4}$$

beschrieben werden. Die im Volumen V eingeschlossene Gesamtladung ist dann gegeben durch das Integral

$$Q = \iiint_V \varrho \, dV . \tag{1.5}$$

1.4.2 Kraftwirkung

Die Wirkung von elektrischen Ladungen lässt sich durch die Kraft beobachten, die sie aufeinander ausüben. Zwei im Abstand d positionierte punktförmige Ladungen Q_1 und Q_2 stoßen sich mit der Kraft

$$F = \frac{Q_1 Q_2}{4\pi \varepsilon d^2} \tag{1.6}$$

ab, wobei die Permittivität ε (auch Dielektrizitätskonstante genannt) den Einfluss der umgebenden Materie beschreibt. Die Permittivität des leeren Raums ε_0 ist eine Naturkonstante und beträgt

$$\varepsilon_0 = 8{,}854 \cdot 10^{-12} \frac{A \cdot s}{V \cdot m} . \tag{1.7}$$

Jedes nicht leitende Material erhöht die Permittivität um einen bestimmten materialtypischen Faktor, der relative Permittivität genannt wird. Wie man sofort erkennt, wird die Kraft bei Ladungen mit unterschiedlichen Vorzeichen negativ, d. h., unterschiedliche Ladungen ziehen sich an. Die Kraft nimmt mit dem Quadrat der Entfernung ab.

Die elektrostatische Kraftwirkung ist um ein Vielfaches (etliche Zehnerpotenzen) größer als die Gravitationskräfte. Um dies zu verdeutlichen, wollen wir die Kräfte vergleichen, die zwei Protonen im ansonsten leeren Raum aufeinander ausüben. Aus Gleichung (1.6) ergibt sich bei einem Abstand d der Teilchen eine abstoßende elektrostatische Kraft

$$F_e = \frac{e^2}{4\pi \varepsilon_0 d^2} .$$

Die Gravitationskraft beider Teilchen beträgt

$$F_g = \gamma \frac{m^2}{d^2} \,,$$

wobei $\gamma = 6{,}67 \cdot 10^{-11}\,\mathrm{m}^3/(\mathrm{kg \cdot s}^2)$ die Gravitationskonstante und $m = 1{,}67 \cdot 10^{-27}\,\mathrm{kg}$ die Protonenmasse ist. Das Verhältnis beider Kräfte ergibt sich zu

$$\frac{F_e}{F_g} = \frac{1}{4\pi\varepsilon_0\gamma} \cdot \frac{e^2}{m^2} \approx 8{,}25 \cdot 10^{36} \,.$$

Wir wollen nun ein Beispiel aus dem makroskopischen Bereich betrachten. Dazu platzieren wir im leeren Raum zwei Massen von jeweils einem Kilogramm in einem Abstand von einem Meter. Die beiden Massen ziehen sich dann mit der Kraft $F_g = 6{,}67 \cdot 10^{-11}\,\mathrm{N}$ an. [11] Bestünden beide Massen ausschließlich aus Protonen (ca. $6 \cdot 10^{26}$ Protonen besitzen zusammen die Masse von einem Kilogramm), so würden diese sich mit der Kraft $F_e = 8{,}29 \cdot 10^{25}\,\mathrm{N}$ abstoßen[12].

In der Natur kompensieren sich diese enormen elektrostatischen Kräfte offensichtlich sehr gut. Man kann daher schließen, dass die Anzahl der Teilchen mit positiver und negativer Ladung nahezu identisch ist und die Ladungen gleichmäßig verteilt sind. Ferner muss die Ladung eines Elektrons – abgesehen vom Vorzeichen – der Ladung eines Protons mit sehr hoher Genauigkeit entsprechen.

1.4.3 Strom und Stromdichte

Eine gerichtete Bewegung von Ladungsträgern wird als Strom bezeichnet. Unter der Stromstärke versteht man die Ladungsmenge, die pro Zeiteinheit transportiert wird.

$$i(t) = \frac{dQ}{dt} \tag{1.8}$$

Ursache für das Auftreten von Strömen können ungleichmäßige Ladungsverteilungen im Raum sein. Die daraus resultierenden Kräfte führen zu Ausgleichsströmen, sofern die Ladungsträger frei beweglich sind. Da sich in diesem Fall die Ladungsverteilung ständig ändert, wird auch die Stromstärke zeitabhängig sein.

Ist die transportierte Ladungsmenge zeitlich konstant, so spricht man von einem Gleichstrom. Während der Zeit T wird dann die Ladungsmenge Q transportiert.

$$I = \frac{Q}{T} \tag{1.9}$$

Gleichströme werden z. B. von galvanischen Elementen abgegeben, in denen eine chemische Reaktion eine über einen langen Zeitraum nahezu konstante Ladungsverteilung aufrechterhält.

Die Stromstärke ist eine Basisgröße und wird in Ampere (A) gemessen. Sie ist über die Kraftwirkung definiert.

---

[11] In dieser Größenordnung bewegt sich die Gewichtskraft einer Bakterie.
[12] Das entspricht der Gewichtskraft eines mittelgroßen Planeten.

Ein Ampere ist die Stärke des elektrischen Stromes, der durch zwei gradlinige parallele Leiter mit einem Abstand von einem Meter fließt und der zwischen den Leitern je Meter Länge eine Kraft von $2 \cdot 10^{-7}$ N hervorruft.

Zur Definition der Stromrichtung wird die Bewegungsrichtung positiver Ladungsträger herangezogen. Ein Strom fließt daher immer von einem Bereich mit positiver (positiverer) Ladung zu einem Bereich mit negativer (weniger positiver) Ladung, unabhängig davon ob der Ladungsausgleich durch Protonen (bzw. positiv geladene Ionen) oder Elektronen erfolgt. Diese Festlegung wird *technische Stromrichtung* genannt. Negative Ströme fließen entgegen einer durch einen Zählpfeil willkürlich festgelegten Richtung.

In Metallen erfolgt der Ladungstransport durch Elektronen. Diese bewegen sich entgegen der technischen Stromrichtung von einem Bereich mit negativer Ladung (Elektronenüberschuss) zu einem Bereich mit positiver Ladung (Elektronenmangel).

Der Strom ist eine integrale Größe, es wird also die gesamte transportierte Ladungsmenge pro Zeiteinheit erfasst. Dieser Strom fließt durch den Querschnitt eines Leiters, d. h., jeder Ladungsträger muss die Schnittfläche in einem bestimmten Winkel passieren. Wir wollen zunächst davon ausgehen, dass alle Ladungsträger die Schnittfläche senkrecht durchdringen. Der auf die Fläche A bezogene Strom ist dann die *Stromdichte*

$$J = \frac{I}{A} \, .$$ (1.10)

Wir müssen nun noch berücksichtigen, dass die Ladungsträger die Schnittfläche nicht unbedingt senkrecht passieren. Dies ist z. B. der Fall, wenn die Fläche schräg durch den Leiter gelegt wird. Hierzu definieren wir die Stromdichte als Vektor $\vec{J}$, dessen Richtung mit der Bewegungsrichtung positiver Ladungsträger übereinstimmt. Der die Schnittfläche durchdringende Strom ergibt sich nun aus dem Skalarprodukt

$$I = \vec{J} \cdot \vec{A} \, ,$$ (1.11)

wobei die Fläche $\vec{A}$ ebenfalls als Vektor dargestellt wird. Der Flächenvektor steht senkrecht auf der Fläche und wird als Flächennormale bezeichnet. Sein Betrag gibt die Größe der Fläche an.

Zur Betrachtung einer beliebig geformten Fläche wird diese, analog zu (1.4), in infinitesimale Flächenelemente unterteilt. Jedes gerichtete Flächenelement $d\vec{A}$ zeigt dann in die Richtung der jeweiligen Flächennormalen. Der Strom, der diese Fläche durchdringt, ergibt sich dann aus dem Flächenintegral

$$I = \iint_A \vec{J} \, d\vec{A} \, .$$ (1.12)

Betrachten wir nun eine homogene Raumladung $\varrho = Q/V$, die sich, wie in Bild 1.4 dargestellt, mit der Geschwindigkeit $\vec{v}$ bewegt. Der resultierende Strom ist gemäß Gleichung (1.9) gegeben durch

$$I = \frac{Q}{T} = \frac{\varrho V}{T} = \frac{\varrho \vec{s} \vec{A}}{T} = \underbrace{\varrho \cdot \vec{v}}_{= \vec{J}} \, \vec{A} \, ,$$ (1.13)

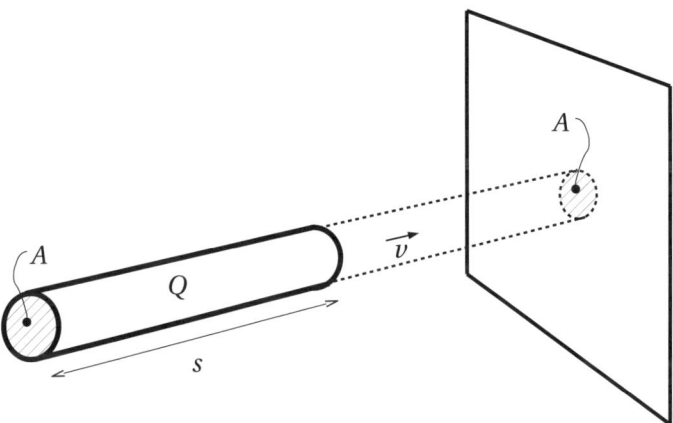

Bild 1.4 Der homogen geladene Zylinder bewegt sich mit der Geschwindigkeit $\vec{v}$. In der Zeit $T = s/v$ durchdringt die gesamte Ladung Q die Fläche A. Die Stromdichte ergibt sich zu $\vec{J} = \varrho\,\vec{v}$.

wobei wir das Volumen V als gerichtete Fläche $\vec{A}$ auffassen, die in der Zeit T um die Strecke $\vec{s}$ verschoben wird. Das Volumen und die darin eingeschlossene Ladung hängt natürlich von der Bewegungsrichtung, also vom Winkel zwischen $\vec{s}$ und $\vec{A}$ ab. Schließlich identifizieren wir noch den Quotienten $\vec{v} = \vec{s}/T$ als die Geschwindigkeit der Raumladung. Durch Vergleich mit (1.11) erhalten wir für die Stromdichte den Ausdruck

$$\vec{J} = \varrho\,\vec{v}\,. \tag{1.14}$$

Für die Stromdichte gibt es keine besondere Einheit. Aus (1.10) erhalten wir

$$[J] = \frac{[I]}{[A]} = \frac{\mathrm{A}}{\mathrm{m}^2}\,.$$

Praktischerweise wird oft auch $\mathrm{A/mm}^2$ verwendet.

1.4.4 Potenzial und Spannung

Wir wollen nun die Anordnung in Bild 1.5 betrachten. Sie besteht aus einer positiven Ladung Q und einer negativen Elementarladung $-e$ im Abstand r.

Gemäß (1.6) wird die Elementarladung von Q mit der Kraft

$$F = q\,\frac{Q}{4\pi\varepsilon r^2} = -e\,\frac{Q}{4\pi\varepsilon r^2} \tag{1.15}$$

angezogen. Beide Ladungen können als punktförmig angesehen werden, da ihre räumliche Ausdehnung wesentlich geringer ist als der Abstand zwischen ihnen. Dass es sich um eine Anziehung handelt, wird durch das negative Vorzeichen der Kraft ausgedrückt. Bei einer vektoriellen Betrachtung wird der Abstand durch einen Vektor $\vec{r}$ beschrieben, der von Q nach $q = -e$ zeigt. Die Kraft ist dann ein Vektor, der in die Richtung von $\vec{r}$ zeigt (Abstoßung) oder in die entgegengesetzte Richtung (Anziehung). Aus Symmetriegründen können wir hier aber skalare Größen verwenden.

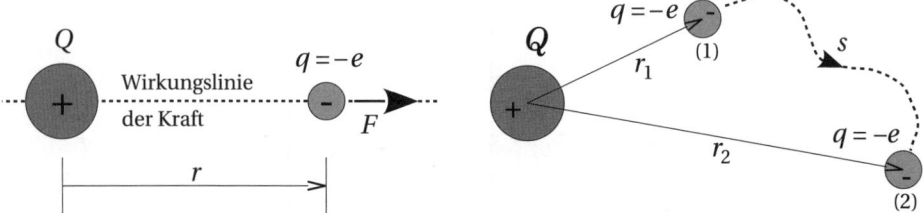

Bild 1.5 Aufgrund von Symmetrieüberlegungen darf die Kraft, die von Q auf die Elementarladung ausgeübt wird, nur von der Entfernung r abhängen. Diese Kraft wirkt entlang der direkten Verbindungslinie zwischen beiden Ladungen.

Bild 1.6 Die Bewegung der Elelementarladung von Punkt (1) nach Punkt (2) erfordert offensichtlich nur die Arbeit, die zur Überwindung der Anziehungskraft notwendig ist. Somit ist die Arbeit nur vom Abstand $\Delta r = r_2 - r_1$ abhängig, nicht jedoch vom zurückgelegten Weg s.

Wir wollen nun die Arbeit berechnen, die erforderlich ist, um die Elementarladung auf einem beliebigen Weg s von Punkt (1) nach Punkt (2) zu bewegen (Bild 1.6). Diese erfolgt durch die Integration über den Kraftvektor entlang der gerichteten Wegelemente $\mathrm{d}\vec{s}$.

$$W = -\int_{(1)}^{(2)} \vec{F}\,\mathrm{d}\vec{s} \tag{1.16}$$

Wirkt die Kraft zumindest anteilig in Richtung eines Wegelements, so wird die Arbeit von der Kraft selbst geleistet, dann ist W negativ. Ein positiver Wert von W zeigt an, dass die Arbeit von außen in das System eingebracht werden muss.

Eine kreisförmige Bewegung der Elementarladung mit konstantem Abstand zu Q erfordert offensichtlich keinen Arbeitsaufwand, da der Kraftvektor immer senkrecht zum Wegelement steht. Wir können daher die Betrachtung auf eine rein radiale Bewegung reduzieren und mit skalaren Größen arbeiten. Wir werten nun das Integral (1.16) mit (1.15) aus, wobei wir das allgemeine Wegelement $\mathrm{d}\vec{s}$ durch seine Radialkomponente $\mathrm{d}r$ ersetzen.

$$W = -q\int_{r_1}^{r_2} \frac{Q}{4\pi\varepsilon r^2}\,\mathrm{d}r = e\int_{r_1}^{r_2} \frac{Q}{4\pi\varepsilon r^2}\,\mathrm{d}r$$

$$= -e\left[\frac{Q}{4\pi\varepsilon r}\right]_{r_1}^{r_2} = -e\left(\frac{Q}{4\pi\varepsilon r_2} - \frac{Q}{4\pi\varepsilon r_1}\right) \tag{1.17}$$

Der Ausdruck

$$\frac{Q}{4\pi\varepsilon r} = \phi(r) \tag{1.18}$$

beschreibt offensichtlich die elektrische Wirkung von Q im umgebenden Raum und wird als *Potenzial* bezeichnet. Das elektrische Potenzial ist eine skalare Größe, die für jeden Punkt des Raums definiert ist.

In unserem Beispiel ist wegen $r_2 > r_1$ offensichtlich $\phi(r_1) > \phi(r_2)$. Damit ist die Potenzialdifferenz $\phi(r_2) - \phi(r_1)$ in (1.17) negativ. Für die Arbeit erhalten wir, wie erwartet, einen positiven Wert $W > 0$, d. h., wir müssen Arbeit aufbringen, um die negative Elementarladung vom Punkt (1) zum Punkt (2) zu transportieren.

Wir müssen uns nun noch einige Gedanken zum Begriff des Potenzials machen. Anscheinend haben wir in unserem Beispiel die beiden Ladungen Q und q völlig unterschiedlich behandelt, obwohl beide von prinzipiell gleicher Natur sind. Dabei haben wir Q bzw. dem Q umgebenden Raum ein Potenzial zugeordnet und die Elementarladung q quasi als Nutznießer dieses Potenzials betrachtet. Diese Vorgehensweise bekommt einen Sinn, wenn wir die Ladung Q oder noch allgemeiner eine beliebige Ladungsverteilung im Raum als Ursache für eine den Raum erfüllende potenzielle Energie ansehen. Anstatt Q explizit zu betrachten, verleihen wir dem Raum einen Energiezustand, den wir als Feld (in unserem Fall als Potenzialfeld) bezeichnen. Die (kleine) Ladung q verwenden wir als *Probeladung*, um dieses Feld auszumessen. Dabei ist es wichtig, dass q wirklich klein ist und selbst keinen nennenswerten Beitrag zum Feld liefert.

Das Potenzial ist also nichts anderes als die im Raum verfügbare Energie bezogen, auf die Ladung, auf die sie wirkt.

$$\phi = \frac{W}{q} \tag{1.19}$$

Auf diese Weise erhalten wir eine physikalische Feldgröße, die von der Art und Größe der Probeladung unabhängig ist. Das Potenzial ist, wie bereits erwähnt, ein Skalar, somit handelt es sich beim Potenzialfeld um ein Skalarfeld.

Zur Berechnung der Arbeit ist lediglich die Kenntnis der Potenzialdifferenz

$$U_{21} = \phi(r_2) - \phi(r_1) \tag{1.20}$$

zwischen den Punkten (1) und (2) erforderlich. Diese Potenzialdifferenz heißt *Spannung* und ist neben der Stromstärke die wichtigste Größe zur Beschreibung elektrischer Netzwerke.

Die Spannung ist ebenso wie das Potenzial eine skalare Größe. Da sie sich auf zwei Punkte in einer Anordnung (bzw. im Raum) bezieht, wird ihr ein Zählpfeil zugeordnet, der vom höheren (positiven) zum niedrigeren (negativen) Potenzial weist. Eine Spannungsquelle in einem elektrischen Netzwerk treibt dann einen Strom in der technischen Stromrichtung vom höheren Potenzial, dem Pluspol, zum niedrigeren Potenzial, dem Minuspol.

Da bei Potenzialbetrachtungen offensichtlich nur Spannungen, also Potenzialdifferenzen, von Interesse sind, kann der Absolutwert des Potenzials willkürlich festgelegt werden. Zur Untersuchung von geometrischen Ladungsanordnungen, z. B. in der Elektrostatik, wird üblicherweise einem unendlich weit entfernten Punkt das Nullpotenzial zugeordnet. (Für das Potenzial der Punktladung in Gleichung (1.18) ergab sich $\phi(r \to \infty) = 0$ praktisch von selbst, da wir bei der vorangegangenen Integration die konstanten Terme unmittelbar eliminiert hatten.) In elektrischen Netzwerken sind Verbindungsleitungen die Kennzeichnung von Knoten gleichen Potenzials. Ein aufgrund der Netzwerkstruktur ausgezeichneter, prinzipiell jedoch beliebiger Knoten wird als Referenzpotenzial herangezogen. Dieser Knoten wird als Massepunkt (kurz Masse) oder auch als Erde bezeichnet. Alle Spannungen im Netzwerk werden in der Regel gegen Masse gemessen. Der Massepunkt wird mit dem Schaltsymbol $\perp$ gekennzeichnet.

Die elektrische Spannung wird in *Volt*[13] gemessen. Das Volt ist über die Stromstärke und die Leistung definiert.

---

[13] Allessandro Graf Volta, italienischer Physiker, 1745–1827.

Ein Volt ist die elektrische Spannung zwischen zwei Punkten eines metallischen Leiters, in dem bei einem Strom von einem Ampere zwischen den beiden Punkten eine Leistung von einem Watt umgesetzt wird.

Das Volt ist die Einheit von Spannung und Potenzial. Es ist eine zusammengesetzte Einheit, wird aber in der Elektrotechnik wie eine Basiseinheit verwendet. Unter Berücksichtigung von (1.19) finden wir

$$[U] = [\phi] = \frac{[W]}{[q]} = \frac{\text{N·m}}{\text{A·s}} = \frac{\text{kg·m}^2}{\text{A·s}^3} = \text{V} .$$

1.4.5 Das elektrische Feld

Wir wollen nun die Kraftwirkung auf die Probeladung q in Bild 1.6 untersuchen. Für jeden Ort können wir den Betrag und die Richtung der Kraft angeben, die auf unsere Probeladung q wirkt. Diese Kraft ist jedoch abhängig von der Art und der Größe der Probeladung. Gehen wir nun wie beim Potenzial vor, so erhalten wir einen Vektor

$$\vec{E} = \frac{\vec{F}}{q} , \tag{1.21}$$

den wir als *elektrische Feldstärke* bezeichnen. Hervorgerufen von der Ladung Q bildet sich in deren Umgebung ein *elektrisches Feld* aus, das durch den Vektor der elektrischen Feldstärke quantitativ beschrieben wird. Das elektrische Feld ist ein besonderer Zustand des Raums, dessen Ursache die Ladung Q ist. Auch hierbei ist es, genau wie beim Potenzial, nicht weiter notwendig, die Ursachen zu betrachten. Die Kenntnis des elektrischen Feldes reicht aus, um die Kraftwirkung zu bestimmen, die eine beliebige Ladung im Raum erfährt.

Zwischen der elektrischen Feldstärke und dem Potenzial besteht ein enger Zusammenhang. Dazu bilden wir das Integral über $\vec{E}$ entlang eines beliebigen Weges $\vec{s}$. Unter Berücksichtigung von (1.21) und (1.19) erhalten wir

$$\int \vec{E}\,d\vec{s} = \frac{1}{q} \int \vec{F}\,d\vec{s} = -\frac{W}{q} = -\phi . \tag{1.22}$$

Die elektrische Feldstärke ist also nichts anderes als die Änderung des Potenzials entlang eines infinitesimalen Wegstückes $d\vec{s}$. Diesen Zusammenhang drücken wir durch

$$\vec{E} = -\operatorname{grad}\phi \tag{1.23}$$

aus, wobei der Differenzial-Operator „grad" die Ableitung nach dem Ort (Gradient) repräsentiert und vom jeweils verwendeten Koordinatensystem abhängig ist.

Der Vektor der elektrischen Feldstärke zeigt immer vom höheren zum niedrigeren Potenzial. Auf eine positive Ladung wirkt dabei eine Kraft in Richtung von $\vec{E}$, auf eine negative Ladung wirkt die Kraft entgegen der Feldrichtung. Sind frei bewegliche Ladungsträger vorhanden, so kommt es zu einem Stromfluss, wobei die Richtung des elektrischen Feldes immer die technische Stromrichtung anzeigt. Elektronen werden sich also entgegen der Feldrichtung bewegen.

Das elektrische Feld ist somit die Ursache für den elektrischen Strom. In jedem realen stromdurchflossenen Leiter tritt ein elektrisches Feld auf. Betrachten wir jedoch ideale Verbindungen, so ist definitionsgemäß das Potenzial entlang dieser Verbindung konstant. (Eine ideale Verbindung bezeichnet Orte gleichen Potenzials.) In einem solchen idealen Leiter kann selbstverständlich ein Strom fließen, aber das elektrische Feld in seinem Inneren muss verschwinden.

Aus (1.21) bzw. (1.22) können wir die Einheit der elektrischen Feldstärke ableiten. Wir erhalten

$$[\vec{E}] = \frac{[\vec{F}]}{[q]} = \frac{\text{N}}{\text{A·s}} = \frac{\text{kg·m}}{\text{A·s}^3} = \frac{\text{V}}{\text{m}} \, ,$$

wobei anzumerken ist, dass das Volt in der Elektrotechnik wie eine Basiseinheit verwendet wird.

▓ 1.5 Mechanismen elektrischer Leitung

Ein Stromfluss kann im leeren Raum aber auch in bestimmten Materialien erfolgen. Damit es zu einer Ladungsverschiebung kommt, müssen frei bewegliche Ladungsträger sowie eine antreibende Kraft (Spannung) vorhanden sein.

1.5.1 Metallische Leiter

In der Technik kommt der elektrischen Leitung in Metallen eine besondere Bedeutung zu. Sehr viele technische Anwendungen der Elektrizität beruhen auf metallischer Leitung. Da in Metallen, wie bereits erwähnt, die äußeren Elektronen der Atome nur schwach an den Kern gebunden sind, können sie sich praktisch frei bewegen. Man kann sich ein Metall als ein Kristallgitter aus Atomresten, d. h. positiv geladenen Ionen, vorstellen, in dem sich die Valenzelektronen wie ein Gas verhalten. Ohne äußere elektrische Einflüsse führen die freien Elektronen ungeordnete Bewegungen aus.

Legt man nun eine Spannung an, so werden sie entgegen der technischen Stromrichtung zum Pluspol getrieben. Nach außen bleibt der Leiter aber weiterhin elektrisch neutral, da sich in jedem Volumenelement die negative Ladung der *Valenzelektronen* und die positive Ladung der Metallionen im Kristallgitter neutralisieren. Bei ihrer Bewegung durch den Leiter stoßen die Elektronen immer wieder auf Ionen und werden dabei abgebremst. Die Bremswirkung entspricht hierbei der Reibung in der Mechanik. Auf diese Weise stellt sich eine relativ geringe Driftgeschwindigkeit ein (unterhalb von einem Millimeter pro Sekunde), die nur von der auf die Elektronen einwirkende Kraft und damit von der auf die Länge bezogenen Spannung abhängt (siehe Abschnitt 1.4.4).

Für die Driftgeschwindigkeit ergibt sich nun

$$v = -\mu_e \frac{U}{l} \, , \tag{1.24}$$

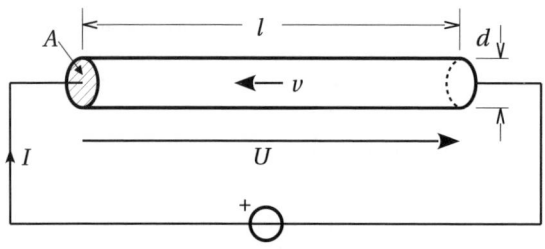

Spannungsquelle

Bild 1.7 Die freien Elektronen bewegen sich in einem metallischen Leiter entgegen der technischen Stromrichtung mit einer Driftgeschwindigkeit $v \sim U/l$.

wobei die Proportionalitätskonstante μ_e als *Elektronenbeweglichkeit* bezeichnet wird. Das Minuszeichen deutet die Bewegungsrichtung der Elektronen entgegen der technischen Stromrichtung an.

In Bild 1.7 bewegen sich die Elektronen längs des Leiters im rechten Winkel durch den Querschnitt A. Wir können daher Gleichung (1.13) in der skalaren Form anwenden und erhalten mit (1.24) für den Strom

$$I = \rho v A = \underbrace{-\mu_e \rho \frac{A}{l}}_{=G} U \,. \tag{1.25}$$

Diese Betrachtung setzt natürlich voraus, dass der Querschnitt A des Leiters über die gesamte Länge l konstant ist. Der Proportionalitätsfaktor G heißt *Leitwert* und wird in der Einheit *Siemens*[14] gemessen. Das Siemens (S) ist eine zusammengesetzte Einheit:

$$1\,\text{Siemens} = \frac{1\,\text{Ampere}}{1\,\text{Volt}} \qquad \text{bzw.} \quad 1\,\text{S} = \frac{1\,\text{A}}{1\,\text{V}} \,.$$

Der Leitwert eines metallischen Leiters

$$G = -\mu_e \rho \, \frac{A}{l} \tag{1.26}$$

hängt offensichtlich von dessen Länge und Querschnitt sowie einer materialabhängigen Konstante, dem *spezifischen Leitwert*

$$\kappa = -\mu_e \rho \tag{1.27}$$

mit der Einheit S/m ab. Praktischerweise werden spezifische Leitwerte aber in S·m/mm² angegeben.

Auch hier sei darauf hingewiesen, dass aufgrund der Elektronenleitung die bewegte Ladungsdichte ρ negativ und somit der spezifische Leitwert κ positiv ist.

Der Zusammenhang zwischen Spannung und Strom wird meist durch den Kehrwert des Leitwertes, nämlich durch den *Widerstand* $R = 1/G$ ausgedrückt. Die Einheit des Widerstandes,

---

[14] Werner von Siemens, deutscher Erfinder und Ingenieur, 1816–1892.

das *Ohm*, wird mit dem griechischen Buchstaben Ω abgekürzt ($1\,\Omega = 1\,\mathrm{V}/1\,\mathrm{A}$). Der Kehrwert des spezifischen Leitwertes

$$\varrho_R = \frac{1}{\kappa} = \frac{1}{-\mu_e \varrho} \tag{1.28}$$

wird dem entsprechend als *spezifischer Widerstand* bezeichnet und hat die Einheit $\Omega \cdot \mathrm{m}$. Genau wie beim spezifischen Leitwert werden spezifische Widerstände in $\Omega \cdot \mathrm{mm}^2/\mathrm{m}$ angegeben.

Somit lässt sich der Widerstand bzw. der Leitwert eines metallischen Leiters aus dessen Länge und Querschnitt mit den Formeln

$$R = \frac{l}{\kappa A} = \frac{\varrho_R l}{A} \tag{1.29}$$

bzw.

$$G = \frac{\kappa A}{l} = \frac{A}{\varrho_R l} \tag{1.30}$$

bestimmen, sofern die spezifischen Materialkonstanten bekannt sind.

Der Widerstand von elektrischen Leitern ist temperaturabhängig. Bei Metallen nimmt er mit steigender Temperatur zu. Leiterwerkstoffe, die dieses Verhalten aufweisen, werden auch *Kaltleiter* oder PTC *(positive temperature coefficient)* genannt. Dies lässt sich durch eine heftigere Bewegung der Atome im Kristallgitter erklären, sodass die Elektronenbewegung mit steigender Temperatur immer mehr behindert wird.

Der gegenteilige Effekt wird bei den meisten Halbleitern beobachtet. Ihre Leitfähigkeit nimmt mit steigender Temperatur zu, sie werden daher *Warmleiter* oder NTC *(negative temperature coefficient)* genannt.

Da der spezifische Widerstand von Metallen in weiten Bereichen nahezu linear mit der Temperatur ϑ steigt, kann das Verhalten durch

$$\varrho_R(T) = \varrho_{R0}\left(1 + \alpha(\vartheta - \vartheta_0)\right) \tag{1.31}$$

angenähert werden. Dabei ist ϱ_{R0} der spezifische Widerstand bei der Temperatur ϑ_0 (üblicherweise $20°$ C) und α der *Temperaturkoeffizient*. Für eine genauere Beschreibung der Temperaturabhängigkeit kann (1.31) um einen quadratischen Term erweitert werden.

$$\varrho_R(T) = \varrho_{R0}\left(1 + \alpha(\vartheta - \vartheta_0) + \beta(\vartheta - \vartheta_0)^2\right) \tag{1.32}$$

Bei manchen Metallen und einigen speziellen Verbindungen sinkt der Widerstand bei sehr niedrigen Temperaturen sprunghaft auf null. Dieser Effekt wird *Supraleitung* genannt. Die technische Anwendung der Supraleitung ist momentan noch eingeschränkt, da die Kühlung auf eine Temperatur von wenigen Kelvin sehr aufwendig ist. In letzter Zeit wurden auch Hochtemperatur-Supraleiter entdeckt, die schon bei ca. 100 K supraleitend werden. Diese Materialien lassen sich allerdings recht schwer zu stabilen Drähten verarbeiten, da sie sehr spröde sind.

In Tabelle 1.1 sind die spezifischen Widerstände sowie die Temperaturkoeffizienten einiger Leiterwerkstoffe zusammengefasst. Kupfer hat neben Silber den geringsten spezifischen Widerstand und wird daher vorwiegend in Kabeln verwendet. Für die Kontaktierung innerhalb

Tabelle 1.1 Spezifischer Widerstand und Temperaturkoeffizient einiger Metalle bei 20° C

Material	$\varrho_R \left/ \dfrac{\Omega \cdot mm^2}{m} \right.$	$\alpha \left/ \dfrac{1}{K} \right.$	$\beta \left/ \dfrac{1}{K^2} \right.$
Aluminium	0,0287	0,0038	$1{,}3 \cdot 10^{-6}$
Blei	0,208	0,0039	
Eisen	0,13	0,0046	
Gold	0,023	0,004	$0{,}6 \cdot 10^{-6}$
Konstantan	0,5	$5 \cdot 10^{-6}$	
Kupfer	0,0175	0,004	$0{,}6 \cdot 10^{-6}$
Silber	0,016	0,0038	$0{,}7 \cdot 10^{-6}$

von integrierten Schaltkreisen wird Gold eingesetzt. Hier spielt der Widerstand eine untergeordnete Rolle. Entscheidend ist vielmehr, dass aus Gold sehr dünne Drähte hergestellt werden können, die sich einfach mit den Kontaktstellen auf dem Substrat verbinden lassen. Konstantan ist eine Legierung aus 54 % Kupfer, 45 % Nickel und 1 % Mangan und zeichnet sich durch eine sehr geringe Temperaturabhängigkeit aus.

1.5.2 Elektronenleitung im Vakuum

Im Vakuum können sich Elektronen völlig frei bewegen. Ihre Geschwindigkeit hängt dabei nur von der angelegten Spannung ab. Da durch die Spannung eine konstante Kraft auf die Elektronen ausgeübt wird, beschleunigen sie gleichmäßig.

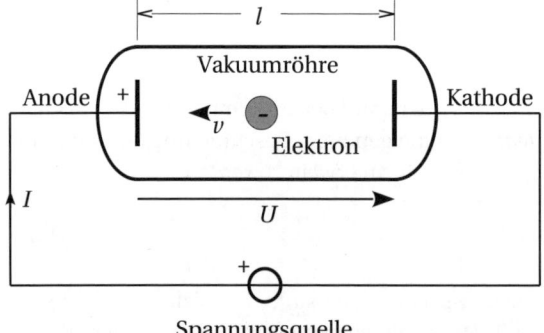

Bild 1.8 Die Elektronen können sich im Vakuum völlig frei bewegen. Da die Kraft, die auf die Elektronen wirkt, konstant ist, werden die Elektronen gleichmäßig beschleunigt. Die Endgeschwindigkeit hängt nur von der angelegten Spannung ab.

Mit den Überlegungen aus Abschnitt 1.4.4 wirkt auf das Elektron in Bild 1.8 die Kraft

$$F = e \frac{U}{l} = m_e a , \tag{1.33}$$

während es eine Strecke der Länge l durchläuft. Mit der Elektronenmasse m_e ergibt sich somit für die Beschleunigung

$$a = \frac{e}{m_e} \frac{U}{l} \,.$$
(1.34)

Die Endgeschwindigkeit v_l des Elektrons beträgt dann

$$v_l = \sqrt{2\,a\,l} = \sqrt{\frac{2\,e}{m_e}\,U} \,.$$
(1.35)

Nähert sich die Elektronengeschwindigkeit der Lichtgeschwindigkeit, so müssen relativistische Effekte berücksichtigt werden, da die Masse der Elektronen dann stark zunimmt.

Damit eine Elektronenleitung stattfinden kann, müssen im Vakuum natürlich Elektronen vorhanden sein. Dies erreicht man, indem in einem evakuierten Glaskolben zwei metallische Elektroden angebracht werden. Nun wird eine der beiden Elektroden, die Kathode, beheizt. Durch die starke Molekülbewegung werden Elektroden aus dem Material herausgeschleudert und bilden eine Elektronenwolke in der Umgebung der Kathode. Legt man nun eine Spannung zwischen die beiden Elektroden, und zwar so, dass der Minuspol der Spannungsquelle an der beheizten Kathode und der Pluspol an der anderen Elektrode, der Anode, angeschlossen ist, so werden die Elektronen in Richtung Anode beschleunigt.

Der Begriff *Anode* wird ganz allgemein für eine Elektrode verwendet, an der der positive Pol einer Spannungsquelle angeschlossen ist. Entsprechend wird die Elektrode, die mit dem negativen Pol der Spannungsquelle verbunden ist, als *Kathode* bezeichnet.

1.5.3 Ionenleitung

Ionenleitung kommt in Flüssigkeiten, Schmelzen, Lösungen und angeregten Gasen vor. Entscheidend ist, dass sich die geladenen Atom- oder Molekülreste innerhalb des Stoffes frei bewegen können. Durch Ionenleitung können Stoffe verändert werden. Ein Anwendungsgebiet ist die *Elektrolyse*, bei der chemische Verbindungen zersetzt werden können. An den Elektroden scheiden sich dann die Zersetzungsprodukte ab. Auf diese Weise können z. B. Metalle in Reinform gewonnen werden.

Damit eine Ionenleitung stattfinden kann, muss, wie in Bild 1.9 dargestellt, zunächst eine Spannung an die Elektroden angelegt werden. Die positiven Ionen wandern dann zur Kathode, sie werden daher *Kationen* genannt. Entsprechend bewegen sich negative Ionen zur Anode. Man bezeichnet sie daher auch als *Anionen*.

In ionisierten Gasen findet sowohl Elektronen- als auch Inonenleitung statt. Die Ionisierung wird durch Energiezufuhr, etwa durch Hitze oder Strahlung, erreicht. Dabei spalten sich Elektronen von den Atomen bzw. Molekülen ab. Im Gegensatz zur Leitung in Festkörpern können sich die Ladungsträger in ionisierten Gasen über wesentlich längere Strecken frei bewegen. Dies gilt insbesondere, wenn der Gasdruck sehr niedrig ist. Die Driftgeschwindigkeit der Ladungsträger wird daher wesentlich höher als in Metallen sein. Darüber hinaus gilt der lineare Zusammenhang zwischen Spannung und Strom nicht mehr.

Anwendungsgebiete sind u. a. Leuchtstoffröhren, Gasentladungslampen und Glimmlampen. Hier macht man sich zunutze, dass durch Zusammenstöße mit den bewegten Ladungsträgern

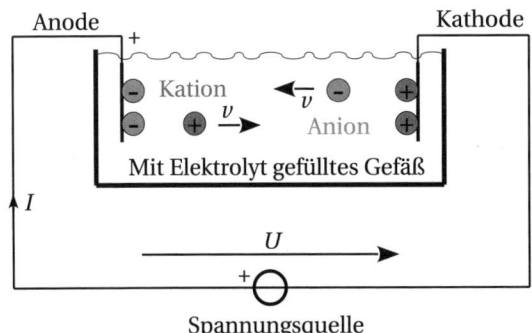

Bild 1.9 In einer Flüssigkeit (Lösung oder Schmelze) können sich geladene Atomreste, die Ionen, frei bewegen. Wird eine Spannung angelegt, so bewegen sich Kationen (positive Ionen) zur Kathode und lagern sich dort ab. Anionen (negative Ionen) wandern zur Anode, wo sie sich ebenfalls ablagern können.

immer wieder Atome bzw. Moleküle angeregt und in einen höheren Energiezustand versetzt werden. Die aufgenommene Energie wird nach kurzer Zeit durch Strahlung (Licht) wieder abgegeben.

1.5.4 Nichtleiter

Einige Stoffe (Glas, Porzellan, Keramik, Kunststoffe) leiten elektrischen Strom praktisch gar nicht. Das liegt daran, dass in diesen Materialien keine bzw. sehr wenige freie Ladungsträger vorhanden sind. Alle Elektronen sind sehr fest an die Atome bzw. die Moleküle gebunden.

Salz (NaCl) leitet Strom beispielsweise nicht. Wird das Salz jedoch in Wasser gelöst, so bilden sich Na^+- und Cl^--Ionen. Damit sind frei bewegliche Ladungsträger vorhanden und die Lösung kann Strom leiten (siehe Abschnitt 1.5.3).

Die „Leitungsmechanismen" in *Nichtleitern* entsprechen denen, die in Metallen wirksam sind, nur dass praktisch keine freien Elektronen für den Ladungstransport zur Verfügung stehen. Der spezifische Widerstand von Nichtleitern ist entsprechend hoch und liegt im Bereich von ca. $10^{16} \, \Omega \cdot mm^2 / m$.

Nichtleiter werden für Isolationszwecke eingesetzt. Ein möglichst hoher Widerstand ist anzustreben, um beispielsweise Entladungsvorgänge in Ladungsspeichern zu minimieren. Andererseits ist auch die Spannungsfestigkeit von Interesse, d. h. die Spannung, die angelegt werden kann, ohne dass ein Durchschlag auftritt.

1.5.5 Halbleiter

Neben ausgesprochen guten Leitern (Metallen) und ausgesprochen schlechten Leitern (Nichtleitern) gibt es eine Reihe von Stoffen, die eine mittlere Stromleitfähigkeit aufweisen. Diese Stoffe nennt man *Halbleiter*. Es handelt sich hierbei im Wesentlichen um Elemente, deren äußere Schale zur Hälfte mit Elektronen besetzt ist. Diese Stoffe (Kohlenstoff, Silicium, Germanium) bilden sehr feste Kristallstrukturen aus (Diamant), in denen sich mehrere Atome gemeinsam Elektronen teilen. Damit haben alle Atome das „Gefühl", eine vollbesetzte äußere Schale zu besitzen. In Bild 1.10 ist die Kristallstruktur vereinfacht zweidimensional dargestellt. Eine feste Kristallstruktur leitet den Strom natürlich ziemlich schlecht. Wird jedoch Energie (z. B. Wärme) zugeführt, so schwingen die Atome stärker um ihre Position im Kristallverbund. Dadurch lösen sich Elektronen aus dem Gefüge und stehen als freie Ladungsträger zur Verfügung.

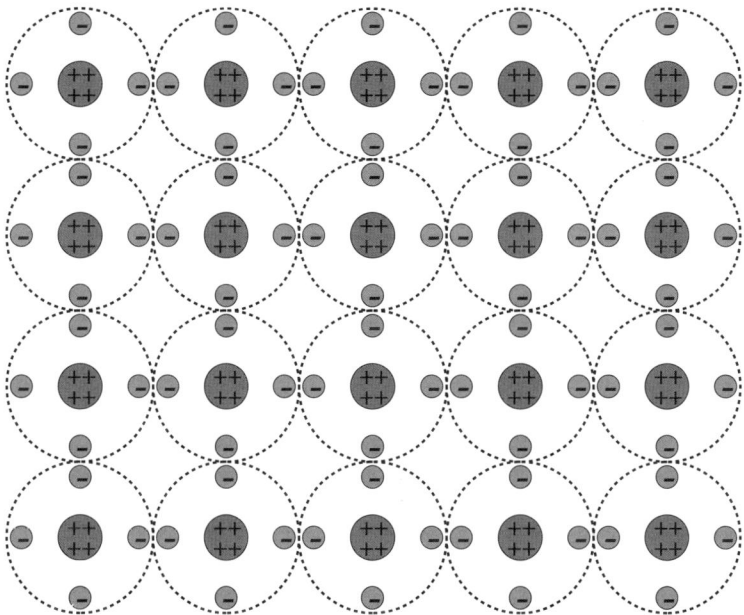

Bild 1.10 Vierwertige Elemente (Kohlenstoff, Silicium, Germanium) bilden sehr stabile Kristallgitter. Die äußere Schale der Atome enthält vier Elektronen. In der Umgebung der Atomkerne im Kristallgitter befinden sich immer acht Elektronen, sodass diese Stoffe sich ähnlich verhalten wie Elemente mit einer vollbesetzten äußeren Schale. Die Leitfähigkeit dieses Atomverbundes ist sehr gering. Durch Energiezufuhr (Wärme, Licht) oder durch gezieltes Einbringen von Verunreinigungen (dotieren) wird der Verband gestört und die Leitfähigkeit steigt an.

Während bei Metallen eine thermische Bewegung der Atome den Ladungstransport behindert, tritt hier der gegenteilige Effekt auf. Durch die dabei entstehenden freien Ladungsträger wird ein Stromfluss überhaupt erst möglich. Der spezifische Widerstand wird sich mit steigender Temperatur daher verringern. Halbleiter besitzen einen negativen Temperaturkoeffizienten (NTC) und sind daher Warmleiter. Kohlenstoff (Kohle, Grafit) hat beispielsweise einen spezifischen Widerstand von $\varrho_R = 50 \dots 100 \, \Omega \cdot \mathrm{mm}^2/\mathrm{m}$ und einen Temperaturkoeffizienten $\alpha = -0,0002 \dots -0,0008 \, /\mathrm{K}$.

Die Anzahl freier Ladungsträger in Halbleitern kann gezielt durch den Einbau von drei- oder fünfwertigen Atomen in den Kristallverbund gesteuert werden. Diese Vorgehensweise nennt man dotieren. Durch unterschiedlich dotierte Bereiche werden Dioden und Transistoren hergestellt. Diese Bauelemente können als Verstärker oder Sensoren eingesetzt werden, da durch eine geringe Energiezufuhr eine große Änderung der Leitfähigkeit hervorgerufen wird. Die zugeführte Energie muss nicht unbedingt elektrische Energie sein. Auch durch Lichteinwirkung kann die Leitfähigkeit verändert werden (lichtempfindliche Widerstände, Fotodioden).

▨ 1.6   Der Widerstand als Bauelement

Mit dem Begriff Widerstand wird sowohl ein Bauelement als auch dessen Eigenschaft bezeichnet.[15] Wir wollen hier auf das Bauelement Widerstand näher eingehen, wobei wir neben der Funktion auch die technische Realisierung sowie die Kennzeichnung betrachten. Die Staffelung der Nenngrößen und die Kennzeichnung durch Farbringe ist deshalb von Bedeutung, da beides auch bei anderen Bauelementen in dieser Form angewendet wird.

1.6.1   Beschreibung durch das Ohm'sche Gesetz

In vielen Anwendungsfällen besteht ein linearer Zusammenhang zwischen Spannung und Strom. Wir haben bereits das Ohm'sche Gesetz (1.1) kennengelernt, das diesen Zusammenhang beschreibt. Der Widerstand R ist zunächst lediglich eine Proportionalitätskonstante. In Abschnitt 1.5.1 haben wir dann festgestellt, dass jedes leitfähige Material einen typischen, den spezifischen Widerstand aufweist. Der konkrete Widerstand eines Objekts wird dann nur noch durch die äußeren Abmessungen, etwa die Länge und der Querschnitt eines Drahtes bestimmt.

Nun wollen wir den Widerstand als konzentriertes Bauelement mit einem vorgegebenen Widerstandswert betrachten. Bild 1.11 zeigt den linearen Zusammenhang von Spannung und Strom am Bauelement Widerstand. Wir setzen Widerstände ein, um Ströme zu begrenzen, eine bestimmte Verteilung von Strömen oder Aufteilung von Spannungen zu erreichen. In einfachster Form können wir einen geeigneten Metalldraht passender Länge auf einen Keramikkörper aufwickeln und so den erwünschten Widerstandswert realisieren. Zur Verringerung der Baugröße wird statt des Drahtes auch ein Metall- oder Kohlefilm auf den Keramikkörper aufgebracht. In allen Anwendungsfällen sind die im Widerstand umgesetzte Leistung sowie parasitäre Effekte zu berücksichtigen. In einer Drahtwicklung bildet sich ein stärkeres Magnetfeld aus, das das elektrische Verhalten des Bauelements beeinflusst. Gewickelte Widerstände kommen daher in Hochfrequenzschaltungen nicht zum Einsatz.

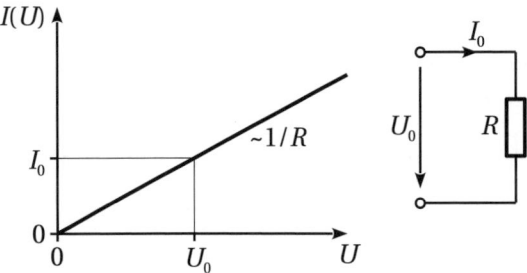

Bild 1.11 Die Abhängigkeit des Stromes von der Spannung an einem Widerstand ist durch eine Gerade gekennzeichnet, die durch den Nullpunkt verläuft und die Steigung $1/R$ aufweist.

---

[15]   Das ist nicht selbstverständlich. Dem Kondensator beispielsweise wird die Eigenschaft Kapazität zugeordnet.

1.6.2 Nenngrößen, Toleranzen und Widerstandsreihen

In der Praxis werden zur Realisierung elektronischer Schaltungen Widerstände zwischen ca. 0,1 Ω und 10 MΩ benötigt. Die Nennwerte der Widerstände müssen also einen Bereich über mehrere Größenordnungen abdecken. Eine lineare Stückelung (z. B. in 10-Ω-Schritten) ist daher nicht sinnvoll. Für kleine Widerstände ist die Quantisierung viel zu grob, während bei großen Widerständen sehr viele Werte vorgehalten werden müssen, die sich prozentual kaum unterscheiden.

Tabelle 1.2 Diese Normreihen (E-Reihen) werden außer für Widerstände auch für andere Bauelemente wie z. B. Kondensatoren und Spulen verwendet.

exakter Staffelwert	Nennwerte (Toleranz)		
	E 6 (20 %)	E 12 (10 %)	E 24 (5 %)
1,000	1,0	1,0	1,0
1,101			1,1
1,212		1,2	1,2
1,334			1,3
1,468	1,5	1,5	1,5
1,616			1,6
1,778		1,8	1,8
1,957			2,0
2,154	2,2	2,2	2,2
2,371			2,4
2,610		2,7	2,7
2,873			3,0
3,162	3,3	3,3	3,3
3,481			3,6
3,831		3,9	3,9
4,217			4,3
4,642	4,7	4,7	4,7
5,109			5,1
5,623		5,6	5,6
6,190			6,2
6,813	6,8	6,8	6,8
7,499			7,5
8,254		8,2	8,2
9,085			9,1
(10,000)	(10,0)	(10,0)	(10,0)

Das Problem wird durch Bereitstellung einer bestimmten Anzahl unterschiedlicher Nennwerte für jede Dekade gelöst. Die Aufteilung der Dekade erfolgt dabei logarithmisch, d. h., die Schrittweite ist im unteren Teil der Dekade kleiner als im oberen. Jeder Nennwert deckt dabei einen bestimmten Widerstandsbereich ab. Die prozentuale Abweichung der jeweiligen Bereichsgrenzen von Nennwert ist dabei immer gleich groß und hängt nur von der Anzahl der Nennwerte pro Dekade ab. Diese Staffelung nennt man *Normreihe*. Hierbei haben sich die E-Reihen durchgesetzt, wobei dem Buchstaben E die Anzahl der Nennwerte pro Dekade nachgestellt ist. Gebräuchliche Reihen sind E 6 mit einer Toleranz von 20 %, E 12 mit einer Toleranz von 10 % und E 24 mit einer Toleranz von 5 %. Noch dichtere Staffelungen (E 48, E 96 und E 192) mit geringeren Toleranzen werden nur verwendet, wenn entsprechende Toleranzanforderungen z. B. bei Messeinrichtungen dies erforderlich machen.

In Tabelle 1.2 auf Seite 37 sind die exakten Staffelwerte und die daraus abgeleiteten Nennwerte dargestellt. Die exakte Staffelung für eine Reihe „E n" lässt sich berechnen durch

$$x_i = 10^{i/n} \quad \text{mit } i = 0, 1, 2, \dots, n \, .$$

Die Toleranz einer Reihe „E n" kann durch

$$\frac{\Delta x}{x} = 10^{1/2n} - 1$$

abgeschätzt werden. Die tatsächliche Toleranz ergibt sich natürlich unter Berücksichtigung der Nennwerte, wobei das Maximum der Abweichung zur oberen bzw. unteren Bereichsgrenze herangezogen werden muss.

Natürlich lassen sich Widerstände der Reihe E 6 ohne besonderen Aufwand wesentlich genauer als mit 20 % Toleranz produzieren. Hier ist die Toleranz so zu interpretieren, dass bei der Realisierung einer Schaltung mit Bauelementen dieser Reihe alle Bauteilwerte eine maximalen Abweichung von 20 % gegenüber dem berechneten Wert haben. In der Regel wird die Staffelung beim Schaltungsentwurf bereits berücksichtigt.

Neben der Angabe des Widerstandsnennwertes ist auch die maximale Belastbarkeit des Bauelements von Interesse. Abgesehen von spezifischen Ausnahmen erstreckt sich der Bereich von 50 mW (SMD-Widerstände) bis 20 W (Drahtwiderstände).

1.6.3   Kennzeichnung von Widerständen

Zur Kennzeichnung von Widerständen (und auch anderen Bauelementen) wird eine Farbcodierung verwendet. Das Bauelement ist mit drei bis fünf farbigen Ringen gekennzeichnet, der erste Ring ist eng an einer Seite angebracht. Bei Kennzeichnung mit drei oder vier Farbringen geben die ersten beiden Ringe den Zahlenwert (Mantisse) und der dritte Ring die Zehnerpotenz an. Der vierte Ring ist meist etwas breiter und gibt die Toleranz an. Fehlt dieser Ring, so beträgt die Toleranz 20 %. Die Wertigkeit der Farben ist in der Tabelle 1.3 auf Seite 39 zusammengefasst.

Bauelemente mit kleiner Toleranz haben eine so dichte Staffelung, dass die Mantisse mit drei Farbringen angegeben werden muss. Die Zehnerpotenz wird dann vom vierten und die Toleranz vom fünften Ring angegeben.

Tabelle 1.3 Die Nennwerte von Bauelementen (u. a. von Widerständen) werden durch die aufgelisteten Farben codiert. Da Silber- und Goldfarbe elektrisch leitfähig ist, wird diese zuweilen durch Grau und Weiß ersetzt.

		Ringe	
Farbe	Ziffern	Zehnerpotenz	Toleranz
Silber		10^{-2}	10 %
Gold		10^{-1}	5 %
Schwarz	0	10^0	20 %
Braun	1	10^1	1 %
Rot	2	10^2	2 %
Orange	3	10^3	3 %
Gelb	4	10^4	4 %
Grün	5	10^5	5 %
Blau	6	10^6	6 %
Violett	7	10^7	7 %
Grau	8	10^8 oder 10^{-2}	8 %
Weiß	9	10^9 oder 10^{-1}	9 % oder 10 %

Beispiel 1.2 Farbcodierung von Widerständen

> 4,7 kΩ, 20 %: Gelb – Violett – Rot
> 150 Ω,   10 %: Braun – Grün – Braun – Silber
> 5,6 kΩ,   2 %: Grün – Blau – Schwarz – Braun – Rot   ∎

Es ist zu beachten, dass die Mantisse mit der Zehnerpotenz multipliziert wird. Umfasst die Mantisse drei Ziffern, so ist natürlich eine um eins verringerte Zehnerpotenz zu verwenden. Ein roter Potenzring bedeutet somit nicht, dass der Widerstandswert in jedem Fall zwischen 1 kΩ und 9,99 kΩ liegt.

In Schaltungen werden die Bauelemente mit ihren Widerstandswerten entweder direkt bezeichnet (2,2 Ω, 5,6 kΩ) oder sie sind in einer Kurzform (2R2, 5k6) angegeben.

Die Farbcodierung findet man auf vielen Bauelementen. Neben Widerständen werden auch Kondensatoren, Spulen und sogar Dioden mit Farbringen gekennzeichnet. Bei Dioden geben die Farbringe die Typnummer an.

1.6.4 Veränderliche Widerstände

Hier sollen nur Widerstände betrachtet werden, deren Wert von äußeren Einflüssen abhängt. Diese Einflüsse sind z. B. Temperatur, Lichtstärke, Position oder Drehwinkel und weder mittel- noch unmittelbar von der Spannung am Widerstand oder dem Strom durch den Widerstand abhängig. Der Zusammenhang zwischen Spannung und Strom ist daher weiterhin linear, es handelt sich bei veränderlichen Widerständen also um lineare Bauelemente.

Im Gegensatz zu veränderlichen Widerständen hängt der Widerstandswert von nichtlinearen Widerständen von der anliegenden Spannung bzw. vom Strom durch das Bauelement ab. Um diesen Unterschied zu verdeutlichen, betrachten wir einen lichtempfindlichen Widerstand. Ändert sich die Beleuchtungsstärke, so führt dies zu einer Widerstandsänderung. Mit einer geeigneten Messschaltung lässt sich dann die Lichtstärke quantitativ erfassen. Wird der lichtempfindliche Widerstand jedoch wie in Bild 1.12 mit einer Lampe verschaltet, sodass deren Helligkeit vom Widerstandswert abhängt, und wirkt das Licht der Lampe auf den Widerstand zurück, so bildet dieses rückgekoppelte System insgesamt ein nichtlineares Bauelement. Derartige Anordnungen bzw. Bauelemente mit nichtlinearem Verhalten wollen wir hier nicht betrachten.

$$R = f(\phi)$$

Bild 1.12 Der Wert eines lichtempfindlichen Widerstandes (links) hängt von der Beleuchtungsstärke ab. Wird diese jedoch durch die Änderung des Widerstandswertes beeinflusst und wirkt auf das Bauteil zurück (rechts), so bilden Lichtquelle und lichtempfindlicher Widerstand zusammen ein nichtlineares Bauteil.

Nachdem jetzt der prinzipielle Unterschied zwischen veränderlichen und nichtlinearen Widerständen geklärt ist, wollen wir uns nun dem *Potenziometer*, einem einstellbaren Widerstand, zuwenden. Potenziometer werden auch als „Trimmer" oder „Trimmwiderstände" bezeichnet, da sie zum Abgleichen (Trimmen) von Schaltungen eingesetzt werden.

Ein Potenziometer, dargestellt in Bild 1.13, ist ein Widerstand mit einem variablen Abgriff. Als Widerstand kann ein Draht (Widerstandsdraht) verwendet werden, über den ein Schleifkontakt geführt wird. Aus Platzgründen ist der Widerstandsdraht in der Regel auf einen nichtleitenden Träger aufgewickelt. Derartige Anordnungen werden allerdings nur für große Ströme verwendet, da der Widerstand eine hohe Leistung aufnehmen muss. Kleine Potenziometer werden üblicherweise als Kohleschichtwiderstände ausgeführt. Der Schleifkontakt wird dann entlang der Kohleschicht geführt. Je nach Ausführung wird die Position des Schleifkontakts durch Verschiebung (Schiebepotenziometer) oder Drehung (Drehpotenziometer) variiert.

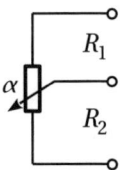

Bild 1.13 Ein Potenziometer ist ein Widerstand $R = R_1 + R_2$, der in Abhängigkeit von der Position des Schleifkontakts in zwei Teilwiderstände R_1 und R_2 aufgeteilt wird.

Wir wollen, ungeachtet des mechanischen Aufbaus, die Schleifkontaktposition durch die normierte Variable α beschreiben, wobei $0 \le \alpha \le 1$ ist. Der Widerstand

$$R = R_1 + R_2$$

wird dann in Abhängigkeit von der Schleiferposition α in zwei Teilwiderstände aufgeteilt.

$$R_1 = (1 - \alpha)R \quad \text{und} \quad R_2 = \alpha R$$

Als weiteres Beispiel für einen veränderlichen Widerstand soll hier noch neben dem eingangs angesprochenen lichtempfindlichen Widerstand der temperaturabhängige Widerstand erwähnt werden. Die Temperaturabhängigkeit des Widerstandes von elektrischen Leitern wurde bereits im Abschnitt 1.5.1 eingehend diskutiert. Da viele Umgebungsparameter Einfluss auf den elektrischen Widerstand eines Materials haben, liegt es nahe, diese Abhängigkeiten zur Realisierung von Sensoren einzusetzen. Dabei werden Materialien verwendet, bei denen der entsprechende Einfluss besonders groß ist oder ein zumindest näherungsweise linearer Zusammenhang zwischen der Einflussgröße und dem Widerstand besteht.

■ 1.7 Magnetismus

Wir hatten eingangs schon angesprochen, dass elektrische und magnetische Vorgänge untrennbar miteinander verbunden sind. Betrachtet man einen Dauermagneten, so ist dieser Zusammenhang allerdings nicht offensichtlich. Dauermagnete, auch Permanentmagnete genannt, ziehen einige wenige andere Stoffe, insbesondere Eisen, kräftig an. Aber auch Cobalt und Nickel werden – wenn auch nicht ganz so stark – angezogen. Diese Materialien lassen sich mithilfe eines Dauermagneten magnetisieren und werden dann selbst zu Magneten. Magnetisierbare Stoffe heißen ferromagnetisch.

Nähert man zwei Magnete aneinander an, so ziehen diese sich entweder an oder stoßen sich ab. Ähnlich wie bei elektrischen Ladungen gibt es offensichtlich unterschiedliche Polaritäten, die beim Magnetismus als Nord- bzw. Südpol bezeichnet werden. Unterschiedliche Pole ziehen sich an, gleichsinnige Pole stoßen sich ab. Das Verhalten des Magnetismus ähnelt sehr stark dem von elektrischen Ladungen. Es liegt also nahe, ein entsprechendes Konzept zu entwickeln, das magnetische Elementarladungen (isolierte Magnetpole) postuliert und Kraftgesetze formuliert.

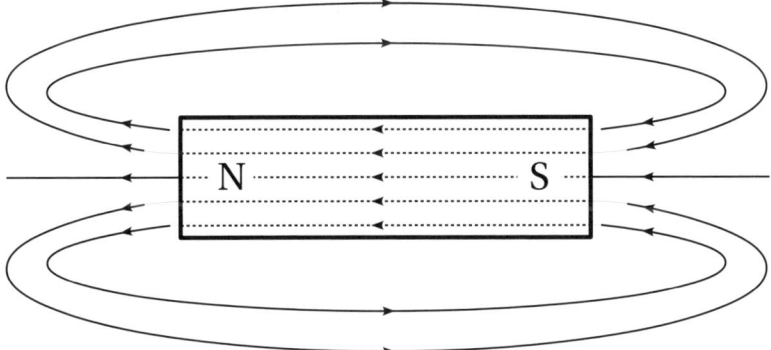

Bild 1.14 Magnete weisen immer einen Nord- und einen Südpol auf. Die Magnetfeldlinien sind in sich geschlossen, sie treten am Nordpol aus dem Magneten aus und dringen am Südpol in diesen wieder ein.

Jeder Magnet besitzt einen Nord- und einen Südpol. Zerbricht man einen Magneten, so besitzt jedes der Teilstücke sowohl einen Nord- als auch einen Südpol. Eine Trennung von Nord- und

Südpol ist nicht möglich. Einzelne magnetische Pole lassen sich nicht isolieren. Magnetismus tritt immer in Form von Dipolen auf. Führt man analog zu den elektrischen Feldlinien Magnetfeldlinien ein, so stellt sich heraus, dass diese immer in sich geschlossen sind. Bild 1.14 zeigt den Verlauf der Feldlinien bei einem Permanentmagneten. Magnetfeldlinien haben nicht wie die Feldlinien statischer elektrischer Felder einen dedizierten Anfangs- und Endpunkt.

Jede Ladungsbewegung ruft ein Magnetfeld hervor. Ein elektrischer Gleichstrom, der durch einen zu einer Spule gewundenen Leiter fließt, erzeugt ein Magnetfeld, das sich von dem eines Permanentmagneten nicht unterscheidet. In jedem Dauermagneten muss also ein permanenter Stromfluss stattfinden. Das ist zunächst verwunderlich, da jeder Stromfluss ohne äußere Energiequelle nach unseren Erfahrungen schnell zum Erliegen kommt. Betrachten wir jedoch den Atomaufbau, so können wir die Bewegung der Elektronen um den Kern als permanenten Stromfluss interpretieren. Unter gewissen Umständen können sich die Atome (oder Moleküle) eines Stoffes in bestimmter Weise großräumig ausrichten. Dann überlagern sich die Magnetfelder der Elementarströme konstruktiv, und es treten starke äußere Magnetfelder auf. Diese Ausrichtung ist offensichtlich nur bei ferromagnetischen Stoffen möglich.

All dies trägt dazu bei, getrennte Konzepte von Elektrizität und Magnetismus zu verwerfen. Es stellt sich vielmehr die Frage, ob magnetische Monopole überhaupt existieren können oder ob der Magnetismus prinzipiell durch Ladungsbewegung entsteht. Wir müssen also untersuchen, ob sich eine bewegte Ladung prinzipiell anders verhält als eine ruhende.

1.7.1 Ursachen des Magnetismus

Wir betrachten nun die Wirkung, die eine sich bewegende Ladung q_1 auf eine ruhende Ladung q_2 ausübt, welche in einem gewissen Abstand d positioniert ist. In Bild 1.15 ist diese Anordnung dargestellt. Ein plötzliches Verschwinden von q_1 könnte aufgrund der endlichen Lichtgeschwindigkeit $c \approx 300\,000$ km/s von q_2 erst nach der Zeit $t_d = d/c$ bemerkt werden.

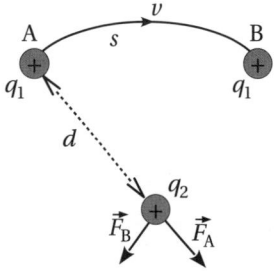

Bild 1.15 Die Ladung q_1 bewegt sich mit der Geschwindigkeit v von A nach B entlang der Strecke s. Die Änderung der Kraftwirkung auf q_2 erfolgt wegen der endlichen Lichtgeschwindigkeit c um die Zeit $t_d = d/c$ verzögert.

Zunächst einmal werden wir lediglich eine kleine zeitliche Verzögerung bei der Kraftwirkung auf q_2 feststellen. Nun ist die Lichtgeschwindigkeit jedoch *immer* konstant, unabhängig vom Bewegungszustand eines Objektes relativ zur Lichtquelle. Als Konsequenz können weder Zeit noch räumliche Ausdehnungen für unterschiedlich bewegte Objekte identisch sein. In unserer

Alltagswelt nehmen wir diesen Effekt nicht wahr, da die üblichen Relativgeschwindigkeiten weit unterhalb der Lichtgeschwindigkeit liegen.

Wir wollen nun die Ladungen q_1 und q_2 gleichmäßig auf zwei (sehr) kleine Zylinder der Länge l mit dem Querschnitt A verteilen. Die Raumladungsdichte innerhalb dieser Zylinder ist dann

$$\varrho_1 = \frac{q_1}{V} = \frac{q_1}{l \cdot A} \qquad \text{und} \qquad \varrho_2 = \frac{q_2}{V} = \frac{q_2}{l \cdot A} \; .$$

Der Abstand r zwischen den Zylindern sei im Verhältnis zu deren Abmessungen so groß, dass die Ladungen als Punktladungen betrachtet werden können. Beide Zylinder bewegen sich nun parallel mit der Geschwindigkeit v in die gleiche Richtung. Ein ruhender Beobachter ermittelt für die Zylinder in Bild 1.16 die kontrahierte Länge

$$l' = l \cdot \sqrt{1 - \frac{v^2}{c^2}} \; . \tag{1.36}$$

Das Produkt $q_1 \cdot q_2$ ist gegeben durch

$$q_1 q_2 = \varrho_1 \varrho_2 V^2 = \varrho_1 \varrho_2 A^2 l^2 \; . \tag{1.37}$$

Der (ruhende) Beobachter stellt aber nur das Ladungsprodukt

$$q_1' q_2' = \varrho_1 \varrho_2 A^2 l'^2 = \varrho_1 \varrho_2 A^2 l^2 \left(1 - \frac{v^2}{c^2}\right) = q_1 q_2 \left(1 - \frac{v^2}{c^2}\right) \tag{1.38}$$

fest.

Zwischen den beiden Ladungen q_1 und q_2 wirkt in einem ruhenden System (bzw. für einen Beobachter mit gleicher Geschwindigkeit) die Coulomb-Kraft

$$F = \frac{q_1 q_2}{4\pi \varepsilon_0 r^2} \; . \tag{1.39}$$

In einem bewegten System erkennt der ruhende Beobachter jedoch die Kraft

$$F' = \frac{q_1' q_2'}{4\pi \varepsilon_0 r^2} = \frac{q_1 q_2}{4\pi \varepsilon_0 r^2} \left(1 - \frac{v^2}{c^2}\right) = \underbrace{\frac{q_1 q_2}{4\pi \varepsilon_0 r^2}}_{= F_c} - \underbrace{\frac{q_1 q_2}{4\pi \varepsilon_0 r^2} \frac{v^2}{c^2}}_{= F_m} \; , \tag{1.40}$$

wobei F_c die Coulomb-Kraft und F_m die magnetische Kraft ist. Die Kraft zwischen den bewegten Ladungen erscheint dem ruhenden Beobachter also verringert. Dieser interpretiert das als anziehende magnetische Kraft, die die abstoßende Coulomb-Kraft überlagert. Dieser Effekt ist schon bei sehr kleinen Geschwindigkeiten spürbar, da die elektrischen Kraftwirkungen verglichen mit der Gravitation um etliche Zehnerpotenzen größer sind. (Siehe dazu auch Abschnitt 1.4.2.) Die magnetische Kraft kann die Coulomb-Kraft übrigens nie übersteigen, da ja die Geschwindigkeit der Ladungsträger immer geringer als die Lichtgeschwindigkeit sein muss. Damit wird letztendlich die abstoßende Kraft in der Anordnung nach Bild 1.16 die magnetische Anziehungskraft immer übersteigen.

Wir führen nun eine neue Konstante ein, die *Permeabilität*

$$\mu_0 = \frac{1}{\varepsilon_0 c^2} = 4\pi \cdot 10^{-7} \frac{V \cdot s}{A \cdot m} \tag{1.41}$$

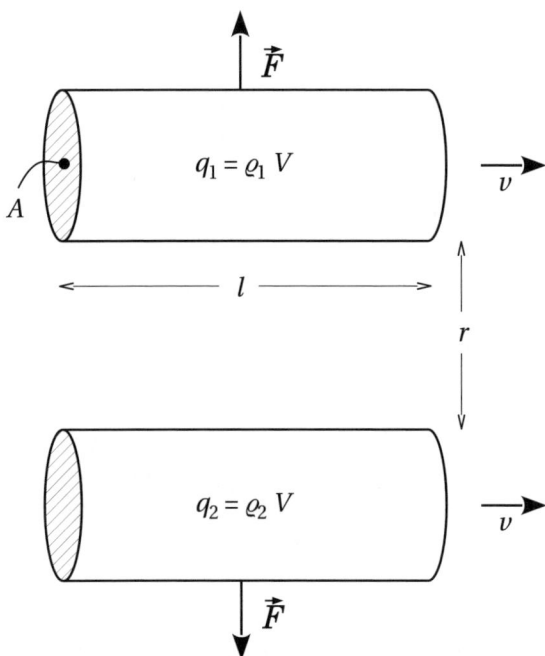

Bild 1.16 Zwei elektrisch geladene Zylinder mit den Raumladungsdichten ϱ_1 und ϱ_2 bewegen sich mit gleicher Geschwindigkeit v relativ zu einem Beobachter. Dieser misst geringere Längen der Zylinder (Längenkontraktion) und sieht damit auch verringerte Ladungen. Der ruhende Beobachter stellt also eine geringere Abstoßungskraft fest als ein Beobachter, der sich ebenfalls mit v bewegt.

und erhalten für die magnetische Kraft zwischen zwei bewegten Punktladungen

$$F_{\mathrm{m}} = \mu_0 \cdot \frac{q_1 q_2}{4\pi} \cdot \frac{v^2}{r^2} \, . \tag{1.42}$$

Die Permeabilität μ_0 beschreibt den Einfluss des leeren Raums auf Magnetfelder. Die Permeabilität ist somit die Entsprechung der Permittivität für den Magnetismus. Allerdings ist sie keine eigenständige Naturkonstante. Der Einfluss von Materie wird auch hier durch eine relative Permeabilitätszahl μ_{r} ausgedrückt.

Wir können die Bewegung einer Ladung mit einer bestimmten Geschwindigkeit als Strom entlang einer Strecke der Länge l interpretieren. Dazu schreiben wir

$$q \cdot v = q \cdot \frac{l}{t} = \frac{q}{t} \cdot l = I \cdot l \tag{1.43}$$

und erhalten ein Strom-Weg-Produkt $I \cdot l$, das analog zur Ladung bei elektrostatischen Feldern als Ursache magnetischer Felder aufgefasst werden kann.

Betrachten wir statt einzelner Ladungsträger im leeren Raum den Stromfluss durch einen metallischen Leiter, so stellen wir fest, dass die elektrostatischen Abstoßungskräfte zu jedem Zeitpunkt vollständig kompensiert sind. Der Leiter ist ja nach außen hin – trotz Stromfluss – völlig ungeladen. In Bild 1.17 ist die entsprechende Anordnung dargestellt, wobei die Ströme in beiden Leitern in die gleiche Richtung fließen. Unbewegte Beobachter (z. B. die Protonen im Lei-

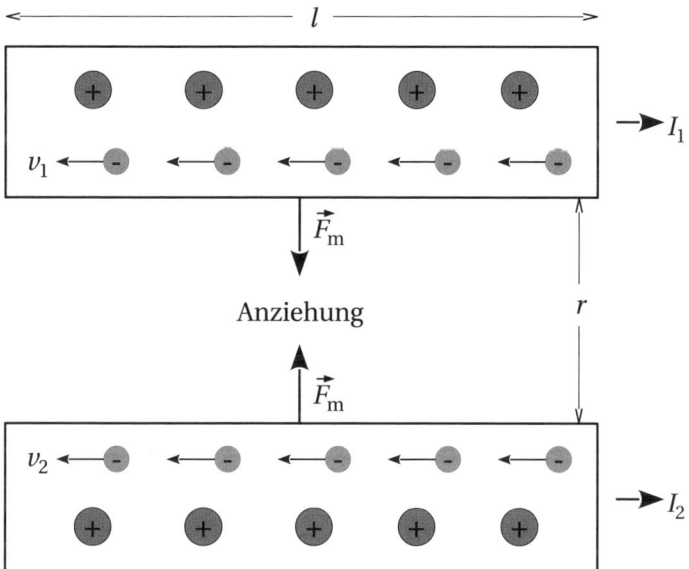

Bild 1.17 Bei stromdurchflossenen Leitern neutralisieren sich die Coulomb-Kräfte. Die resultierenden magnetischen Kräfte führen dann zu einer Anziehung bei gleich gerichteten und einer Abstoßung bei entgegengesetzten Strömen.

ter) sehen jedoch bewegte negative Ladungsdichten und messen eine entsprechende Längenkontraktion. Da sich die Coulomb-Kräfte neutralisieren, bleibt nur die resultierende magnetische Anziehungskraft übrig. Zwei parallele Leiter, durch die ein Strom in die gleiche Richtung fließt, werden sich daher anziehen.

Allerdings sind bei der Anordnung in Bild 1.17 die bewegten Ladungsdichten ausgedehnte „Stromfäden", die nun nicht mehr als Punktladungen aufgefasst werden dürfen. Das hat zur Folge, dass die magnetischen Kräfte zwischen zwei parallelen Leitern nur mit $1/r$ abnehmen. Für die magnetische Anziehungskraft erhalten wir mit

$$F_{\mathrm{m}} = \mu_0 l \frac{I_1 I_2}{2\pi r} \tag{1.44}$$

eine Kraft, die sich auf einen Abschnitt der Länge l des Leiters bezieht. Auf die genaue Herleitung von (1.44) soll an dieser Stelle verzichtet werden.

Die magnetische Kraft zwischen zwei stromdurchflossenen Leitern wird, wie wir in Abschnitt 1.4.3 gesehen haben, zur Definition der Stromstärke verwendet. Dies ist der Grund für den glatten Wert der Konstante μ_0 in Gleichung (1.41).

1.7.2 Das magnetische Feld

Zur Definition der elektrischen Feldstärke hatten wir in (1.21) die Kraftwirkung auf eine Probeladung bezogen. Der Unterschied zwischen feldverursachender Ladung und Probeladung bestand dabei lediglich in der Größe. Die Probeladung ist so dimensioniert, dass sie das Feld nicht nennenswert beeinflusst.

Analog zu dieser Vorgehensweise beziehen wir zur Beschreibung magnetischer Felder die Kraft auf einen „Probestrom" $I \cdot l$, der ja auch als Ursache des Magnetismus aufgefasst werden kann, aber so klein dimensioniert wird, dass praktisch keine Beeinflussung des magnetischen Feldes stattfindet. Der Quotient

$$\vec{B} = \frac{\vec{F}_{\mathrm{m}}}{I l} \tag{1.45}$$

wird als *magnetische Flussdichte* bezeichnet und ist damit die Entsprechung der elektrischen Feldstärke beim Magnetismus. Die *magnetische Feldstärke* ist durch

$$\vec{H} = \frac{\vec{B}}{\mu} \tag{1.46}$$

definiert.

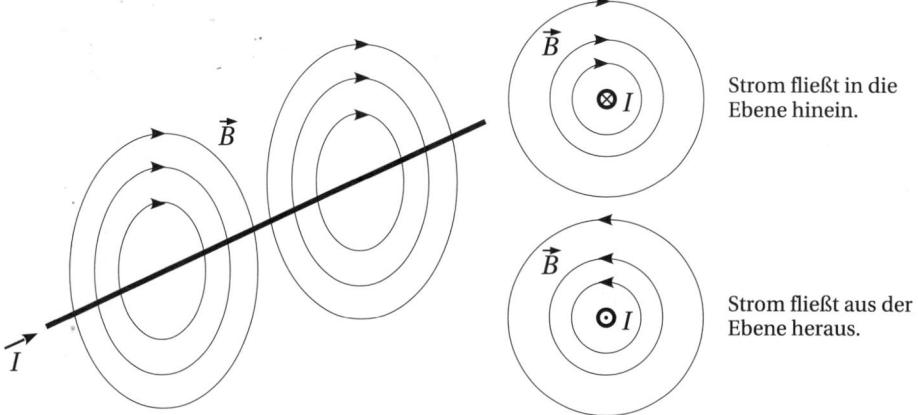

Strom fließt in die Ebene hinein.

Strom fließt aus der Ebene heraus.

Bild 1.18 Das Magnetfeld eines stromdurchflossenen Leiters ist rotationssymmetrisch. Die Feldlinien sind in sich geschlossen, ihre Richtung ist durch die Rechte-Hand-Regel festgelegt. In der zweidimensionalen Darstellung wird ein Strom, der in die Ebene hineinfließt, durch ⊗, und ein Strom in umgekehrter Richtung durch ⊙ gekennzeichnet.

In Bild 1.18 sind die magnetischen Feldlinien stromdurchflossenener Leiter dargestellt. Das magnetische Feld ist rotationssymmetrisch, die Feldlinien sind in sich geschlossen. Die *Rechte-Hand-Regel* legt die Feldrichtung fest. In der ebenen Darstellung wird das Symbol ⊗ verwendet, um einen Stromfluss in die Ebene hinein anzudeuten. Ein Strom, der senkrecht aus der Ebene heraustritt, wird durch ⊙ gekennzeichnet.

 Rechte-Hand-Regel

Umfasst man einen stromdurchflossenen Leiter mit der rechten Hand, sodass der Daumen in die Richtung des Stromes weist, dann zeigen die Finger die Richtung des Magnetfeldes an.

■ 1.8 Übungsaufgaben

Übung 1.1 Kraftwirkung zwischen zwei Ladungen

Zwei punktförmige Ladungen $Q_1 = Q_2 = 10^{-6}$ C sind in einem Abstand von $d = 10$ cm im leeren Raum angeordnet.

a) Wie viele Elementarladungen beinhaltet jede der beiden Punktladungen und um welche Art Ladungsträger handelt es sich?

b) Wie groß ist die Kraft F zwischen den Ladungen und in welche Richtung wirkt sie?

Übung 1.2 Permittivität (Dielektrizitätskonstante)

Zwei Protonen befinden sich im leeren Raum. Der Abstand zwischen den Ladungen beträgt $d = 0{,}3\,\mu$m.

a) Bestimmen Sie die Einheit der Permittivität. Verwenden Sie dabei nur die Basiseinheiten m, s, kg, A, K, Cd und mol.

b) Bestimmen Sie die elektrostatische Kraft zwischen den Protonen. Handelt es sich bei der Kraftwirkung um Anziehung oder Abstoßung?

Zwischen die Ladungen wird nun eine Isolierschicht mit der relativen Dielektrizitätskonstanten $\varepsilon_r = 6{,}3$ eingebracht.

c) Wie verändert sich die Kraft?

d) Wie muss der Abstand der beiden Ladungen verändert werden, damit wieder die ursprüngliche Kraft wirkt?

Übung 1.3 Ladung und Strom

Die Gesamtladung $Q = -50$ C ist in einem kreisrunden Zylinder mit dem Durchmesser $d = 5$ mm und der Länge $l = 10$ cm homogen verteilt.

a) Bestimmen Sie die Raumladungsdichte ρ.

b) Wie viele Elementarladungen ($e = 1{,}602 \cdot 10^{-19}$ C) befinden sich in dem Zylinder und um welche Art Ladungsträger handelt es sich?

Der Zylinder bewegt sich mit der Geschwindigkeit $v = 300\,\mu$m/min in Längsrichtung.

c) Bestimmen Sie die Stromdichte J und den Gesamtstrom I.

d) In welche Richtung, bezogen auf v, fließt der Strom?

Übung 1.4 Strom und Stromdichte

Durch einen elektrischen Leiter mit kreisrundem Querschnitt fließt ein Gleichstrom der Stärke $I = 2{,}5$ A. Der Durchmesser des Leiters beträgt $d = 0{,}3$ mm.

a) Berechnen Sie die Stromdichte J.

b) Welche Ladungsmenge wird in 10 s durch den Leiter transportiert?

c) Aufgrund einer Verformung (Quetschung oder Knick) ist der effektive Querschnitt an einer Schadstelle um 25 % reduziert. Geben Sie den Strom und die Stromdichte an der Schadstelle an.

Übung 1.5 Freie Elektronen im Vakuum

Ein Elektron wird in einer Vakuumröhre mittels einer Anodenspannung von 10 kV beschleunigt. Der Abstand zwischen Kathode und Anode beträgt 20 cm.
(Elementarladung $e = 1{,}602 \cdot 10^{-19}$ C, Elektronenmasse $m_e = 9{,}109 \cdot 10^{-31}$ kg)

a) Welche Energie wird dem Elektron in der Vakuumröhre zugeführt?

b) Mit welcher Geschwindigkeit trifft das Elektron auf die Anode. (An der Kathode war das Elektron im Ruhezustand.)

c) Welche Beschleunigung erfährt das Elektron und wie lange dauert die Flugzeit von der Kathode zur Anode?

d) Welche Kraft wirkt auf das Elektron?

Übung 1.6 Elektrostatische Elektronenablenkung

Ein Elektron wird mit konstanter Geschwindigkeit $v_0 = 50\,000$ km/s durch zwei Ablenkplatten geschossen und trifft auf einen im Abstand $L = 30$ cm angebrachten Auffangschirm. Die Ablenkplatten haben einen Abstand von $d = 2$ mm und eine Länge von $l = 10$ mm. Die Ablenkspannung U_x beträgt 100 V.

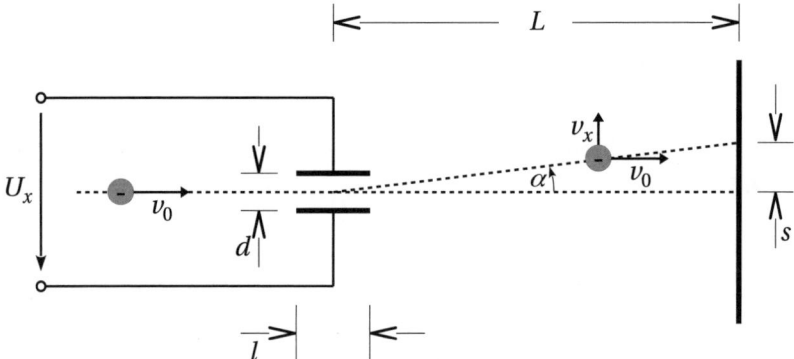

a) Welche Spannung zwischen Kathode und Anode ist erforderlich, um das Elektron auf die Geschwindigkeit v_0 zu beschleunigen?

b) Welche Querbeschleunigung (in Ablenkrichtung) erfährt das Elektron und wie groß ist die Querkomponente der Elektronengeschwindigkeit (Ablenkgeschwindigkeit v_x) nach dem Durchlaufen der Ablenkplatten?

c) Stellen Sie die Ablenkgeschwindigkeit in Abhängigkeit von der Zeit und in Abhängigkeit vom zurückgelegten Weg in jeweils einem Diagramm dar.

d) Stellen Sie die Flugbahn des Elektrons in einem Diagramm dar.

e) Berechnen Sie den Punkt, an dem das Elektron auf den Schirm auftrifft, d. h. den Ablenkweg s und den Ablenkwinkel α.

Hinweis: Das Elektron wird gleichmäßig beschleunigt, während es die Ablenkplatten durchläuft. Danach ist die Querkomponente der Elektronengeschwindigkeit v_x konstant. Da $l \ll L$ und die Durchlaufzeit sehr kurz ist, kann der Beschleunigungsvorgang bei der Berechnung des Ablenkwegs und des Ablenkwinkels vernachlässigt werden.

Übung 1.7 Spezifischer Widerstand

Eine Doppelleitung aus Kupfer ist 50 m lang. Der Querschnitt des verwendeten Drahtes beträgt $A = 2,5\,\text{mm}^2$. Kupfer hat den spezifischen Widerstand $\varrho_R = 1,75 \cdot 10^{-8}\,\Omega\text{m}$.

a) Bestimmen Sie den Drahtdurchmesser.

b) Wie groß ist der Widerstand der Leitung?

c) Welche maximale Länge darf die Doppelleitung haben, wenn der Widerstand der Leitung $1,2\,\Omega$ nicht überschreiten soll?

Übung 1.8 Temperaturabhängigkeit

Ein Aluminiumdraht der Länge $l = 350$ m hat einen kreisrunden Querschnitt mit einem Durchmesser von $d = 5$ mm. In der Tabelle 1.1 auf Seite 32 sind die Kenngrößen für Aluminium zu finden.

a) Bestimmen Sie den Widerstand des Drahtes bei 20 °C.

b) Geben Sie den Temperaturbereich $\Delta\vartheta$ an, in dem die lineare Näherung der Temperaturabhängigkeit von der quadratischen um maximal 10 % abweicht.

c) Bei welcher Temperatur verdoppelt sich der Widerstand des Drahtes gegenüber dem Widerstandswert bei 20 °C.

Übung 1.9 Temperaturabhängigkeit

Der Widerstand eines Kupferdrahtes wird bei -10 °C mit $7,8\,\Omega$ gemessen. Die Länge des verwendeten Drahtes beträgt 200 m. Die Kenngrößen für Kupfer sind in der Tabelle 1.1 auf Seite 32 angegeben.

a) Wie groß sind Querschnittfläche und Durchmesser des Drahtes?

b) Wie groß ist der Widerstand des Drahtes bei 35 °C.

c) Bestimmen Sie die Kenngrößen ϱ_{R0}, α_0 und β_0 für 0 °C.

Übung 1.10 Normreihen

Die Normreihe E 12 teilt jede Dekade logarithmisch in 12 Abschnitte auf. In Tabelle 1.2 auf Seite 37 sind verschiedene Normreihen aufgelistet.

a) Berechnen Sie die exakten Staffelwerte der Normreihe E 12 und geben Sie die prozentuale Abweichung der Nennwerte von den exakten Staffelwerten an.

b) Wie groß ist die maximale Abweichung eines Nennwertes vom zugehörigen exakten Staffelwert und bei welchem Nennwert wird diese erreicht?

Nun wird ein Wert kontinuierlich über eine ganze Dekade variiert. Verwenden Sie zur numerischen Berechnung mindestens 100 Stützwerte.

c) Bestimmen Sie zum jeweiligen Wert den nächstliegenden Nennwert und tragen Sie diesen in einem Diagramm über dem Wert auf.

d) Berechnen Sie die prozentuale Abweichung des Nennwertes vom jeweiligen Wert und tragen Sie auch diese in einem Diagramm über dem Wert auf.

e) Wie groß ist die maximale Abweichung und bei welchem Wert wird diese erreicht?

2 Zeitabhängige Größen

Zur Behandlung elektrotechnischer Problemstellungen werden wir das in Abschnitt 1.3 vorgestellte Kirchhoff'sche Modell einsetzten. Spannung und Strom sind die Variablen dieses Modells und im Allgemeinen zeitabhängig. Die mathematische Beschreibung dieser Zeitabhängigkeit ist für Spannung und Strom identisch. Wir werden daher im Folgenden von *Signalen* sprechen und diese als Funktion der Zeit $x(t)$ darstellen. Diese Beschreibung kann sowohl auf Spannungen $u(t)$ als auch auf Ströme $i(t)$ angewendet werden und sie schließt sogar den Gleichspannungs- bzw. Gleichstromfall ein.

Konstanten bzw. konstante Signale werden mit Großbuchstaben, also U, I oder allgemein mit X gekennzeichnet. Mit Kleinbuchstaben werden in der Regel zeitabhängige Größen, d. h. $u(t)$, $i(t)$ oder $x(t)$, sowie Parameter wie die Zeit t selbst oder die Frequenz f bezeichnet.

■ 2.1 Periodische und nichtperiodische Vorgänge

Die Funktion $x(t)$ ordnet dem Signal x zu jedem beliebigen Zeitpunkt $t = t_0$ einen Wert zu, der als *Augenblickswert* bezeichnet wird. Ändert sich dieser Wert nicht, ist also zeitlich konstant, so sprechen wir von einem Gleichsignal. Bei zeitlich veränderlichen Signalen unterscheiden wir periodische und nichtperiodische Zeitabhängigkeiten.

Ein Signal ist periodisch, falls eine positive Zahl T existiert, sodass für alle Zeitpunkte t gilt

$$x(t) = x(t + T) \, . \tag{2.1}$$

Die Zahl T heißt *Periode* des Signals $x(t)$. Jedes ganzzahlige Vielfache von T ist ebenfalls eine Periode von $x(t)$. Wenn (2.1) erfüllt ist, so gilt also auch

$$x(t) = x(t + nT) \qquad \text{mit } n \in \mathbb{Z} \, . \tag{2.2}$$

Die kleinste positive Zahl T, für die (2.1) erfüllt ist, heißt *primitive Periode*.

Ist eine Periode eines periodischen Signals bekannt, so ist damit das gesamte Signal vollständig bestimmt. Je nach Kurvenform lassen sich solche Signale mit sehr wenigen Parametern vollständig beschreiben. Bei nichtperiodischen Signalen muss hingegen immer die gesamte Zeitachse betrachtet werden. Vielfach sind nichtperiodische Signale aber nur für einen begrenzten Zeitraum von null verschieden oder nur in diesem Zeitraum relevant.

◼ 2.2 Definition von Kenngrößen

Vielfach ist es gar nicht erforderlich, den exakten Verlauf eines Signals oder die Signalwerte zu bestimmten Zeitpunkten zu kennen. Zur Charakterisierung zeitlich veränderlicher Signale werden daher Kenngrößen herangezogen, mit deren Hilfe Eigenschaften oder Wirkungen des Signals mit geringem Aufwand beschrieben werden können.

2.2.1 Mittelwert

Der *arithmetische Mittelwert* gibt den Gleichanteil einer zeitlich veränderlichen Größe an und wird auch 1. Moment genannt. Hierbei wird die vorzeichenbehaftete Fläche zwischen Funktionsgraph und Zeitachse auf das betrachtete Zeitintervall normiert.

Der Mittelwert eines zeitveränderlichen (im Allgemeinen nicht periodischen) Signals

$$\bar{x} = \lim_{\tau \to \infty} \frac{1}{\tau} \int_{-\tau/2}^{\tau/2} x(t)\,\mathrm{d}t \tag{2.3}$$

kann messtechnisch nur näherungsweise bzw. in einem vorgegebenen Zeitintervall bestimmt werden. Nur wenn die Funktion $x(t)$ für die gesamte Zeitachse in geschlossener Form bekannt ist, kann der Grenzübergang mathematisch analysiert werden. Berechnen wir den Mittelwert ständig für einen bestimmten zurückliegenden Zeitraum neu, also zu jedem Zeitpunkt $t = t_0$ für den Zeitraum $t_0 - \tau \le t \le t_0$, so sprechen wir von einem gleitenden Mittelwert. Dieser gleitende Mittelwert wird dann selbst eine zeitveränderliche Größe sein.[1]

Je nach der Dauer des betrachteten Zeitraums sind dem gleitenden Mittelwert bestimmte Aspekte zu entnehmen. Mitteln wir zum Beispiel die Temperatur über den Tag und tragen die Mittelwerte über das Jahr auf, so sehen wir den typischen Verlauf der Jahreszeiten. Die Tatsache, dass es im Winter tagsüber durchaus wärmer sein kann als in einer kalten Sommernacht, ist für die Darstellung des Temperaturjahresverlaufs irrelevant.

Sobald es sich um eine periodische Zeitabhängigkeit handelt, kann der Mittelwert exakt bestimmt werden. Das Integral in Gleichung (2.3) erstreckt sich dann genau über eine Periode.

$$\bar{x} = \frac{1}{T} \int_{t_0}^{t_0+T} x(t)\,\mathrm{d}t = \frac{1}{T} \int_{0}^{T} x(t)\,\mathrm{d}t \,. \tag{2.4}$$

Der Beginn und das Ende der Integration ist dabei unbedeutend. Es muss lediglich über eine volle Periode integriert werden.

Für eine reine Sinus- oder Kosinusfunktion ergibt sich der Mittelwert

$$\bar{x} = \frac{1}{T} \int_{0}^{T} \sin\left(2\pi \frac{t}{T}\right) \mathrm{d}t = 0 \,. \tag{2.5}$$

---

[1] Ein veränderlicher Mittelwert ist ein Widerspruch in sich selbst. Daher ist die Bezeichnung gleitender Mittelwert unbedingt zu verwenden.

2.2.2 Effektivwert

Der *Effektivwert* wird auch 2. Moment genannt. Er gibt eine zeitlich konstante Größe an, die die gleiche Wirkung erzielt wie die veränderliche Größe. Konkret bedeutet dies, der Effektivwert einer Wechselspannung ist diejenige positive Gleichspannung, die in einem Widerstand die gleiche Leistung umsetzt, wie die Wechselspannung.

Zur Berechnung des Effektivwertes wird zunächst die Fläche unter dem Quadrat des Funktionsgraphen gebildet. Anschließend wird eine Konstante gesucht, die im betrachteten Zeitintervall das gleiche Flächenquadrat liefert. Diese Vorgehensweise ist sehr ähnlich zur Mittelwertberechnung.

Der Effektivwert eines zeitveränderlichen (im Allgemeinen nicht periodischen) Signals ist gegeben durch

$$x_{\text{eff}} = \sqrt{\lim_{\tau \to \infty} \frac{1}{\tau} \int_{-\tau/2}^{\tau/2} x^2(t)\, dt} \, . \tag{2.6}$$

Auch hier ist eine messtechnische Bestimmung nur näherungsweise möglich. Im Übrigen gelten hier ebenfalls die Überlegungen des vorangegangenen Abschnitts hinsichtlich der zeitlichen Konstanz des Effektivwertes.

Wir interessieren uns natürlich insbesondere für Effektivwerte von periodischen Vorgängen, da diese exakt bestimmt werden können. Analog zu (2.4) ergibt sich hier

$$x_{\text{eff}} = \sqrt{\frac{1}{T} \int_{t_0}^{t_0+T} x^2(t)\, dt} = \sqrt{\frac{1}{T} \int_0^T x^2(t)\, dt} \, . \tag{2.7}$$

Auch hier sind die absoluten Integrationsgrenzen unbedeutend, es muss lediglich über eine volle Periode integriert werden.

Wir wollen nun den Effektivwert einer sinusförmigen Zeitfunktion

$$x(t) = \hat{x} \sin(2\pi t / T)$$

mit der Amplitude $\hat{x}$ bestimmen. Unter der Berücksichtigung von $\sin^2 \xi = (1 - \cos 2\xi)/2$ erhalten wir

$$x_{\text{eff}} = \sqrt{\frac{1}{T} \int_0^T \hat{x}^2 \sin^2 \left(2\pi \frac{t}{T} \right) dt} = \sqrt{\frac{\hat{x}^2}{2T} \int_0^T \left(1 - \cos \left(4\pi \frac{t}{T} \right) \right) dt}$$

$$= \sqrt{\frac{\hat{x}^2}{2T} \int_0^T dt + \frac{\hat{x}^2}{2T} \underbrace{\int_0^T \cos \left(4\pi \frac{t}{T} \right) dt}_{=0}} = \frac{\hat{x}}{\sqrt{2}} \cdot \sqrt{\frac{1}{T} \int_0^T dt} = \frac{\hat{x}}{\sqrt{2}} \, .$$

Der allgemeine Zusammenhang zwischen Effektivwert und Scheitelwert lautet bei sinusförmigem Zeitverlauf demnach immer

$$x_{\text{eff}} = \frac{1}{\sqrt{2}} \cdot \hat{x} \, . \tag{2.8}$$

2.2.3   Gleichrichtwert

Der *Gleichrichtwert* ist der Mittelwert des Betrages eines zeitabhängigen Signals. Die allgemeine Berechnungsvorschrift ist analog zu (2.3) gegeben durch

$$\overline{|x|} = \lim_{\tau \to \infty} \frac{1}{\tau} \int_{-\tau/2}^{\tau/2} |x(t)| \, dt \,. \tag{2.9}$$

Wichtig ist hierbei, dass zunächst die Betragsbildung und erst danach die Integration ausgeführt wird. Auch (2.9) lässt sich für nichtperiodische Vorgänge nur näherungsweise über einen endlichen Zeitraum bestimmen. Beim periodischen Fall ist durch Betrachtung einer Periode eine exakte Bestimmung des Gleichrichtwertes möglich.

$$\overline{|x|} = \frac{1}{T} \int_{t_0}^{t_0+T} |x(t)| \, dt = \frac{1}{T} \int_{0}^{T} |x(t)| \, dt \tag{2.10}$$

Der Gleichrichtwert hat vor allem praktische Bedeutung bei der Messung von Wechselspannungen und -strömen. Häufig werden Messeinrichtungen verwendet, die lediglich konstante Signale erfassen können. Die erforderliche Gleichgröße wird durch Betragsbildung erzeugt und das Messwerk zeigt dann den Mittelwert dieser gleichgerichteten Wechselgröße an.

Für den sinusformigen Vorgang

$$x(t) = \hat{x} \sin(2\pi t / T) \qquad \text{mit} \quad \hat{x} > 0$$

erhalten wir dann

$$\overline{|x|} = \frac{1}{T} \int_{0}^{T} \hat{x} \left| \sin\left(2\pi \frac{t}{T}\right) \right| dt = \hat{x} \cdot \frac{2}{T} \int_{0}^{T/2} \sin\left(2\pi \frac{t}{T}\right) dt$$

$$= \hat{x} \cdot \frac{2}{T} \cdot \frac{-T}{2\pi} \cdot \cos\left(2\pi \frac{t}{T}\right) \Big|_{0}^{T/2} dt = \frac{2\hat{x}}{\pi}$$

Bei sinusförmigem Zeitverlauf ist der Zusammenhang zwischen Gleichrichtwert und Scheitelwert immer durch

$$\overline{|x|} = \frac{2}{\pi} \cdot \hat{x} \tag{2.11}$$

gegeben.

Oft zeigen Messgeräte den Effektivwert an, obwohl intern nur der Gleichrichtwert gemessen wird. Dies wird durch eine Korrektur der Skala entsprechend (2.8) und (2.11) erreicht. Hierbei ist allerdings zu beachten, dass der angezeigte Wert nur bei sinusförmigen Größen mit dem Effektivwert übereinstimmt. Bei anderen Kurvenformen werden fehlerhafte Werte angezeigt. Messgeräte, die unabhängig von der Kurvenform den richtigen Effektivwert anzeigen, sind in der Regel mit „true RMS" (wahrer Effektivwert) gekennzeichnet. Die Abkürzung RMS steht dabei für *root mean square*.

■ 2.3 Beschreibung harmonischer Vorgänge

Unter harmonischen Vorgängen verstehen wir sinus- bzw. kosinusförmige Zeitabhängigkeiten von Spannung und Strom. Der Kehrwert

$$f = \frac{1}{T} \tag{2.12}$$

der Periodendauer beschreibt die Wiederholrate eines harmonischen Vorganges pro Zeiteinheit und heißt *Frequenz*. Der Begriff Frequenz darf im strengen Sinn nur bei harmonischen Signalen verwendet werden. Im allgemeinen Fall einer periodischen Zeitfunktion ist die Bezeichnung *Grundfrequenz* vorzuziehen.[2] Wir werden häufig den Begriff *Kreisfrequenz* bzw. *Grundkreisfrequenz* verwenden. Ein periodischer Vorgang lässt sich auch als Punkt darstellen, der sich auf einer Kreisbahn bewegt. Die Kreisfrequenz

$$\omega = 2\pi f = \frac{2\pi}{T} \tag{2.13}$$

gibt dann die auf dem Einheitskreis pro Zeiteinheit zurückgelegte Wegstrecke an. Die Kreisfrequenz wird daher auch als *Winkelgeschwindigkeit* bezeichnet.

Zur Beschreibung von Signalen ziehen wir oft die Kosinusfunktion der Sinusfunktion vor, da $\cos(0) = 1$ ist. Damit können wir den zeitunabhängigen Fall (konstantes Signal) durch die Frequenz $f = 0$ berücksichtigen. Die Einheit der Frequenz ist das *Hertz*,[3] $1\,\text{Hz} = 1\,\text{s}^{-1}$.

2.3.1 Reelle Darstellung sinusförmiger Signale

Ausgehend von der Beschreibung periodischer Vorgänge definieren wir zunächst einen sinusförmigen Wechselvorgang in der reellen Form durch

$$x'(t) = \hat{x}\cos(\omega t + \varphi) \quad \text{und} \quad x''(t) = \hat{x}\sin(\omega t + \varphi) \tag{2.14}$$

mit dem *Scheitelwert* $\hat{x}$, der *Kreisfrequenz* ω und dem *Nullphasenwinkel* φ. Der Nullphasenwinkel bezieht sich auf die jeweilige trigonometrische Funktion und gibt die Phasenlage zum Zeitpunkt $t = 0$ an. Natürlich kann wegen $\sin\alpha = \cos(\alpha - \pi/2)$ die Kosinus- durch die Sinusfunktion, also x' durch x'' ausgedrückt werden.

$$x'\big(t - \pi/(2\omega)\big) = \hat{x}\cos(\omega t - \pi/2 + \varphi) = \hat{x}\sin(\omega t + \varphi) = x''(t) \quad \text{bzw.} \quad x'(t) = x''\big(t + \pi/(2\omega)\big)$$

Die beiden Signale in (2.14) unterscheiden sich also lediglich in der Phasenlage bzw. durch eine frequenzabhängige Zeitverschiebung (Bild 2.1).

---

[2]   Beliebige periodische Vorgänge lassen sich durch eine Summe über Sinus- und Kosinusfunktionen mit ganzzahligen Vielfachen der Grundfrequenz darstellen (Fourier-Reihe).

[3]   Heinrich Hertz, deutscher Physiker, 1857–1894.

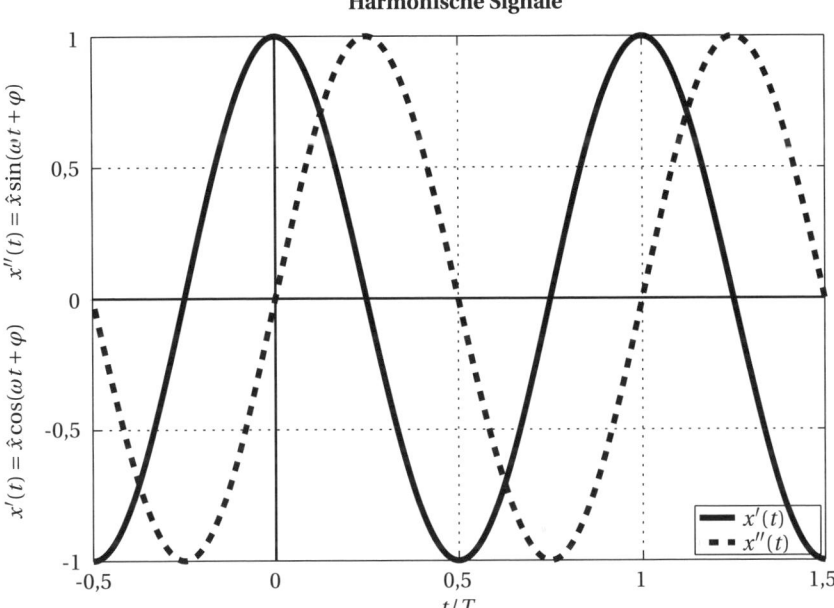

Bild 2.1 Sinus- und Kosinusfunktion mit der Amplitude $\hat{x} = 1$ und der Phase $\varphi = 0$ über der auf die Periode normierten Zeit $t/T = \omega t/(2\pi)$ dargestellt. Die Sinusfunktion unterscheidet sich von der Kosinusfunktion lediglich in der Phasenlage.

Zur reellen Darstellung sinusförmiger Vorgänge werden die in Tabelle 2.1 aufgeführten Parameter verwendet.

Tabelle 2.1 Sinusförmige Vorgänge

$\hat{x}$	Scheitelwert (Spitzenwert, Amplitude)
$x_{\text{eff}} = \hat{x}/\sqrt{2}$	Effektivwert
ω	Kreisfrequenz (Grundkreisfrequenz)
$f = \omega/(2\pi)$	Frequenz (Grundfrequenz)
$T = 1/f = 2\pi/\omega$	Periodendauer
φ	Nullphasenwinkel
$t/T = \omega t/(2\pi)$	normierte Zeit

2.3.2 Zeigerdarstellung

Alle Spannungen und Ströme innerhalb eines linearen Netzwerks mit monofrequenter Erregung unterscheiden sich nur in Amplitude und Phase. Das ist eine grundlegende Eigenschaft linearer Systeme. Lineare Systeme lassen sich durch eine lineare Differenzialgleichung n-ter Ordnung bzw. durch ein System von n linearen Differenzialgleichungen erster Ordnung beschreiben, deren Lösungen immer Exponentialfunktionen sind. Die Exponentialfunktion und somit auch die Sinus- sowie die Kosinusfunktion sind Eigenfunktionen linearer Systeme. Unter einer monofrequenten Erregung verstehen wir eine oder mehrere synchronisierte Quellen, die sinusförmige Signale mit (exakt) gleicher Frequenz erzeugen. Wir betrachten nun, wie in Bild 2.2 dargestellt, die Schwingung als einen rotierenden Zeiger der Länge $\hat{x}$. Die Frequenz f gibt dabei die Anzahl der Umläufe pro Sekunde an, während die Kreisfrequenz ω den in dieser Zeiteinheit zurückgelegten Weg auf dem Einheitskreis darstellt.

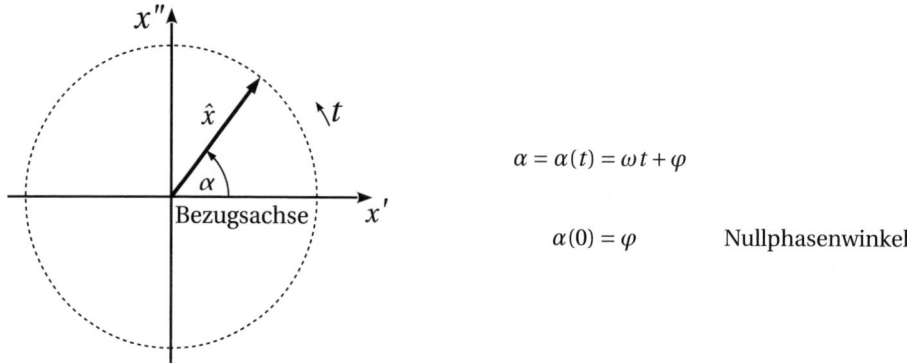

$$\alpha = \alpha(t) = \omega t + \varphi$$

$$\alpha(0) = \varphi \qquad \text{Nullphasenwinkel}$$

Bild 2.2 Der Drehzeiger rotiert mit der Frequenz f auf einem Kreis mit dem Radius $\hat{x}$. Für einen Umlauf benötigt der Zeiger die Zeit $T = 1/f = 2\pi/\omega$. Die Frequenz f gibt die Anzahl der Umläufe und die Kreisfrequenz ω den auf dem Einheitskreis zurückgelegten Weg pro Sekunde an.

Zur Zeit $t = 0$ ist der Winkel zur Bezugsachse (Abzisse) durch den Nullphasenwinkel φ gegeben. Die Projektion des Drehzeigers auf die Bezugsachse wird durch die Kosinusfunktion und die Projektion auf die Ordinate durch die Sinusfunktion ausgedrückt und entspricht der Darstellung in Gleichung (2.14) und Bild 2.1.

Alle Signale im Netzwerk haben die gleiche Frequenz. Daher drehen sich alle *Zeiger* mit der gleichen Geschwindigkeit. Da uns nur die relative Lage der *Drehzeiger* zueinander interessiert, frieren wir die *Zeigerdiagramme* zum Zeitpunkt $t = 0$ ein und nennen die Drehzeiger schlicht Zeiger. Jedes Signal ist dann durch die Länge und die Phasenlage eines Zeigers definiert. Zwei sinusförmige Wechselsignale werden somit durch Zeiger mit den Phasenlagen

$$\alpha_1(t) = \omega t + \varphi_1 \quad \text{mit } \alpha_1(0) = \varphi_1,$$
$$\alpha_2(t) = \omega t + \varphi_2 \quad \text{mit } \alpha_2(0) = \varphi_2$$

sowie den Amplituden $\hat{x}_1$ und $\hat{x}_2$ unterschieden.

Das Zeigerdiagramm enthält die vollständige Beschreibung des Wechselvorgangs, da sich die relative Lage der Zeiger nicht ändert. Die Addition (genau wie die Subtraktion) von Signalen mit unterschiedlichen Phasenlagen kann somit durch eine vektorielle Addition (bzw. Subtraktion) der Zeiger ausgedrückt werden.

Die Zeiger in Bild 2.3 stellen die Signale

$$x_1(t) = \hat{x}_1 \cos(\omega t + \varphi_1) \quad \text{und} \quad x_2(t) = \hat{x}_2 \cos(\omega t + \varphi_2) \tag{2.15}$$

dar. Ihre Summe ist durch

$$x(t) = \hat{x} \cos(\omega t + \varphi) = \hat{x}_1 \cos(\omega t + \varphi_1) + \hat{x}_2 \cos(\omega t + \varphi_2) \tag{2.16}$$

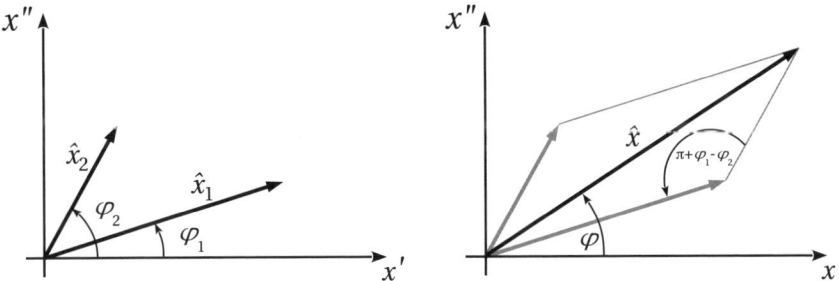

Bild 2.3 Ermittlung der Summe zweier phasenverschobener Signale durch vektorielle Addition der zugehörigen Zeiger.

gegeben. Durch Anwendung des Kosinussatzes erhalten wir die Amplitude des Summensignals

$$\hat{x} = \sqrt{\hat{x}_1^2 + \hat{x}_2^2 + 2\hat{x}_1\hat{x}_2\cos(\varphi_1 - \varphi_2)} \, . \tag{2.17}$$

Betrachten wir die Summe der Komponenten auf der x'- bzw. der x''-Achse, so erhalten wir für den Nullphasenwinkel des resultierenden Signals

$$\tan\varphi = \frac{\hat{x}_1\sin(\varphi_1) + \hat{x}_2\sin(\varphi_2)}{\hat{x}_1\cos(\varphi_1) + \hat{x}_2\cos(\varphi_2)} \, . \tag{2.18}$$

2.3.3 Komplexe Amplituden

Wir betrachten nun die Zeigerdarstellung in der komplexen Ebene, d. h., wir fassen die Variablen x' und x'' in Bild 2.2 als Real- bzw. Imaginärteil einer komplexen Variablen $\underline{x}$ auf. Den Umlauf des Drehzeigers in der komplexen Ebene nennen wir *komplexe Schwingung*. Die Umlaufgeschwindigkeit ist durch die Frequenz gegeben, wobei deren Vorzeichen die Umlaufrichtung festlegt. Die Position des Drehzeigers zum Zeitpunkt $t = 0$, also Länge des Zeigers und Nullphasenwinkel, bilden eine komplexe Konstante, die wir als *komplexe Amplitude* bezeichnen.

Nun fassen wir die beiden reellen Schwingungen in (2.14) zu einer komplexen Schwingung zusammen und erhalten ein einziges *komplexes Signal*

$$\underline{x}(t) = x'(t) + \mathrm{j}\,x''(t) = \hat{x}\cos(\omega t + \varphi) + \mathrm{j}\,\hat{x}\sin(\omega t + \varphi) = \hat{x}\mathrm{e}^{\mathrm{j}(\omega t + \varphi)} = \underline{\hat{X}}\mathrm{e}^{\mathrm{j}\omega t} \tag{2.19}$$

mit der komplexen Amplitude

$$\underline{\hat{X}} = \hat{x}\mathrm{e}^{\mathrm{j}\varphi} = \hat{x}\cos\varphi + \mathrm{j}\,\hat{x}\sin\varphi \, . \tag{2.20}$$

Oft ist es sinnvoll, statt des Scheitelwertes $\hat{x}$ den Effektivwert x_{eff} zur Darstellung der komplexen Amplitude zu verwenden, d. h.,

$$\underline{X} = x_{\mathrm{eff}}\mathrm{e}^{\mathrm{j}\varphi} = \underline{\hat{X}}/\sqrt{2} \, . \tag{2.21}$$

Tabelle 2.2 Komplexe Amplituden

$\underline{x}(t) = \underline{\hat{X}}e^{j\omega t}$	Komplexes Signal
$e^{j\omega t}$	Komplexe Schwingung
$\underline{\hat{X}} = \hat{x}e^{j\varphi}$	Komplexe Amplitude
$\hat{x}$	Amplitude (Scheitelwert)
φ	Phase (Nullphasenwinkel)
$\underline{X} = \underline{\hat{X}}/\sqrt{2}$	Effektivwert der komplexen Amplitude

Zur Darstellung harmonischer Vorgänge wird das Konzept der komplexen Amplituden mit den in Tabelle 2.2 aufgeführten Begriffen verwendet.

Für die systemtheoretische Betrachtung macht es keinen Unterschied, ob die Quellen im Netzwerk reelle oder komplexe Signale erzeugen. Eine komplexe Spannungsquelle können wir uns als Reihenschaltung aus zwei reellen Spannungsquellen mit den Quellspannungen $u'_0(t)$ und $j\,u''_0(t)$ vorstellen. Entsprechend sind die Komponenten einer komplexen Stromquelle parallel geschaltet. In Bild 2.4 sind zwei ideale komplexe Quellen dargestellt. In realen Netzwerken ist das natürlich nicht möglich.

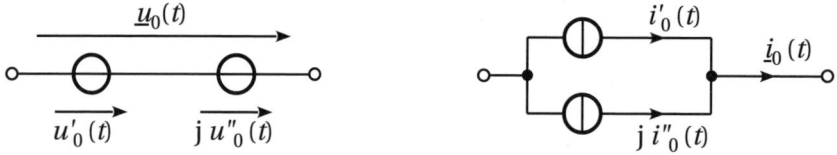

Bild 2.4 Die systemtheoretische Realisierung komplexer Quellen erfolgt durch Reihen- bzw. Parallelschaltung reeller Quellen. In realen Systemen ist das jedoch nicht möglich.

Die Verwendung komplexer Signale zur Analyse elektrischer Netzwerke erscheint zunächst zwar aufwendiger, stellt letztendlich jedoch eine wesentliche Vereinfachung dar. Wir ordnen jedem reellen Quellsignal $x'(t)$ ein komplexes zu, sodass $x'(t) = \text{Re}\{\underline{x}(t)\}$ ist. Führen wir nun eine Netzwerkanalyse durch, so erhalten wir als Ergebnis wiederum komplexe Signale der Form $\underline{y}(t)$. Das eigentlich gesuchte reelle Signal $y'(t) = \text{Re}\{\underline{y}(t)\}$ lässt sich dann sehr einfach durch Realteilbildung ermitteln.

Der entscheidende Vorteil bei der Verwendung von komplexen Amplituden besteht in der Zusammenfassung der zeitunabhängigen Parameter Amplitude und Phase zu einer komplexen Konstanten. Wir können jedes komplexe Signal $\underline{x}(t)$ gemäß (2.19) ausdrücken durch

$$\underline{x}(t) = \underline{\hat{X}}e^{j\omega t} \quad \text{mit} \quad \underline{\hat{X}} = \hat{x}e^{j\varphi}.$$

Entscheidend ist hierbei, dass die Zeitabhängigkeit aller Signale im Netzwerk bei monofrequenter Erregung immer durch $e^{j\omega t}$ gegeben ist.

Beispiel 2.1 Anwendung komplexer Amplituden zur Analyse eines Netzwerks

Wir wollen mithilfe komplexer Amplituden ein Netzwerk beschreiben, das zwischen der Eingangs- und der Ausgangsspannung eine Phasenverschiebung um den Winkel α und eine Amplitudenänderung um den Faktor k hervorruft. Legen wir an den Eingang dieses Netzwerks die Spannung

$$u_1'(t) = \hat{u}_1 \cos(\omega t + \varphi_1) \, ,$$

so erhalten wir am Ausgang die Spannung

$$u_2'(t) = \hat{u}_2 \cos(\omega t + \varphi_2)$$

mit $\hat{u}_2 = k \cdot \hat{u}_1$ und $\varphi_2 = \varphi_1 + \alpha$. Zur Charakterisierung des Netzwerks sind die beiden Parameter α und k erforderlich.

Ergänzen wir nun, wie in Bild 2.4 dargestellt, die Spannungsquelle $u_1'(t)$ um einen entsprechenden imaginären Anteil, so ist die Eingangsspannung durch

$$\underline{u}_1(t) = \underline{\hat{U}}_1 e^{j \omega t} \qquad \text{mit} \quad \underline{\hat{U}}_1 = \hat{u}_1 e^{j \varphi_1}$$

gegeben und ruft am Ausgang die Spannung

$$\underline{u}_2(t) = \underline{\hat{U}}_2 e^{j \omega t} \qquad \text{mit} \quad \underline{\hat{U}}_2 = \hat{u}_2 e^{j \varphi_2} = k e^{j \alpha} \cdot \underline{\hat{U}}_1$$

hervor. Das Netzwerk ist somit durch eine einzige komplexe Zahl

$$\underline{H} = k e^{j \alpha}$$

charakterisiert. Die Ermittlung der Ausgangsspannung reduziert sich auf die Berechnung der komplexen Amplitude durch die Multiplikation

$$\underline{\hat{U}}_2 = \underline{H} \cdot \underline{\hat{U}}_1 \, .$$

Wir werden diesen Aspekt später zur Beschreibung von Schaltelementen ausnutzen. Die zu einer komplexen Spannung zugehörige reelle Spannung ist einfach durch Realteilbildung zu ermitteln, d. h.,

$$u_1'(t) = \text{Re}\{\underline{u}_1(t)\} = \text{Re}\{\underline{\hat{U}}_1 e^{j \omega t}\} \quad \text{und} \quad u_2'(t) = \text{Re}\{\underline{u}_2(t)\} = \text{Re}\{\underline{\hat{U}}_2 e^{j \omega t}\} \, .$$

In einem real vorliegenden Netzwerk sind alle Spannungen reell. Zur Berechnung ersetzen wir die reellen Spannungen in der dargestellten Weise durch komplexe Spannungen.[4] Nachdem die Berechnung abgeschlossen ist, betrachten wir lediglich den Realteil der uns interessierenden Signale.

Nun wollen wir auch die Kirchhoff'schen Regeln auf komplexe Amplituden übertragen. Ganz sicher gelten diese Regeln im Wechselstromkreis zu jedem Zeitpunkt t. Damit können wir aus

$$\sum_n \underline{u}_n(t) = \sum_n \underline{\hat{U}}_n e^{j \omega t} = 0 \qquad \text{und} \qquad \sum_n \underline{i}_n(t) = \sum_n \underline{\hat{I}}_n e^{j \omega t} = 0 \tag{2.22}$$

sofort auf

$$\sum_n \underline{\hat{U}}_n = 0 \qquad \text{und} \qquad \sum_n \underline{\hat{I}}_n = 0 \tag{2.23}$$

---

[4] Um diese Vorgehensweise in der Praxis durchzuführen, müssten wir das Netzwerk dazu ein zweites Mal aufbauen.

schließen. Diese Schlussfolgerung gilt natürlich für die Effektivwerte der komplexen Amplituden $\underline{U} = \hat{\underline{U}}/\sqrt{2}$ und $\underline{I} = \hat{\underline{I}}/\sqrt{2}$ ebenso.[5]

Für die Berechnungen mit komplexen Amplituden gelten die Rechenregeln der komplexen Zahlen. Wir verwenden dabei sowohl die Komponenten- als auch die Polardarstellung (Betrag und Phase). Der Zusammenhang zwischen den beiden Darstellungen ist durch die Euler'schen Formeln gegeben.

$$e^{j\alpha} = \cos\alpha + j\sin\alpha$$

$$\cos\alpha = \frac{e^{j\alpha} + e^{-j\alpha}}{2} \qquad \text{(Realteil)}$$

$$\sin\alpha = \frac{e^{j\alpha} - e^{-j\alpha}}{2j} \qquad \text{(Imaginärteil)}$$

Aus (2.20) erhalten wir unter Verwendung der konjugiert komplexen Amplitude

$$\hat{\underline{X}}^* = \hat{x}e^{-j\varphi} = \hat{x}\cos\varphi - j\hat{x}\sin\varphi$$

sofort den Betrag

$$|\hat{\underline{X}}| = +\sqrt{\hat{\underline{X}}^* \hat{\underline{X}}} = \hat{x}$$

sowie die Komponenten

$$\text{Re}\,\hat{\underline{X}} = \frac{\hat{\underline{X}} + \hat{\underline{X}}^*}{2} = \hat{x}\cos\varphi \,,$$

$$\text{Im}\,\hat{\underline{X}} = \frac{\hat{\underline{X}} - \hat{\underline{X}}^*}{2j} = \hat{x}\sin\varphi \,.$$

Zur Addition und Subtraktion von komplexen Amplituden müssen wir zwingend die Komponentendarstellung verwenden, während die Polardarstellung bei der Multiplikation und der Division vorzuziehen ist.

Die Differentiation einer komplexen Schwingung

$$\underline{d}(t) = \frac{\mathrm{d}}{\mathrm{d}t}\,\underline{x}(t) = \frac{\mathrm{d}}{\mathrm{d}t}\,\hat{\underline{X}}e^{j\omega t} = j\omega \cdot \hat{\underline{X}}e^{j\omega t}$$

liefert uns für die komplexe Amplitude der Ableitung

$$\hat{\underline{D}} = j\omega \cdot \hat{\underline{X}} = \omega \cdot \hat{\underline{X}} \cdot e^{j\pi/2} \,. \tag{2.24}$$

Die Differentiation entspricht einer Multiplikation der komplexen Amplitude mit dem Faktor $j\omega$, d. h., der Drehzeiger des abgeleiteten Signals $\underline{d}(t)$ eilt dem von $\underline{x}(t)$ um $\pi/2$ voraus. Somit ist auch der Zeiger $\hat{\underline{D}}$ gegenüber dem Zeiger $\hat{\underline{X}}$ um $\pi/2$ phasenverschoben.

Bei der Integration

$$\underline{i}(t) = \int \underline{x}(t)\,\mathrm{d}t = \int \hat{\underline{X}}e^{j\omega t}\,\mathrm{d}t = \frac{1}{j\omega} \cdot \hat{\underline{X}}e^{j\omega t}$$

---

[5]   Im Allgemeinen dürfen die Kirchhoff'schen Regeln nicht auf Spitzen- oder Effektivwerte angewendet werden. Im Falle von komplexen Amplituden ist dies jedoch möglich, da alle Signale den gleichen zeitlichen Verlauf aufweisen.

erhalten wir für die komplexe Amplitude des Integrals

$$\hat{\underline{I}} = \frac{1}{j\omega} \cdot \hat{\underline{X}} = \frac{1}{\omega} \cdot \hat{\underline{X}} \cdot e^{-j\pi/2} .$$
(2.25)

Demnach entspricht die Integration einer Division durch $j\omega$. Der Drehzeiger von $\underline{i}(t)$ eilt dem von $\hat{\underline{x}}(t)$ um $\pi/2$ nach, d. h., der Zeiger $\hat{\underline{I}}$ ist gegenüber dem Zeiger $\hat{\underline{X}}$ um den Winkel $-\pi/2$ phasenverschoben.

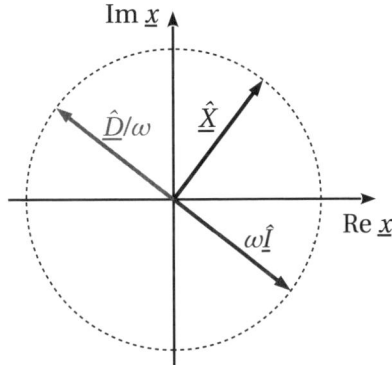

Bild 2.5 Der Zeiger $\hat{\underline{D}}$ einer differenzierten komplexen Schwingung ist gegenüber dem der Ursprungs-schwingung um 90° phasenverschoben. Bei der Integration beträgt die Phasenverschiebung des Zeigers $\hat{\underline{I}}$ dagegen −90°.

In Bild 2.5 sind die Zeigerdiagramme für die Differentiation und die Integration dargestellt. Die Zeigerlängen sind in dieser Darstellung auf die Frequenz normiert. Der Betrag der komplexen Amplitude des differenzierten bzw. integrierten Signals ist frequenzabhängig. Bei der Differentiation steigt der Betrag mit der Frequenz, während er bei der Integration mit zunehmender Frequenz abnimmt.

■ 2.4 Sonstige zeitabhängige Signale

Wir müssen oft auch Vorgänge wie die Betätigung von Schaltern oder die lineare Änderung einer Spannung bzw. eines Stromes beschreiben. Zur mathematischen Darstellung derartiger Vorgänge definieren wir zunächst die *Sprungfunktion*

$$\sigma(t) = \begin{cases} 0 & \text{für } t < 0 \\ 1/2 & \text{für } t = 0 \\ 1 & \text{sonst.} \end{cases}$$
(2.26)

Auf der Basis der in Bild 2.6 dargestellten Sprungfunktion $\sigma(t)$ wollen wir nun zwei spezielle Signaltypen einführen.

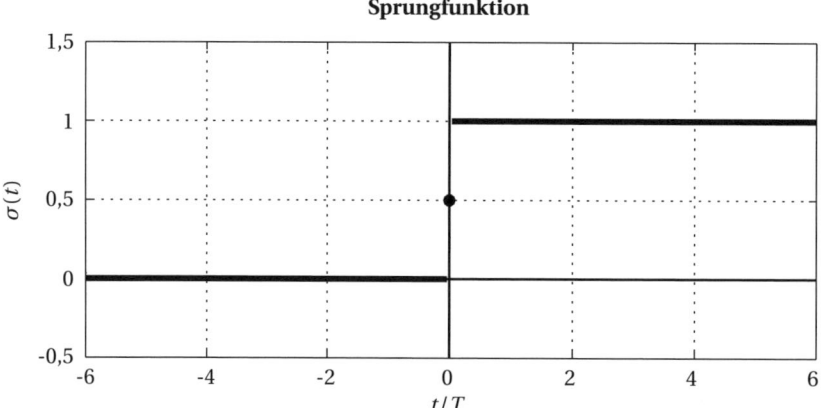

Bild 2.6 Bei der Darstellung der Sprungfunktion wird an der Sprungstelle oft bewusst eine Lücke gelassen und der isolierte Punkt an der Stelle $t = 0$ hervorgehoben. Die Zeitachse ist hier auf eine willkürlich gewählte positive Konstante T normiert.

2.4.1   Rechtecksignal

Mit dem Rechtecksignal wird das Ein- und Ausschalten von Spannungen oder Strömen beschrieben. Dazu definieren wir die *Rechteckfunktion*

$$\text{rect}(t/\tau) = \begin{cases} 1 & \text{für } |t|/\tau < 1 \\ 1/2 & \text{für } |t|/\tau = 1 \\ 0 & \text{sonst} \end{cases} \tag{2.27}$$

mit der positiven Konstante τ. Die Impulsbreite, also die Dauer des Impulses, ist $2 \cdot \tau$. Dieses Signal werden wir auch als *Rechteckimpuls* bezeichnen. Bild 2.7 stellt den normierten Rechteckimpuls dar.

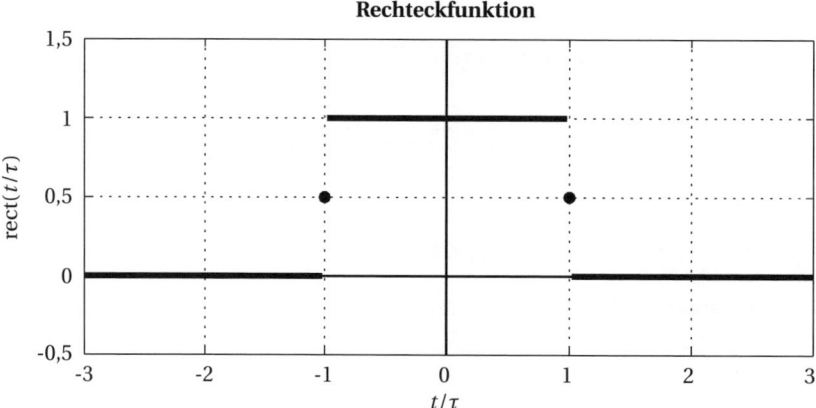

Bild 2.7 Der Rechteckimpuls besitzt die Breite 2τ. Auch in dieser Darstellung sind die isolierten Punkte an den Sprungstellen $t = -\tau$ und $t = \tau$ besonders hervorgehoben.

Das *Rechtecksignal* (2.27) lässt sich auch mithilfe der Sprungfunktion (2.26) ausdrücken.

$$\text{rect}(t/\tau) = \sigma(t + \tau) - \sigma(t - \tau) \tag{2.28}$$

Ein *Schalter*, der zum Zeitpunkt t_1 ein- und zum Zeitpunkt $t_2 > t_1$ ausgeschaltet wird, kann somit durch das Signal

$$x(t) = \sigma(t - t_1) - \sigma(t - t_2) = \text{rect}\left(\frac{2t - t_2 - t_1}{t_2 - t_1}\right) \tag{2.29}$$

beschrieben werden. Bei der Interpretation von (2.29) ist zu beachten, dass die Impulsbreite $2\tau = t_2 - t_1$ beträgt und der Rechteckimpuls um $(t_2 + t_1)/2$ nach rechts verschoben ist.

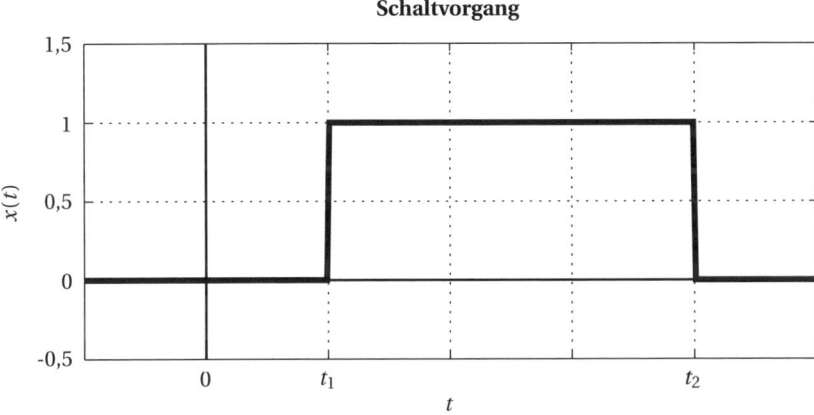

Bild 2.8 Das Signal $x(t)$ beschreibt einen Schalter, der zum Zeitpunkt t_1 ein- und zum Zeitpunkt t_2 ausgeschaltet wird.

In der Darstellung in Bild 2.8 ist der Schaltvorgang dargestellt. Die Sprungstellen sind im Gegensatz zu den Bildern 2.6 und 2.7 nicht besonders hervorgehoben, sondern lediglich als senkrechte Flanken dargestellt. Das Ein- und Ausschalten einer Gleichspannung U_0 können wir nun durch Multiplikation der Spannung mit (2.29) ausdrücken.

$$u(t) = U_0 \cdot x(t) = U_0 \cdot \text{rect}\left(\frac{2t - t_2 - t_1}{t_2 - t_1}\right)$$

Periodische Signale, die nicht harmonisch sind, beschreiben wir durch aufsummierte verschobene zeitlich begrenzte Grundimpulse. Ein periodisches Rechtecksignal $s(t)$ mit der primitiven Periode T und der Impulsbreite $2\tau < T$ stellen wir in der Form

$$s(t) = \sum_{n=-\infty}^{\infty} \text{rect}\left(\frac{t - nT}{\tau}\right) \tag{2.30}$$

dar. Das Signal $s(t)$ beschreibt beispielsweise einen periodisch betätigten Schalter, der jeweils für die Dauer $T_{\text{ein}} = 2\tau$ ein- und für die Zeitspanne $T_{\text{aus}} = T - 2\tau$ ausgeschaltet ist. Der Quotient $T_{\text{ein}}/T_{\text{aus}}$ wird als *Tastverhältnis* bezeichnet.

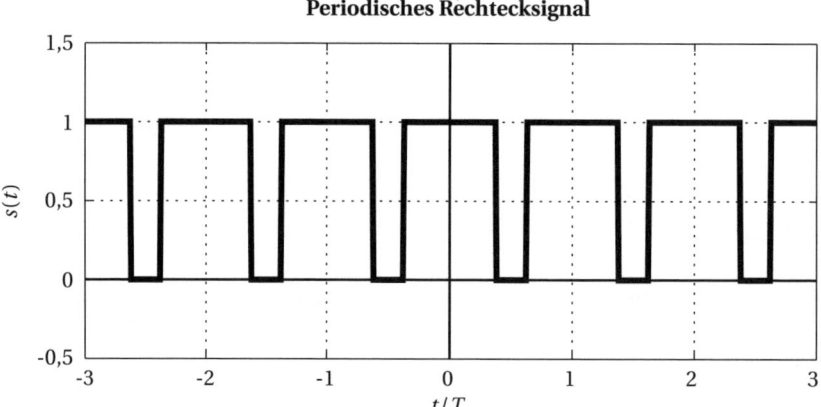

Bild 2.9 Das Rechtecksignal $s(t)$ ist periodisch mit der primitiven Periode T. Die Einschaltzeit des hier dargestellten Signals beträgt $2\tau = 3T/4$, d. h., das Tastverhältnis ist $3:1$.

Das Signal in Bild 2.9 wurde gemäß (2.30) mit $\tau = 3T/8$ erzeugt und ist nicht gleichanteilfrei. Durch Flächenbetrachtung finden wir den Mittelwert

$$\bar{s} = \frac{2\tau}{T} = \frac{3}{4}\,.$$

Der Gleichanteil des Signals $s(t)$ kann sehr einfach durch Variation von τ stufenlos verändert werden. Die Einstellung und Veränderung des Tastverhältnisses kann digital sehr präzise durch Abzählen vordefinierter Zeitintervalle erfolgen. Dieses Verfahren heißt *Pulsweitenmodulation* und wird häufig zur Einstellung der Helligkeit einer Lampe oder der Drehgeschwindigkeit eines Motors angewendet. Die Pulsweitenmodulation wird aber auch zur Einstellung von Gleichspannungen eingesetzt. Dazu wird zunächst eine periodische Rechteckspannung mit kleiner Periodendauer erzeugt. Diese Spannung wird anschließend mithilfe eines Tiefpassfilters (siehe Kapitel 4) geglättet.

2.4.2   Dreiecksignal

Zur Beschreibung linearer Veränderungen wollen wir abschließend noch den *Dreieckimpuls* betrachten. Dazu definieren wir die *Dreieckfunktion*

$$\Delta(t/\tau) = \begin{cases} 1 - |t|/\tau & \text{für } |t|/\tau < 1 \\ 0 & \text{sonst} \end{cases} \tag{2.31}$$

mit der positiven Konstanten τ. Die Impulsbreite beträgt auch hier $2 \cdot \tau$. Der Dreieckimpuls steigt im Intervall $-\tau < t < \tau$ zunächst mit der Steigung $1/\tau$ an und fällt nach Erreichen des Maximalwertes mit der Steigung $-1/\tau$ ab. Die Dreieckfunktion ist in Bild 2.10 dargestellt.

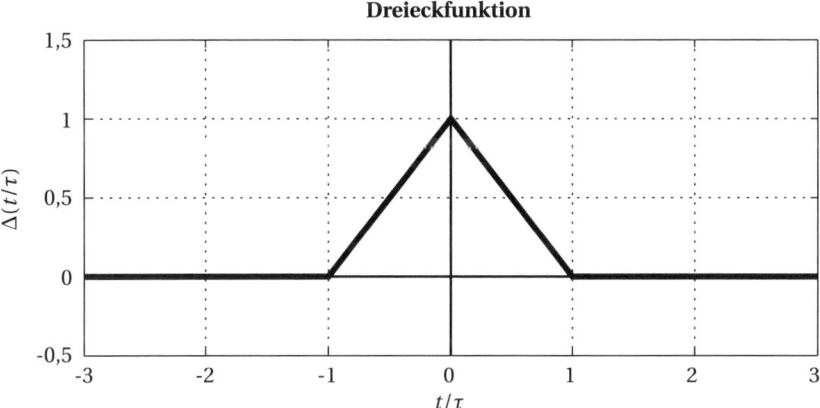

Bild 2.10 Der Dreieckimpuls besitzt die Breite 2τ. Die Amplitude steigt bzw. fällt linear mit $\pm 1/\tau$.

Genau wie im letzten Abschnitt überlagern wir nun unendlich viele um die Zeit T verschobene Dreieckimpulse und erhalten ein periodisches *Dreiecksignal*.

$$s(t) = \sum_{n=-\infty}^{\infty} \Delta\left(\frac{t - nT}{\tau}\right) \tag{2.32}$$

Wählen wir nun in (2.32) den Parameter $\tau = T/2$, so erhalten wir das in Bild 2.11 dargestellte Signal, dessen Amplitude sich kontinuierlich zwischen dem Minimal- und dem Maximalwert verändert.

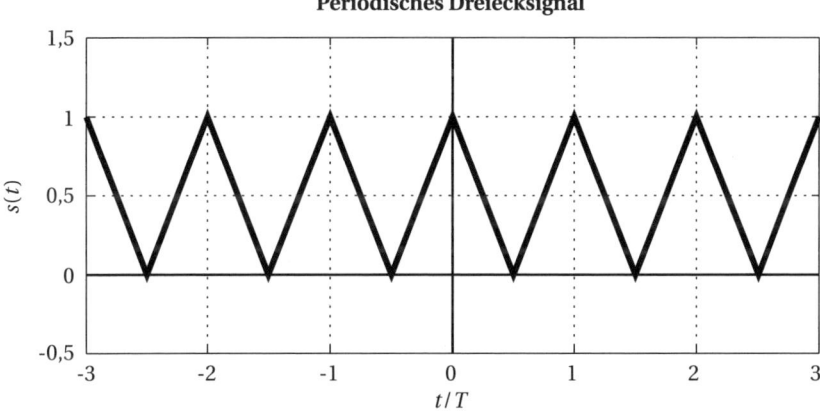

Bild 2.11 Analog zum periodischen Rechtecksignal lässt sich auch ein periodisches Dreiecksignal durch Verschieben und Aufaddieren der Einzelimpulse generieren.

Wandeln wir (2.31) geringfügig ab, indem wir nur eine Flanke berücksichtigen, also etwa

$$x(t/\tau) = \Delta\left(\frac{t}{\tau}\right) \cdot \mathrm{rect}\left(\frac{t + \tau/2}{\tau/2}\right) = \begin{cases} 1 + t/\tau & \text{für } -1 < t/\tau < 0, \\ 1/2 & \text{für } t = 0, \\ 0 & \text{sonst}, \end{cases} \tag{2.33}$$

so erhalten wir einen *Sägezahnimpuls*. Der Impuls (2.33) besitzt eine linear steigende Flanke und springt dann auf null zurück.

■ 2.5 Übungsaufgaben

Übung 2.1 Effektiv- und Mittelwert einer harmonischen Spannung

Der Augenblickswert einer periodischen Spannung mit der Frequenz $f = 50\,\text{Hz}$ wird durch die Funktion $u(t) = 5\,\text{V} \cdot \sin(2\pi f t)$ beschrieben.

a) Stellen Sie die Spannung $u(t)$ für $0 \le t \le 40\,\text{ms}$ in einem Diagramm dar und ermitteln Sie die Periodendauer T.

b) Geben Sie die Amplitude (Spitzenwert) $\hat{u}$ der Spannung an.

c) Wie groß ist die Differenz zwischen dem größten und dem kleinsten Augenblickswert (Spitze-Spitze-Wert) u_{ss}?

d) Berechnen Sie den Mittelwert $\bar{u}$, den Gleichrichtwert $\overline{|u|}$ und den Effektivwert u_{eff} der Spannung durch Auswertung der entsprechenden Integrale.

Übung 2.2 Effektiv- und Mittelwerte

Im Bild ist eine periodische trapezförmige Spannung dargestellt. Die Periodendauer T ist konstant, τ lässt sich im Bereich $0 \le \tau \le T/2$ variieren. (Dadurch ist ein stufenloser Übergang von einer Dreieck- in eine Rechteckspannung möglich.)

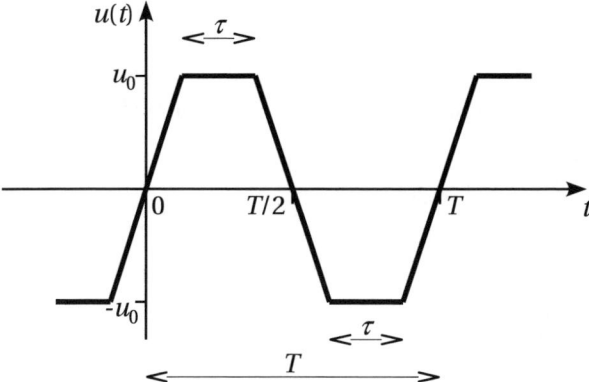

a) Beschreiben Sie die Spannung durch eine stückweise lineare Funktion.

b) Bestimmen Sie den Mittelwert $\bar{u}$ und den Gleichrichtwert $\overline{|u|}$ in Abhängigkeit von τ durch Flächenbetrachtung.

c) Berechnen Sie den Effektivwert u_{eff} der Spannung $u(t)$ in Abhängigkeit von τ durch Auswertung des Integrals.

d) Geben Sie den Effektivwert einer Dreieckspannung und einer Rechteckspannung an.

Übung 2.3 Kenngrößen harmonischer Signale

Der Effektivwert eines sinusförmigen Wechselstromes mit der Frequenz $f = 2\,\text{kHz}$ beträgt $i_{\text{eff}} = 10\,\text{mA}$. Der Strom $i(t)$ ist mittelwertfrei, die Phasenlage ist nicht festgelegt.

a) Bestimmen Sie die Periodendauer T.

b) Wie groß ist der Spitzenwert $\hat{i}$ des Stromes.

c) Geben Sie den zeitlichen Verlauf des Stromes $i(t)$ an und stellen Sie diesen in einem aussagekräftigen Diagramm dar.

d) Berechnen Sie den Gleichrichtwert $\overline{|i|}$.

Übung 2.4 Effektiv- und Mittelwertberechnung

Eine periodische Spannung mit der Periodendauer $T = 1$ ms wird beschrieben durch

$$u(t) = U_0 \left[\text{sgn}\left(\sin(2\pi t / T) \right) - \sin(2\pi t / T) \right] ,$$

wobei

$$\text{sgn}(\xi) = \begin{cases} +1 & \text{für } \xi > 0 \\ 0 & \text{für } \xi = 0 \\ -1 & \text{für } \xi < 0 \end{cases}$$

die Vorzeichenfunktion und $U_0 = 10$ V ist.

a) Stellen Sie die Spannung $u(t)$ für $0 \leq t \leq 2T$ in einem Diagramm dar.

b) Geben Sie den Mittelwert $\bar{u}$ der Spannung an (Flächenbetrachtung).

c) Berechnen Sie den Effektivwert u_eff und den Gleichrichtwert $\overline{|u|}$ der Spannung durch Auswertung der entsprechenden Integrale.

d) Ermitteln Sie den Effektivwert u_eff und den Gleichrichtwert $\overline{|u|}$ der Spannung durch numerische Integration mit Octave.

Übung 2.5 Komplexe Amplitude und Zeigerdiagramm

Eine periodische Spannung ist durch die Funktion $u(t) = \hat{u} \cos(2\pi f t + \varphi)$ mit der Spitzenspannung $\hat{u} = 5$ V, der Frequenz $f = 1$ kHz und der Phase $\varphi = -135°$ gegeben.

a) Bestimmen Sie den Effektivwert der Spannung $u(t)$.

b) Stellen Sie zwei Perioden der Spannung $u(t)$ in einem Diagramm dar.

c) Ermitteln Sie die komplexen Amplituden $\hat{\underline{U}}$ und $\underline{U}$.

d) Stellen Sie die komplexe Amplitude $\hat{\underline{U}}$ in einem Zeigerdiagramm dar.

Übung 2.6 Komplexe Amplitude und Zeitsignal

Ein Strom mit der Frequenz $f = 500$ Hz ist durch $\underline{I} = 20$ mA $\cdot$ e$^{-j\pi/4}$ beschrieben.

a) Stellen Sie die komplexe Amplitude $\underline{I}$ in einem Zeigerdiagramm dar.

b) Geben Sie die Periodendauer T, die Kreisfrequenz ω, die Amplitude (Spitzenwert) $\hat{i}$ sowie den Effektivwert i_eff des Stromes $i(t)$ an.

c) Ermitteln Sie den komplexen Strom $\underline{i}(t)$ und den reellen Strom $i(t)$.

d) Stellen Sie $i(t)$ für -2 ms $\leq t \leq 2$ ms in einem Diagramm dar.

Übung 2.7 Addition von Spannungen

Die Spannungen $u_1(t) = \hat{u}_1 \cos(\omega t + \varphi_1)$ und $u_2(t) = \hat{u}_2 \cos(\omega t + \varphi_2)$ werden addiert, wobei $\omega = 1000$ s^{-1}, $\hat{u}_1 = 5$ V, $\varphi_1 = 30°$, $\hat{u}_2 = 10$ V und $\varphi_2 = -\pi/4$ ist.
Die Summe $u(t) = u_1(t) + u_2(t)$ kann in der Form $u(t) = \hat{u} \cos(\omega t + \varphi)$ dargestellt werden.

a) Berechnen Sie $u(t)$ durch Anwendung des Kosinussatzes (2.17) und (2.18).

b) Berechnen Sie $u(t)$ mithilfe der komplexen Amplituden.

c) Stellen Sie $u_1(t)$, $u_2(t)$ und $u(t)$ mit Octave in einem gemeinsamen Diagramm dar. Wählen Sie einen geeigneten Darstellungsbereich aus und berechnen Sie $u(t)$ durch direkte Addition der Stützwerte.

Übung 2.8 Differentiation von Zeitsignalen

Der Strom durch eine Kapazität C ergibt sich gemäß

$$i(t) = C \frac{\mathrm{d}}{\mathrm{d}t} u(t) = \hat{i}\cos(2\pi f t + \varphi_i)$$

aus der Spannung (siehe dazu Kapitel 3).

Im Folgenden ist $C = 10^{-6}$ A·s/V und $u(t) = \hat{u}\cos(2\pi f t + \varphi_u)$ mit $\hat{u} = 10$ V, $f = 1$ kHz und $\varphi_u = 30°$.

a) Berechnen Sie $i(t)$ unmittelbar durch Differentiation der Spannung $u(t)$.
b) Berechnen Sie $i(t)$ durch Anwendung der komplexen Amplituden.
c) Stellen Sie $u(t)$ mit Octave in einem Diagramm dar. Wählen Sie dazu ein geeignetes Darstellungsintervall.
d) Bestimmen Sie den Strom $i(t)$ durch numerische Differentiation der Spannung mit Octave und stellen Sie das Ergebnis in einem Diagramm dar.
e) Geben Sie die Amplitude $\hat{i}$ und die Phasenlage φ_i des Stromes an. Wie groß ist die Phasenverschiebung $\varphi = \varphi_u - \varphi_i$ zwischen Spannung und Strom?

Übung 2.9 Zeitabhängigkeit

Im Diagramm ist ein Wechselstrom $i(t)$ dargestellt.

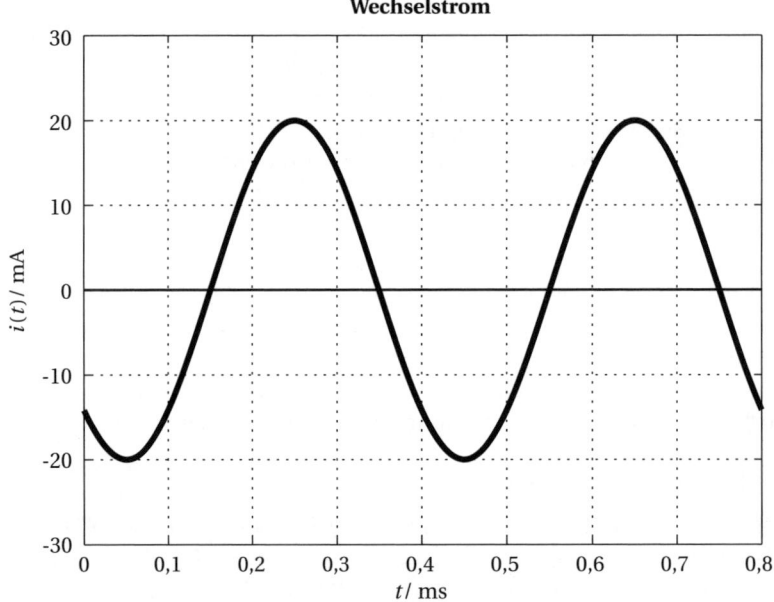

a) Entnehmen Sie dem Diagramm den Spitzenwert $\hat{i}$, die Periodendauer T sowie die Phase φ des Stromes. Geben Sie die Funktion $i(t)$ an.
b) Bestimmen Sie die Frequenz f, die Kreisfrequenz ω und den Effektivwert i_{eff} des im Diagramm dargestellten Stromes.
c) Ermitteln Sie die komplexen Amplituden $\hat{\underline{I}}$ und $\underline{I}$.
d) Stellen Sie die komplexe Amplitude $\hat{\underline{I}}$ in einem Zeigerdiagramm dar.

3 Bauelemente und Grundschaltungen

Die systemtheoretische Behandlung elektrischer Schaltungen basiert auf dem elektrische Verhalten der Bauelemente und den Kirchhoff'schen Regeln, die wir bereits in Abschnitt 1.3 angesprochen hatten. Der Zusammenhang zwischen Spannung und Strom wird durch Zweipolgleichungen beschrieben, die das Bauelement charakterisieren.

■ 3.1 Das ideale Bauelement als Zweipol

Ein Bauelement mit zwei Anschlüssen stellt eine funktionale Beziehung zwischen der Spannung an den Anschlussklemmen und dem Strom durch die Klemmen her. Wir beschreiben das Bauelement mathematisch mit einer *Zweipolgleichung*, die in der Realität allerdings nicht exakt erfüllt wird. Unter *idealen Bauelementen* verstehen wir Elemente, die die entsprechende Zweipolgleichung exakt erfüllen. Für den idealen Kondensator und die ideale Spule wollen wir daher die Begriffe Kapazität bzw. Induktivität verwenden. *Reale Bauelemente* lassen sich durch Ersatzschaltungen mehrerer idealer Elemente nachbilden. Je nach geforderter Genauigkeit ist die Ersatzschaltung entsprechend umfangreich.

3.1.1 Ohmscher Widerstand

Der *ohmsche Widerstand R* ist gekennzeichnet durch die lineare Beziehung

$$u_R(t) = \hat{u}_R \cos(\omega t + \varphi_u) = R\, i_R(t) = R\, \hat{i}_R \cos(\omega t + \varphi_i)\,. \tag{3.1}$$

Zwischen Spannung und Strom gibt es keine Phasenverschiebung ($\varphi_u = \varphi_i$), wir sagen: Spannung und Strom sind in Phase. Dieser Zusammenhang wird als *Ohm'sches Gesetz* bezeichnet und spielt in der gesamten Elektrotechnik eine herausragende Rolle.

Der Proportionalitätsfaktor R ist eine Konstante und beschreibt einen Widerstand, an dem die Spannung $u(t)$ anliegt und durch den der Strom $i(t)$ fließt. Anders ausgedrückt verursacht ein Strom $i(t)$, der durch einen Widerstand R fließt, an diesem den *Spannungsabfall u(t)*. Der Begriff „ohmscher Widerstand" wird verwendet, um besonders hervorzuheben, dass der Zusammenhang zwischen Spannung und Strom linear und frequenzunabhängig ist.

Wir übertragen nun (3.1) in die komplexe Schreibweise

$$\underline{u}_R(t) = \underline{\hat{U}}_R\, e^{j\omega t} = R\, \underline{i}_R(t) = R\, \underline{\hat{I}}_R\, e^{j\omega t} \tag{3.2}$$

und leiten hieraus die Beziehung

$$\underline{\hat{U}}_R = R\, \underline{\hat{I}}_R \tag{3.3}$$

für die komplexen Amplituden von Spannung und Strom ab. In Bild 3.1 ist das zugehörige Zeigerdiagramm dargestellt.

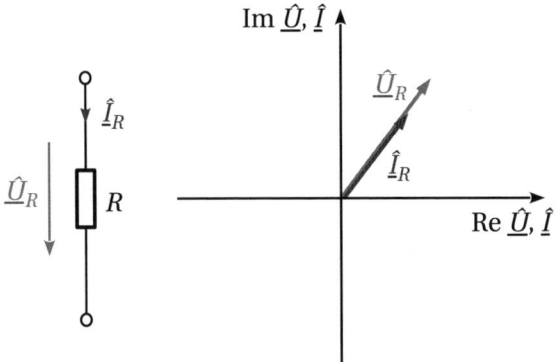

Bild 3.1 Der Spannungszeiger $\hat{\underline{U}}_R$ am Widerstand R liegt mit dem Stromzeiger $\hat{\underline{I}}_R$ in Phase.

 Ohmscher Widerstand

- An einem ohmschen Widerstand sind Spannung und Strom in Phase.
- Der Widerstandswert R ist stets positiv.

3.1.2 Kondensator und Kapazität

Ein *Kondensator* ist ein Bauelement, das in der Lage ist, elektrische Ladung zu speichern. Diese Eigenschaft wird als *Kapazität C* bezeichnet und in der Einheit *Farad*[1] (F) gemessen. Dabei wird die im Kondensator gespeicherte elektrische Ladung Q auf die anliegende Spannung U bezogen.

$$C = \frac{Q}{U} \qquad\qquad [C] = \frac{\text{A·s}}{\text{V}} = \frac{\text{C}}{\text{V}} = \text{F}$$

Die typische Größenordnung von handelsüblichen Kapazitäten liegt im Bereich von wenigen pF (10^{-12} F) und einigen Tausend µF (10^{-3} F). Die Verwendung der Einheit mF ist bei Kapazitäten ungebräuchlich.

Systemtheoretisch wird eine Kapazität C, d. h. ein idealer Kondensator, durch die Zweipolgleichung

$$i_C(t) = C \frac{\mathrm{d}}{\mathrm{d}t} u_C(t) \tag{3.4}$$

beschrieben. Der Strom durch eine Kapazität spiegelt also die Änderung der anliegenden Spannung wider, wobei C als Proportionalitätskonstante auftritt.

---

[1]   Michael Farraday, englischer Physiker, 1791–1867.

Nun wollen wir (3.4) auf monofrequente Signale anwenden. Ausgedrückt in der konventionellen Schreibweise, erhalten wir somit

$$i_C(t) = \hat{i}_C \cos(\omega t + \varphi_i) = C\,\frac{\mathrm{d}}{\mathrm{d}t}\,u_C(t) = C\,\frac{\mathrm{d}}{\mathrm{d}t}\,\hat{u}_C \cos(\omega t + \varphi_u)$$

$$= -\omega C\,\hat{u}_C \sin(\omega t + \varphi_u) = \omega C\,\hat{u}_C \cos(\omega t + \varphi_u + \pi/2)\,. \tag{3.5}$$

Der Koeffizientenvergleich ergibt

$$\hat{u}_C = \frac{1}{\omega C}\,\hat{i}_C \quad \text{und} \quad \varphi_u = \varphi_i - \pi/2\,.$$

Die Spannung an der Kapazität ist also gegenüber dem Strom um $-\pi/2$ phasenverschoben. Man sagt auch: Der Strom eilt der Spannung um 90° voraus.
Nun stellen wir (3.5) in der komplexen Schreibweise mit Drehzeigern dar.

$$\underline{i}_C(t) = \underline{\hat{I}}_C\,\mathrm{e}^{\mathrm{j}\omega t} = C\,\frac{\mathrm{d}}{\mathrm{d}t}\,\underline{u}_C(t) = C\,\frac{\mathrm{d}}{\mathrm{d}t}\,\underline{\hat{U}}_C\,\mathrm{e}^{\mathrm{j}\omega t} = \mathrm{j}\omega C\,\underline{\hat{U}}_C\,\mathrm{e}^{\mathrm{j}\omega t} \tag{3.6}$$

Entsprechend der Differentiationsregel (2.24) ergibt sich für die Zeiger

$$\underline{\hat{U}}_C = \frac{1}{\mathrm{j}\omega C}\,\underline{\hat{I}}_C\,. \tag{3.7}$$

Die Phasenverschiebung um $-\pi/2$ bzw. $-90°$ kommt hier durch den Faktor $1/\mathrm{j}$ zum Ausdruck. Das entsprechende Zeigerdiagramm ist in Bild 3.2 dargestellt. Der Faktor $-1/\omega C$ in (3.7) wird als *kapazitiver Blindwiderstand* bezeichnet und ist definiert durch

$$X_C = -\frac{1}{\omega C}\,. \tag{3.8}$$

Der Zusammenhang zwischen Spannung und Strom an der Kapazität kann also auch in der Form des Ohm'schen Gesetzes dargestellt werden.

$$\underline{\hat{U}}_C = \mathrm{j}\,X_C\,\underline{\hat{I}}_C \tag{3.9}$$

Wir können den Proportionalitätsfaktor $\mathrm{j}\,X_C$ als frequenzabhängigen imaginären Widerstand auffassen. Die Darstellung (3.9) setzt zwingend eine monofrequente Erregung im Wechselstromkreis voraus, während (3.4) allgemein gültig ist.

 Kapazität

- An einer Kapazität eilt der Strom der Spannung um 90° voraus.
- Der Blindwiderstand X_C einer Kapazität ist immer negativ.

3.1.3 Spule und Induktivität

Um jeden stromdurchflossenen Leiter herum baut sich ein ringförmiges Magnetfeld auf. Wird der Leiter zu einer *Spule* aufgewickelt, so überlagern sich die Magnetfelder der einzelnen Windungen, und im Inneren dieser Spule bildet sich ein nahezu homogenes Magnetfeld aus. Ebenso wie ein Kondensator ist eine Spule in der Lage, Energie zu speichern, allerdings wird hier die

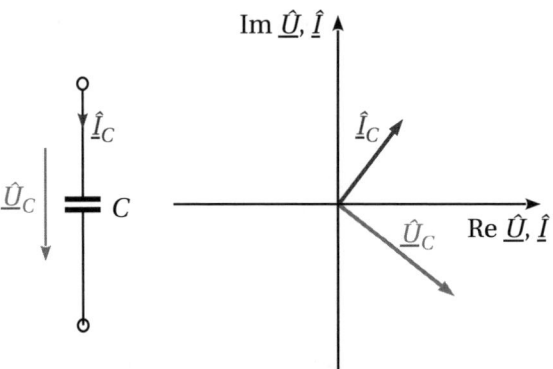

Bild 3.2 Der Spannungszeiger $\underline{\hat{U}}_C$ an der Kapazität ist gegenüber dem Stromzeiger $\underline{\hat{I}}_C$ um $-90°$ gedreht. Der Strom durch die Kapazität eilt der Spannung voraus.

Rolle der Ladung durch den magnetischen Fluss übernommen. Die Speichereigenschaft einer Spule wird als *Induktivität L* bezeichnet und in der Einheit *Henry*[2] (H) gemessen. Die Induktivität entspricht dem magnetischen Fluss ψ_m bezogen auf den elektrischen Strom I durch die Spule.

$$L = \frac{\psi_m}{I} \qquad\qquad [L] = \frac{V \cdot s}{A} = H$$

Die typische Größenordnung von Induktivitäten liegt im Bereich einiger mH.
Die Zweipolgleichung einer Induktivität L, d. h. einer idealen Spule, wird durch die Beziehung

$$u_L(t) = L \frac{d}{dt} i_L(t) \tag{3.10}$$

beschrieben und weist die gleiche Struktur wie (3.4) auf. Lediglich Spannung und Strom sind vertauscht. Die konventionelle Schreibweise von (3.10) zur Darstellung harmonischer Vorgänge liefert uns

$$u_L(t) = \hat{u}_L \cos(\omega t + \varphi_u) = L \frac{d}{dt} i_L(t) = L \frac{d}{dt} \hat{i}_L \cos(\omega t + \varphi_i)$$

$$= -\omega L \hat{i}_L \sin(\omega t + \varphi_i) = \omega L \hat{i}_L \cos(\omega t + \varphi_i + \pi/2) . \tag{3.11}$$

Aus dem Vergleich der Koeffizienten ergibt sich

$$\hat{u}_L = \omega L \hat{i}_L \qquad \text{und} \qquad \varphi_u = \varphi_i + \pi/2.$$

Die Spannung an der Induktivität ist gegenüber dem Strom um $\pi/2$ phasenverschoben. Man sagt auch: Der Strom eilt der Spannung um $90°$ nach.
Nun stellen wir (3.11) mit Drehzeigern dar.

$$\underline{u}_L(t) = \underline{\hat{U}}_L e^{j\omega t} = L \frac{d}{dt} \underline{i}_L(t) = L \frac{d}{dt} \underline{\hat{I}}_L e^{j\omega t} = j\omega L \underline{\hat{I}}_L e^{j\omega t} \tag{3.12}$$

---

[2]   Joseph Henry, amerikanischer Physiker, 1797–1878.

Entsprechend der Differentationsregel (2.24) ergibt sich für die Zeiger

$$\hat{\underline{U}}_L = j\omega L \hat{\underline{I}}_L. \tag{3.13}$$

Die Phasenverschiebung um $\pi/2$ bzw. $90°$ kommt hier durch den Faktor j zum Ausdruck. Das entsprechende Zeigerdiagramm ist in Bild 3.3 dargestellt. Der Faktor ωL in (3.13) wird als *induktiver Blindwiderstand* bezeichnet und ist definiert durch

$$X_L = \omega L. \tag{3.14}$$

Auch die Wirkung der Induktivität in einem Wechselstromkreis können wir in der Form des Ohm'schen Gesetzes darstellen.

$$\hat{\underline{U}}_L = j X_L \hat{\underline{I}}_L \tag{3.15}$$

Den Proportionaltätsfaktor $j X_L$ können wir wieder als frequenzabhängigen imaginären Widerstand auffassen. Auch die Darstellung (3.15) setzt, genau wie (3.9), zwingend eine monofrequente Erregung im Wechselstromkreis voraus, während (3.10) allgemein gültig ist.

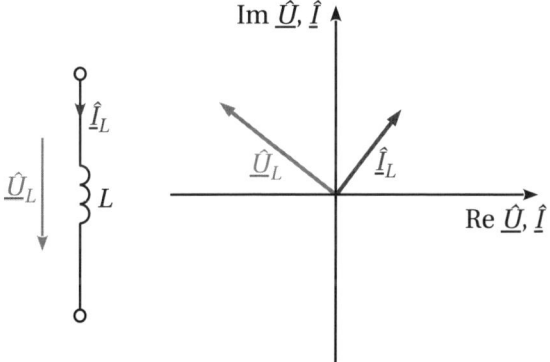

Bild 3.3 Der Spannungszeiger $\hat{\underline{U}}_L$ an der Induktivität ist gegenüber dem Stromzeiger $\hat{\underline{I}}_L$ um $90°$ gedreht. Der Strom duch die Induktivität eilt der Spannung nach.

 Induktivität

- An einer Induktivität eilt der Strom der Spannung um $90°$ nach.
- Der Blindwiderstand X_L einer Induktivität ist immer positiv.

3.1.4 Gekoppelte Induktivitäten

Im vorangegangenen Abschnitt 3.1.3 sind wir von einem Magnetfeld ausgegangen, das nur in einer einzigen Spule wirkt. Die Induktivität einer solchen Spule wird daher auch *Selbstinduktivität* genannt.

Jetzt betrachten wir eine Anordnung, bei der sich die Magnetfelder von zwei Spulen durchsetzen. Somit kann ein Strom durch eine der beiden Spulen eine Spannung in der jeweils anderen induzieren. Diese Wechselwirkung nennt man *magnetische Kopplung*. Nun können wir jeder der beiden Spulen eine Selbstinduktivität L_1 bzw. L_2 zuordnen. Die Kopplung zwischen beiden Spulen wird durch die *Gegeninduktivität M* ausgedrückt. Im Gegensatz zu den bisher betrachteten Bauelementen besitzt die in Bild 3.4 dargestellte Anordnung vier Anschlussklemmen, wobei es keine *galvanische Kopplung* zwischen der linken und der rechten Seite gibt. Aufgrund der magnetischen Wechselwirkung können wir diese Anordnung jedoch nicht mit Zweipolgleichungen beschreiben. Stattdessen verwenden wir ein Gleichungssystem und drücken die Spannungen an beiden Spulen durch eine Linearkombination der zeitlichen Ableitungen beider Ströme aus.

$$u_1(t) = L_1 \frac{\mathrm{d}}{\mathrm{d}t} i_1(t) + M \frac{\mathrm{d}}{\mathrm{d}t} i_2(t) \tag{3.16}$$

$$u_2(t) = M \frac{\mathrm{d}}{\mathrm{d}t} i_1(t) + L_2 \frac{\mathrm{d}}{\mathrm{d}t} i_2(t) \tag{3.17}$$

Unter Verwendung von komplexen Amplituden erhalten wir aus (3.16) und (3.17)

$$\underline{\hat{U}}_1 = \mathrm{j}\omega L_1 \underline{\hat{I}}_1 + \mathrm{j}\omega M \underline{\hat{I}}_2 \tag{3.18}$$

und

$$\underline{\hat{U}}_2 = \mathrm{j}\omega M \underline{\hat{I}}_1 + \mathrm{j}\omega L_2 \underline{\hat{I}}_2 \,. \tag{3.19}$$

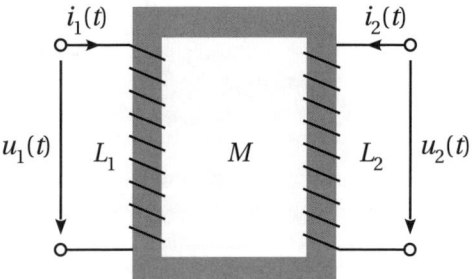

Bild 3.4 Gekoppelte Induktivitäten beeinflussen sich gegenseitig über das Magnetfeld. Durchsetzen sich beide Magnetfelder sehr stark, so spricht man von einer festen Kopplung. Eine Anordnung von fest gekoppelten Induktivitäten wird als Transformator bzw. Übertrager bezeichnet. Ein gemeinsamer Eisenkern trägt wesentlich zur Erhöhung der Kopplung bei.

Unter einer *festen Kopplung* versteht man die nahezu vollständige *magnetische Durchflutung* beider Spulen, d. h., es existiert praktisch nur ein gemeinsames Magnetfeld. Geringe Abweichungen durch Streufelder können vernachlässigt werden. Die feste Kopplung wird erreicht, indem beide Spulen auf einen gemeinsamen Eisenkern gewickelt werden. Je nach Betriebsfrequenz werden unterschiedliche magnetische Materialien (Eisen oder Ferrite) eingesetzt. Eine derartige Anordnung heißt *Transformator* oder *Übertrager*.[3] Mithilfe eines Transformators kann eine galvanische Trennung von Stromkreisen erfolgen. Die elektrische Energie wird dann auf magnetischem Weg übertragen. Die Induktivitäten spielen dabei keine Rolle mehr, sondern nur noch das *Windungsverhältnis* der Spulen L_1 und L_2. In Bild 3.5 ist das Schaltbild eines

---

[3]   Mit dem Begriff Transformator wird im Allgemeinen eine Energieübertragung verknüpft (Energietechnik), während der in der Nachrichtentechnik gängige Begriff Übertrager auf eine Signalübertragung abhebt.

Transformators mit dem *Übersetzungsverhältnis*[4] $n : 1$ dargestellt. Spannungen und Ströme an den Klemmen der Schaltung sind dann durch

$$n\,\hat{\underline{U}}_2 = \hat{\underline{U}}_1 \tag{3.20}$$

und

$$\hat{\underline{I}}_2 = -n\,\hat{\underline{I}}_1 \tag{3.21}$$

miteinander verknüpft.

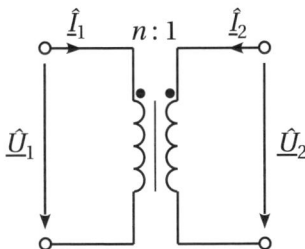

Bild 3.5 Das Übersetzungsverhältnis des Transformators ist durch das Verhältnis der Windungszahlen beider Spulen festgelegt. An der Spule mit der größeren Windungszahl stellt sich die höhere Spannung ein, während durch die Spule mit der kleineren Windungszahl der höhere Strom fließt. Durch die Punkte wird gekennzeichnet, ob beide Spulen gleichsinnig oder gegensinnig gewickelt sind.

Die Beschreibung des *idealen Transformators* erfolgt durch die beiden Gleichungen (3.20) und (3.21). Die Frequenzabhängigkeit bleibt hierbei unberücksichtigt, da Transformatoren meist mit einer festen Frequenz (z. B. der Netzfrequenz) betrieben werden oder das Übersetzungsverhältnis im relevanten Frequenzbereich nahezu konstant ist. Selbstverständlich gelten diese Gleichungen nicht im Gleichstromfall. Eine Energieübertragung auf magnetischem Weg kann nur mit zeitlich veränderlichen Magnetfeldern erfolgen. Nur bei einer Änderung des Magnetfeldes kann ein Strom in einem Leiter induziert werden. Weiterhin werden in der Regel nicht die absoluten Windungszahlen N_1 und N_2 angegeben, sondern lediglich das Windungsverhältnis $n = N_1 / N_2$.

Netztransformatoren werden zur Anpassung der Betriebsspannung und zur galvanischen Entkopplung der Geräte vom Versorgungsnetz eingesetzt. Die Spule des Transformators, die an das Netz angeschlossen wird, nennt man *Primärspule* und die andere *Sekundärspule*. Zur Kennzeichnung von Netztransformatoren werden die Primär- und die Sekundärspannung angegeben und gegebenenfalls die maximal übertragbare Leistung bzw. der maximal zulässige Sekundärstrom.

Bei einem idealen Transformator entspricht die primärseitig eingespeiste Leistung exakt der sekundärseitig entnommenen Leistung. Reale Transformatoren weisen Verluste auf. Diese sind bedingt durch den ohmschen Widerstand der Spulen sowie durch *Magnetisierungsverluste* im Eisenkern. Darüber hinaus kann es auch zu unerwünschten Strömen, den sogenannten *Wirbelströmen*, im Eisenkern kommen. Diese werden unterbunden, indem die Eisenkerne nicht aus festen Blöcken bestehen, sondern aus dünnen, gegeneinander isolierten Blechen zusammengesetzt sind.

---

[4]   Das Übersetzungsverhältnis entspricht dem Windungsverhältnis der beiden Spulen.

■ 3.2 Impedanz und Admittanz

Betrachten wir die komplexen Amplituden von Spannung und Strom, so lassen sich die Einflüsse von Kapazitäten und Induktivitäten in elektrischen Schaltungen genau in der gleichen Weise beschreiben, wie das bei Widerständen der Fall ist. Spannung und Strom sind nach wie vor proportional. Der Quotient der komplexen Amplituden von Spannung und Strom an einer Kapazität oder einer Induktivität ist allerdings imaginär.

3.2.1 Definitionen und Begriffe

Aufgrund der formalen Gleichheit zum Ohm'schen Gesetz liegt es nahe, dieses zu verallgemeinern. Dazu definieren wir eine komplexe Konstante $\underline{Z}$, die wir *Impedanz* nennen, und formulieren das Ohm'sche Gesetz in der Form

$$\hat{\underline{U}} = \underline{Z}\,\hat{\underline{I}} \quad \text{mit } \underline{Z} = R + jX, \tag{3.22}$$

wobei wir folgende Nomenklatur verwenden:

Tabelle 3.1 Impedanz

$\underline{Z}$	Impedanz, komplexer Widerstand
$Z = \lvert\underline{Z}\rvert$	Scheinwiderstand
R	Resistanz, Wirkwiderstand, ohmscher Widerstand
X	Reaktanz, Blindwiderstand
$X > 0$	induktiver Blindwiderstand (X_L)
$X < 0$	kapazitiver Blindwiderstand (X_C)

Die Impedanz ist die Zusammenfassung von Wirk- und Blindwiderständen zu einer komplexen Größe. Während der Wirkwiderstand R stets positiv ist, kann der Blindwiderstand sowohl positiv (induktiv) als auch negativ (kapazitiv) sein.

Der Kehrwert der Impedanz wird *Admittanz* genannt und setzt sich zusammen aus dem *Wirkleitwert* und dem *Blindleitwert*.

Tabelle 3.2 Admittanz

$\underline{Y}$	Admittanz, komplexer Leitwert
$Y = \lvert\underline{Y}\rvert$	Scheinleitwert
G	Konduktanz, Wirkleitwert, ohmscher Leitwert
B	Suszeptanz, Blindleitwert
$B > 0$	kapazitiver Blindleitwert (B_C)
$B < 0$	induktiver Blindleitwert(B_L)

Analog zu (3.22) schreiben wir

$$\hat{\underline{I}} = \underline{Y}\,\hat{\underline{U}} \quad \text{mit } \underline{Y} = G + jB. \tag{3.23}$$

Wir können in dieser Betrachtung die komplexen Amplituden statt durch die Scheitelwerte auch durch die Effektivwerte ausdrücken. Beide Formen sind gleichwertig, da sie sich beide nur durch den Faktor $\sqrt{2}$ unterscheiden. Wir sehen das auch, indem wir den Betrag der Impedanz

$$|\underline{Z}| = \frac{|\hat{U}|}{|\hat{I}|} = \frac{|\underline{U}|}{|\underline{I}|} = \sqrt{R^2 + X^2} \tag{3.24}$$

bilden. Die Phasendifferenz zwischen Spannung und Strom ist gegeben durch

$$\arg \underline{Z} = \varphi_u - \varphi_i = \arctan \frac{X}{R}\,. \tag{3.25}$$

Da R stets positiv ist, müssen wir bei der Berechnung der Phasenverschiebung in (3.25) keine Fallunterscheidung machen. Der Winkel einer (passiven) Impedanz kann nur zwischen $-90°$ und $+90°$ liegen. Entsprechend erhalten wir für den Betrag der Admittanz

$$|\underline{Y}| = \frac{|\hat{I}|}{|\hat{U}|} = \frac{|\underline{I}|}{|\underline{U}|} = \frac{1}{\sqrt{R^2 + X^2}} = \sqrt{G^2 + B^2}\,.$$

Ferner gilt

$$\arg \underline{Y} = \varphi_i - \varphi_u = -\arctan \frac{X}{R} = \arctan \frac{B}{G}\,.$$

Nun wollen wir die Blind- und Wirkleitwerte aus den Komponenten der Impedanz bestimmen. Hierfür bilden wir den Kehrwert der Impedanz

$$\underline{Y} = \frac{1}{\underline{Z}} = \frac{1}{R + \mathrm{j}\,X} = \frac{R}{R^2 + X^2} - \mathrm{j}\frac{X}{R^2 + X^2} = G + \mathrm{j}\,B\,.$$

Damit ergibt sich

$$G = \frac{R}{R^2 + X^2} \qquad \text{und} \qquad B = -\frac{X}{R^2 + X^2}\,. \tag{3.26}$$

Durch eine analoge Betrachtung erhalten wir für die Umkehrung von (3.26) die Ausdrücke

$$R = \frac{G}{G^2 + B^2} \qquad \text{und} \qquad X = -\frac{B}{G^2 + B^2}\,. \tag{3.27}$$

Für den Sonderfall rein ohmscher bzw. rein imaginärer Impedanzen finden wir

$$G = \frac{1}{R} \qquad\qquad \text{für } X = 0$$

und

$$B = -\frac{1}{X} \qquad\qquad \text{für } R = 0$$

bzw.

$$R = \frac{1}{G} \qquad\qquad \text{für } B = 0$$

und

$$X = -\frac{1}{B} \qquad\qquad \text{für } G = 0\,.$$

Eine Kapazität hat also einen negativen Blindwiderstand und einen positiven Blindleitwert, während eine Induktivität einen positiven Blindwiderstand und einen negativen Blindleitwert aufweist.

Impedanz und Admittanz

- Der Begriff Impedanz bzw. Admittanz setzt monofrequente Signale voraus.
- Impedanzen und Admittanzen sind im Allgemeinen frequenzabhängig.
- Die Realteile von Impedanzen und Admittanzen sind stets positiv.

Impedanzen und Admittanzen können wahlweise in der kartesischen Form mit Wirk- und Blindanteil oder in der polaren Darstellung mit Betrag und Phasenwinkel ausgedrückt werden. Der Phasenwinkel entspricht dabei der Phasendifferenz von Spannug und Strom.

3.2.2 Frequenzabhängigkeit von Blindwiderständen

Bisher haben wir die Frequenz immer als feste Größe betrachtet. Spannung und Strom lassen sich bei monofrequenten Signalen als komplexe Konstanten ausdrücken. Nun wollen wir die Abhängigkeit der komplexen Amplituden von der Frequenz untersuchen. Konkret betrachten wir die Verhältnisse bei unterschiedlichen Frequenzen, die Signale sind weiterhin monofrequent und die Frequenz ist bei der Betrachtung konstant. Frequenzabhängigkeit in diesem Sinne ist so zu verstehen, dass hier zwar die Frequenz variiert wird, diese jedoch für eine hinreichend große Beobachtungsdauer unverändert bleibt. Dies ist vergleichbar mit Bauteilwerten, die als Parameter in die Berechnungen eingehen, während der Betriebszeit aber nicht verändert werden.

Ausgehend von den Betrachtungen in den Abschnitten 3.1.2 und 3.1.3 wollen wir nun die Frequenzabhängigkeit der Blindwiderstände von Kapazität und Induktivität in normierter Form grafisch darstellen. Dazu werden die Bauteilwerte gemäß

$$C = \frac{1}{\omega_0 R}$$

und

$$L = \frac{R}{\omega_0}$$

auf den ohmschen Widerstand R normiert, sodass sich mit (3.8) und (3.14) für die Blindwiderstände

$$X_C = -\frac{R}{\omega/\omega_0}$$

und

$$X_L = \frac{\omega}{\omega_0} R$$

ergibt. Wir haben die Normierung so gewählt, dass die Blindwiderstände X_C und X_L bei der Kreisfrequenz ω_0 betragsmäßig dem Referenzwiderstand R entsprechen. Die Frequenzachse in Bild 3.6 ist ebenfalls auf die Bezugskreisfrequenz normiert.

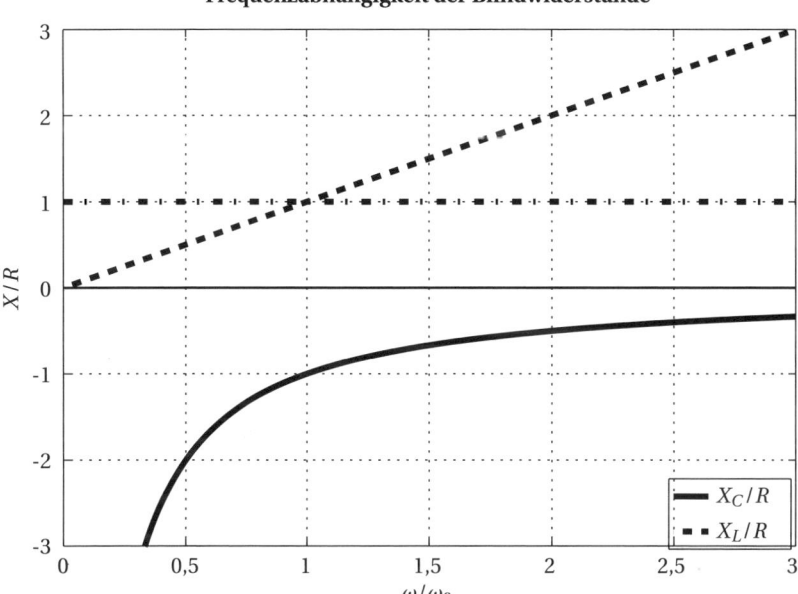

Bild 3.6 Der Blindwiderstand X_C einer Kapazität (durchgezogene Kurve) ist negativ und geht mit $-1/\omega$ für steigende Frequenzen gegen null. Der Blindwiderstand X_L einer Induktivität (gestrichelte Kurve) steigt linear mit der Frequenz. Zum Vergleich ist auch der frequenzunabhängige ohmsche Bezugswiderstand R dargestellt.

Nun übertragen wir die Darstellung in Bild 3.6 auf die Blindleitwerte. Dazu wenden wir (3.26) mit $R = 0$ an und normieren die Bauteilwerte sinnvollerweise auf einen Wirkleitwert G.

$$C = \frac{G}{\omega_0}$$

und

$$L = \frac{1}{\omega_0 G}$$

Für die frequenzabhängigen Blindleitwerte von Kapazität und Induktivität erhalten wir dann sofort

$$B_C = \frac{\omega}{\omega_0} G$$

und

$$B_L = -\frac{G}{\omega/\omega_0}$$

und stellen diese in Bild 3.7 über der normierten Kreisfrequenz dar.

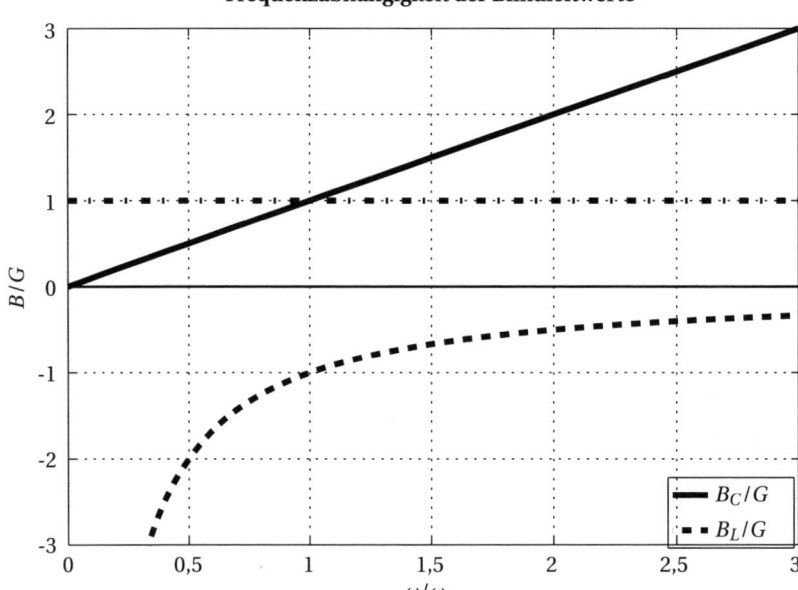

Bild 3.7 Der Blindleitwert B_C einer Kapazität (durchgezogene Kurve) steigt linear mit der Frequenz. Der Blindleitwert B_L einer Induktivität (gestrichelte Kurve) ist negativ und geht mit $-1/\omega$ für steigende Frequenzen gegen null. Zum Vergleich ist auch der frequenzunabhängige ohmsche Bezugsleitwert G dargestellt.

Die in den Diagrammen 3.6 und 3.7 dargestellten Frequenzabhängigkeiten geben das prinzipielle Verhalten wider. Die Normierung hat darauf keinen Einfluss. In entnormierter Form sind die Achsen lediglich mit einheitenbehafteten absoluten Größen beschriftet.

Die beiden Diagramme unterscheiden sich praktisch nicht. Der Blindwiderstand der Kapazität verhält sich bezüglich der Frequenz genau so, wie der Blindleitwert der Induktivität. Eine entsprechende Symmetrie gilt für den Blindleitwert der Kapazität und den Blindwiderstand der Induktivität.

3.2.3   Bestimmung von Scheinwiderstand und Scheinleitwert

Die Messung von Spannung und Strom an einer Impedanz mit einem Multimeter liefert nur die Effektivwerte, aber keine Phasenbeziehung, d. h., es wird

$$|\underline{U}| = \left| \frac{\hat{U}}{\sqrt{2}} \right| = \frac{\hat{u}}{\sqrt{2}} |e^{j\varphi_u}| = \frac{\hat{u}}{\sqrt{2}} = u_{\text{eff}}$$

und

$$|\underline{I}| = \left| \frac{\hat{I}}{\sqrt{2}} \right| = \frac{\hat{i}}{\sqrt{2}} |e^{j\varphi_i}| = \frac{\hat{i}}{\sqrt{2}} = i_{\text{eff}}$$

gemessen. Daraus lässt sich der Scheinwiderstand

$$|\underline{Z}| = Z = \sqrt{R^2 + X^2} = \frac{u_{\text{eff}}}{i_{\text{eff}}}$$

bzw. der Scheinleitwert

$$|\underline{Y}| = Y = \sqrt{G^2 + B^2} = \frac{i_{\text{eff}}}{u_{\text{eff}}}$$

bestimmen. Dies ergibt sich aus der Betragsbildung von (3.22) bzw. (3.23). Der Scheinwiderstand bzw. der Scheinleitwert ist frequenzabhängig.

Um den Real- und den Imaginärteil von $\underline{Z}$ bzw. $\underline{Y}$ zu bestimmen, muss die Phasenbeziehung zwischen Spannung und Strom ermittelt werden, d. h., Spannung und Strom dürfen nicht unabhängig voneinander gemessen werden.

■ 3.3 Zusammenschaltung von Bauelementen

Wie wir in Abschnitt 3.1 gesehen haben, wird der Zusammenhang zwischen Spannung und Strom an einem Bauelement mit zwei Anschlüssen durch eine Zweipolgleichung hergestellt. Wir wollen nun mehrere Bauelemente in einem Netzwerk miteinander verbinden und gegebenenfalls durch ein einziges Bauelement ersetzen. Die Kirchhoff'schen Gleichungen beschreiben dabei die Topologie dieses Netzwerks. Die Lösung eines Gleichungssystems aus Maschen- und Knotengleichungen sowie den Zweipolgleichungen liefert uns dann alle Spannungen und Ströme im Netzwerk. Bei einfachen Schaltungen lässt sich das Gleichungssystem leicht lösen. Für umfangreiche Netzwerke mit sehr vielen Bauelementen werden wir später systematische Lösungsverfahren kennenlernen.

3.3.1 Reihenschaltung

Wir betrachten die *Reihenschaltung* von n Impedanzen in Bild 3.8. Legen wir an die Eingangsklemmen die Spannung $\underline{U}$ an, so wird durch jede Impedanz $\underline{Z}_i$ derselbe Strom $\underline{I}$ fließen. An den Impedanzen fällt jeweils die Spannung

$$\underline{U}_i = \underline{Z}_i \underline{I} \qquad \text{mit } i = 1, 2, \ldots, n \tag{3.28}$$

ab.

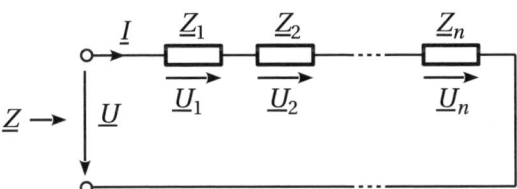

Bild 3.8 Bei der Reihenschaltung von Impedanzen addieren sich die Einzelimpedanzen.

Wir wenden nun die Kirchhoff'sche Maschenregel (2.23) auf die komplexen Amplituden an. Der Spannungsumlauf liefert uns sofort

$$\underline{U} = \sum_{i=1}^{n} \underline{U}_i = \sum_{i=1}^{n} \underline{Z}_i \underline{I} = \underline{I} \sum_{i=1}^{n} \underline{Z}_i . \tag{3.29}$$

Wir können die Reihenschaltung mehrerer Impedanzen somit durch eine einzige Impedanz

$$\underline{Z} = \sum_{i=1}^{n} \underline{Z}_i \tag{3.30}$$

ersetzen. Die Gleichung (3.30) lässt sich unmittelbar auf ohmsche Widerstände übertragen.

$$R = \sum_{i=1}^{n} R_i \tag{3.31}$$

 Reihenschaltung von Impedanzen bzw. Widerständen
- Die Gesamtimpedanz ist durch die Summe der Einzelimpedanzen gegeben.
- Der Gesamtwiderstand ist durch die Summe der Einzelwiderstände gegeben.

Nun wollen wir die Impedanzen in Bild 3.8 durch Kapazitäten C_i realisieren, d. h.,

$$\underline{Z}_i = \frac{1}{j\omega C_i} \,. \tag{3.32}$$

Die Gesamtkapazität C können wir bestimmen, indem wir (3.32) auf (3.30) anwenden.

$$\underline{Z} = \frac{1}{j\omega C} = \sum_{i=1}^{n} \frac{1}{j\omega C_i} \quad \Rightarrow \quad \frac{1}{C} = \sum_{i=1}^{n} \frac{1}{C_i} \tag{3.33}$$

Für den Sonderfall der Reihenschaltung von zwei Kapazitäten erhalten wir

$$C = \frac{1}{1/C_1 + 1/C_2} = \frac{C_1 C_2}{C_1 + C_2} \,. \tag{3.34}$$

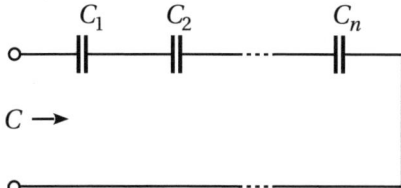 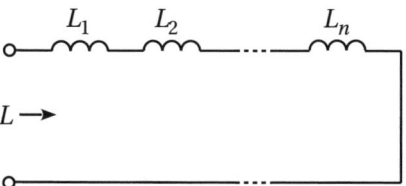

Bild 3.9 Bei der Reihenschaltung von Kapazitäten ist der Kehrwert der Gesamtkapazität durch die Summe der Kehrwerte der Einzelkapazitäten gegeben. Bei der Reihenschaltung von Induktivitäten addieren sich die Einzelinduktivitäten zur Gesamtinduktivität.

Schalten wir mehrere Induktivitäten L_i in Reihe, so nimmt (3.30) die Form

$$\underline{Z} = j\omega L = \sum_{i=1}^{n} j\omega L_i \tag{3.35}$$

an. Damit ist die Gesamtinduktivität L durch

$$L = \sum_{i=1}^{n} L_i \tag{3.36}$$

gegeben. Diese Beziehungen gelten selbstverständlich nur, sofern die Induktivitäten magnetisch entkoppelt sind. Die Magnetfelder der Einzelinduktivitäten dürfen sich nicht gegenseitig beeinflussen.

 Reihenschaltung von Kapazitäten bzw. Induktivitäten

- Der Kehrwert der Gesamtkapazität ist durch die Summe der Kehrwerte der Einzelkapazitäten gegeben.
- Der Gesamtinduktivität ist durch die Summe der Einzelinduktivitäten gegeben.
- Die Einzelinduktivitäten müssen magnetisch entkoppelt sein.

3.3.2 Parallelschaltung

Nun betrachten wir die *Parallelschaltung* in Bild 3.10. Da hier an allen Bauteilen dieselbe Spannung $\underline{U}$ anliegt, bietet sich die Berechnung mit Admittanzen an. Durch die Admittanzen fließen die Ströme

$$\underline{I}_i = \underline{Y}_i \underline{U} \qquad \text{mit } i = 1, 2, \dots, n \,. \tag{3.37}$$

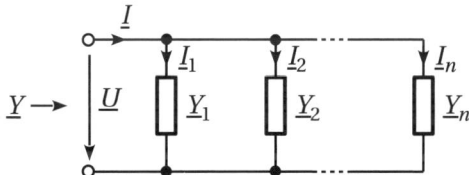

Bild 3.10 Bei der Parallelschaltung von Admittanzen addieren sich die Einzeladmittanzen.

Die Kirchhoff'sche Knotengleichung (2.23) liefert uns

$$\underline{I} = \sum_{i=1}^{n} \underline{I}_i = \sum_{i=1}^{n} \underline{Y}_i \underline{U} = \underline{U} \sum_{i=1}^{n} \underline{Y}_i \,. \tag{3.38}$$

Die Gesamtadmittanz der Parallelschaltung ist also durch die Summe

$$\underline{Y} = \sum_{i=1}^{n} \underline{Y}_i \tag{3.39}$$

gegeben. Für rein reelle Admittanzen (Leitwerte) ergibt sich unmittelbar

$$G = \sum_{i=1}^{n} G_i. \tag{3.40}$$

 Parallelschaltung von Admittanzen bzw. Leitwerten

- Die Gesamtadmittanz ist durch die Summe der Einzeladmittanzen gegeben.
- Der Gesamtleitwert ist durch die Summe der Einzelleitwerte gegeben.

In der Regel operieren wir mit Impedanzen bzw. Widerständen. Aus (3.39) leiten wir daher die Beziehungen

$$\underline{Z} = \frac{1}{\underline{Y}} = \frac{1}{\displaystyle\sum_{i=1}^{n} \frac{1}{\underline{Z}_i}} \tag{3.41}$$

und

$$R = \frac{1}{\displaystyle\sum_{i=1}^{n} \frac{1}{R_i}} \tag{3.42}$$

ab. Für den Sonderfall der Parallelschaltung von zwei Impedanzen bzw. Widerständen ergibt sich also

$$\underline{Z} = \underline{Z}_1 \| \underline{Z}_2 = \frac{\underline{Z}_1 \underline{Z}_2}{\underline{Z}_1 + \underline{Z}_2} \ . \tag{3.43}$$

bzw.

$$R = R_1 \| R_2 = \frac{R_1 R_2}{R_1 + R_2} \ . \tag{3.44}$$

Zur besseren Übersichtlichkeit verwenden wir häufig das Parallelsymbol ($\|$), um den Zusammenhang in (3.43) bzw. (3.44) kompakt auszudrücken.

 Parallelschaltung von Impedanzen bzw. Widerständen

- Der Kehrwert der Gesamtimpedanz ist durch die Summe der Kehrwerte der Einzelimpedanzen gegeben.
- Der Kehrwert des Gesamtwiderstandes ist durch die Summe der Kehrwerte der Einzelwiderstände gegeben.

Auch hier wollen wir, wie in Bild 3.11 dargestellt, die Parallelschaltung von Kapazitäten bzw. von Induktivitäten betrachten. Die Admittanz der i-ten Kapazität ist durch den Kehrwert von (3.32), also durch

$$\underline{Y}_i = j\omega C_i \tag{3.45}$$

gegeben. Eingesetzt in (3.39) erhalten wir

$$\underline{Y} = j\omega C = \sum_{i=1}^{n} j\omega C_i \ . \tag{3.46}$$

Für die Gesamtkapazität C der Parallelschaltung erhalten wir somit

$$C = \sum_{i=1}^{n} C_i. \tag{3.47}$$

Bei der Parallelschaltung von Induktivitäten gehen wir von

$$\underline{Y}_i = \frac{1}{j\omega L_i} \tag{3.48}$$

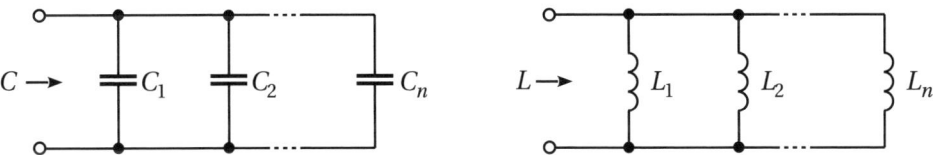

Bild 3.11 Bei der Parallelschaltung von Kapazitäten addieren sich die Einzelkapazitäten zur Gesamtkapazität. Werden mehrere Induktivitäten parallel geschaltet, so ist der Kehrwert der Gesamtinduktivität durch die Summe der Kehrwerte der Einzelinduktivitäten gegeben.

aus und erhalten mit (3.39)

$$\underline{Y} = \frac{1}{j\omega L} = \sum_{i=1}^{n} \frac{1}{j\omega L_i} \quad \Rightarrow \quad \frac{1}{L} = \sum_{i=1}^{n} \frac{1}{L_i} \tag{3.49}$$

Für den Sonderfall der Parallelschaltung von zwei Induktivitäten ergibt sich aus (3.49)

$$L = \frac{1}{1/L_1 + 1/L_2} = \frac{L_1 L_2}{L_1 + L_2} . \tag{3.50}$$

Genau wie bei der Reihenschaltung wird auch hier die magnetische Entkopplung der Induktivitäten vorausgesetzt.

 Parallelschaltung von Kapazitäten bzw. Induktivitäten

- Die Gesamtkapazität ist durch die Summe der Einzelkapazitäten gegeben.
- Der Kehrwert der Gesamtinduktivität ist durch die Summe der Kehrwerte der Einzelinduktivitäten gegeben.
- Die Einzelinduktivitäten müssen magnetisch entkoppelt sein.

3.3.3 Spannungs- und Stromteiler

Unter einem *Spannungsteiler* versteht man eine Reihenschaltung aus zwei Widerständen, an die eine Spannung angelegt wird. Über jedem der beiden Widerstände fällt dann eine Teilspannung ab. Mit dieser Schaltung können ohne großen Aufwand Spannungen auf eine geeignete Höhe reduziert werden. In der Gleichstromtechnik wird diese Schaltung gelegentlich auch verwendet, um unterschiedliche Versorgungsspannungen zur Verfügung zu stellen. Die Einsatzmöglichkeiten zur Energieversorgung von Baugruppen sind aber begrenzt, da die Ausgangsspannung bei Belastung in der Regel stark einbricht.

Wir wollen hier die allgemeinere Form des Spannungsteilers in Bild 3.12 betrachten, der statt mit zwei Widerständen mit zwei Impedanzen $\underline{Z}_A$ und $\underline{Z}_B$ realisiert ist. An der Impedanz $\underline{Z}_B$ fällt nur ein Teil von $\underline{U}_1$, nämlich die Spannung $\underline{U}_2$ ab, wobei sowohl die Amplitude als auch die Phase von $\underline{U}_2$ durch die Wahl der Impedanzen beeinflusst wird.

Bei dem im Bild 3.12 dargestellten unbelasteten Spannungsteiler ist der Strom $\underline{I}_2 = 0$ und $\underline{I}_B$ ist identisch mit $\underline{I}_1$. Die Quelle $\underline{U}_0$ treibt einen Strom

$$\underline{I}_1 = \frac{\underline{U}_0}{\underline{Z}_A + \underline{Z}_B} = \frac{\underline{U}_1}{\underline{Z}_A + \underline{Z}_B} \tag{3.51}$$

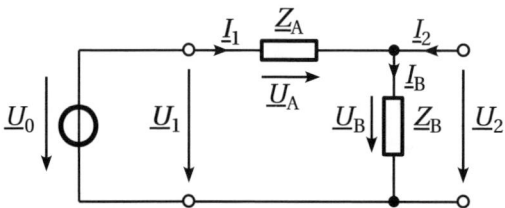

Bild 3.12 Beim unbelasteten Spannungsteiler verhalten sich die Spannungen $\underline{U}_A$ und $\underline{U}_B$ proportional zu den Impedanzen $\underline{Z}_A$ und $\underline{Z}_B$, an denen sie abfallen. Dies gilt nicht nur für den Betrag, sondern auch für die Phase, d. h., der Phasenwinkel zwischen den beiden Spannungen $\underline{U}_A$ und $\underline{U}_B$ entspricht genau der Differenz der Argumente von $\underline{Z}_A$ und $\underline{Z}_B$.

durch die beiden Impedanzen, sodass an diesen die Spannungen

$$\underline{U}_1 = \underline{Z}_A \underline{I}_1 \tag{3.52}$$

und

$$\underline{U}_2 = \underline{Z}_B \underline{I}_1 \tag{3.53}$$

abfallen. Der Quotient aus (3.53) und (3.51) liefert uns dann die *Spannungsteilerregel*

$$\frac{\underline{U}_2}{\underline{U}_1} = \frac{\underline{Z}_B}{\underline{Z}_A + \underline{Z}_B} . \tag{3.54}$$

Die Spannungen an den Impedanzen sind proportional zu den Impedanzen.

$$\frac{\underline{U}_A}{\underline{U}_B} = \frac{\underline{Z}_A}{\underline{Z}_B} = \frac{|\underline{Z}_A| e^{j\varphi_A}}{|\underline{Z}_B| e^{j\varphi_B}} = \frac{|\underline{Z}_A|}{|\underline{Z}_B|} e^{j(\varphi_A - \varphi_B)} \tag{3.55}$$

In (3.55) sind die Impedanzen auch in Polarform, also mit Betrag und Phase dargestellt. Offenbar sind die Spannungen $\underline{U}_A$ und $\underline{U}_B$ um den Phasenwinkel $\varphi_A - \varphi_B$ gegeneinander verschoben.

Wir interessieren uns aber in erster Linie für die Ausgangsspannung $\underline{U}_2$ in Abhängigkeit von der Eingangsspannung $\underline{U}_1$. Aus (3.54) können wir

$$\underline{U}_2 = \frac{\underline{Z}_B}{\underline{Z}_A + \underline{Z}_B} \underline{U}_1 = \frac{|\underline{Z}_B| e^{j\varphi_B}}{|\underline{Z}_A| e^{j\varphi_A} + |\underline{Z}_B| e^{j\varphi_B}} \underline{U}_1$$

ableiten. Aufgrund der Summenbildung im Nenner sind die Phasenverschiebung und das Teilerverhältnis nicht mehr ohne Weiteres ersichtlich.

Wird der Spannungsteiler, wie in Bild 3.13, durch eine Impedanz $\underline{Z}_L$ an den Ausgangsklemmen belastet, so beeinflusst dies Amplitude und Phase der Ausgangsspannung. Der Strom $\underline{I}_2$ ist jetzt nicht mehr null und $\underline{I}_B$ unterscheidet sich von $\underline{I}_1$. Zur Berechnung von $\underline{U}_2$ fassen wir die beiden parallel geschalteten Impedanzen $\underline{Z}_B$ und $\underline{Z}_L$ mit (3.43) zusammen und setzen diesen Ausdruck in (3.54) ein. Die Ausgangsspannung ist dann gegeben durch

$$\underline{U}_2 = \frac{\dfrac{\underline{Z}_B \underline{Z}_L}{\underline{Z}_B + \underline{Z}_L}}{\underline{Z}_A + \dfrac{\underline{Z}_B \underline{Z}_L}{\underline{Z}_B + \underline{Z}_L}} \underline{U}_1 = \frac{\underline{Z}_B \underline{Z}_L}{\underline{Z}_A \underline{Z}_B + \underline{Z}_A \underline{Z}_L + \underline{Z}_B \underline{Z}_L} \underline{U}_1 . \tag{3.56}$$

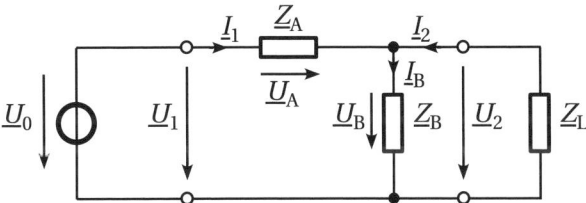

Bild 3.13 Beim belasteten Spannungsteiler beeinflusst die Lastimpedanz $\underline{Z}_L$ das Teilerverhältnis. Werden zur Berechnung der Ausgangsspannung die beiden parallel geschalteten Impedanzen $\underline{Z}_B$ und $\underline{Z}_L$ zusammengefasst, so kann die Anordnung wie ein unbelasteter Spannungsteiler behandelt werden.

Sind zwei Impedanzen parallel geschaltet, so teilt sich der Strom auf. Wir bezeichnen die Schaltung in Bild 3.14 als *Stromteiler*. Nun wollen wir untersuchen, wie sich der Strom in Abhängigkeit von den Impedanzen aufteilt.

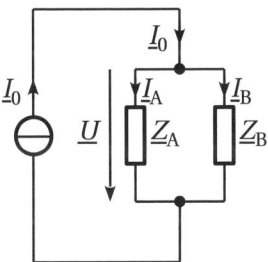

Bild 3.14 Der Stromteiler besteht aus den parallel geschalteten Impedanzen $\underline{Z}_A$ und $\underline{Z}_B$. Der Quellstrom wird auf die beiden Impedanzen aufgeteilt, wobei sich die Ströme umgekehrt zu den Impedanzen verhalten.

Der Quellstrom $\underline{I}_0$ fließt durch die beiden parallel geschalteten Impedanzen $\underline{Z}_A$ und $\underline{Z}_B$. Somit fällt an der Parallelschaltung die Spannung

$$\underline{U} = \frac{\underline{Z}_A\,\underline{Z}_B}{\underline{Z}_A+\underline{Z}_B}\,\underline{I}_0 \tag{3.57}$$

ab. Da an beiden Impedanzen die gleiche Spannung abfällt, ergibt sich für die Ströme durch die Impedanzen

$$\underline{I}_A = \frac{\underline{U}}{\underline{Z}_A} = \frac{\underline{Z}_B}{\underline{Z}_A+\underline{Z}_B}\,\underline{I}_0 \tag{3.58}$$

und

$$\underline{I}_B = \frac{\underline{U}}{\underline{Z}_B} = \frac{\underline{Z}_A}{\underline{Z}_A+\underline{Z}_B}\,\underline{I}_0\,. \tag{3.59}$$

Mit dem Quotienten von (3.58) und (3.59) erhalten wir die *Stromteilerregel*

$$\frac{\underline{I}_A}{\underline{I}_B} = \frac{\underline{Z}_B}{\underline{Z}_A}\,. \tag{3.60}$$

3.3.4 Schwingkreise

Der Blindwiderstand einer Impedanz kann sowohl positiv (Induktivität) als auch negativ (Kapazität) sein. Somit können sich in Schaltungen, die sowohl Induktivitäten als auch Kapazitäten enthalten, die induktiven und die kapazitiven Blindanteile bei bestimmten Frequenzen kompensieren. Die einfachsten Schaltungen dieser Art sind *Schwingkreise*. Sie bestehen aus einem Widerstand, einer Induktivität sowie einer Kapazität, die entweder in Reihe oder parallel geschaltet sind. Die Frequenz, bei der sich die Blindanteile kompensieren, wird als Resonanzfrequenz bezeichnet. Reihen- und Parallelschwingkreis weisen eine einzige Resonanzfrequenz auf. Bei umfangreicheren Schaltungen mit mehreren Induktivitäten und Kapazitäten können auch mehrere Resonanzfrequenzen auftreten. In diesem Abschnitt wollen wir den Reihenschwingkreis (Serienschwingkreis) und den Parallelschwingkreis näher betrachten.

3.3.4.1 Reihenschwingkreis

In Bild 3.15 ist ein verlustbehafteter *Reihenschwingkreis* dargestellt, dessen Impedanz $\underline{Z}$ wir nun unter Anwendung von (3.30) bestimmen wollen.

$$\underline{Z} = R + \mathrm{j}\omega L + \frac{1}{\mathrm{j}\omega C} = R + \mathrm{j}\left(\omega L - \frac{1}{\omega C}\right) = R + \mathrm{j}\frac{\omega^2 LC - 1}{\omega C} \tag{3.61}$$

Die Impedanz setzt sich aus der Reihenschaltung von Widerstand, Induktivität und Kapazität zusammen. Bei sehr niedrigen Frequenzen spielt die Kapazität die dominierende Rolle, d. h., der Scheinwiderstand ist sehr groß. Bei hohen Frequenzen überwiegt der Einfluss der Induktivität. Auch hier stellt sich ein sehr großer Scheinwiderstand ein. Bei einer bestimmten Kreisfrequenz, der Resonanzkreisfrequenz, kompensieren sich die Blindanteile und die Impedanz wird rein reell. In diesem Fall ist der Betrag der Impedanz, also der Scheinwiderstand am kleinsten. Bild 3.16 zeigt die entsprechenden Zeigerdiagramme.

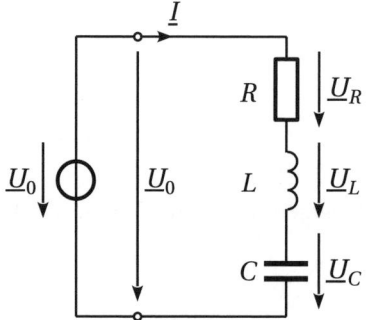

Bild 3.15 Ein Reihenschwingkreis besteht aus einer Induktivität L und einer Kapazität C, die in Reihe geschaltet sind. Beim verlustbehafteten Reihenschwingkreis ist zusätzlich noch ein ohmscher Widerstand R in Reihe geschaltet. Der Scheinwiderstand eines Reihenschwingkreises nimmt bei der Resonanzfrequenz sein Minimum an. Dann ist die Impedanz rein reell und durch den ohmschen Widerstand R gegeben.

Wir wollen nun das elektrische Verhalten des Reihenschwingkreises betrachten und untersuchen, welchen Einfluss die Werte der verwendeten Bauelemente haben. Zunächst bestimmen wir die Lage des Minimums von $|\underline{Z}| = +\sqrt{R^2 + X^2}$. Wir können sofort eine Aussage über den

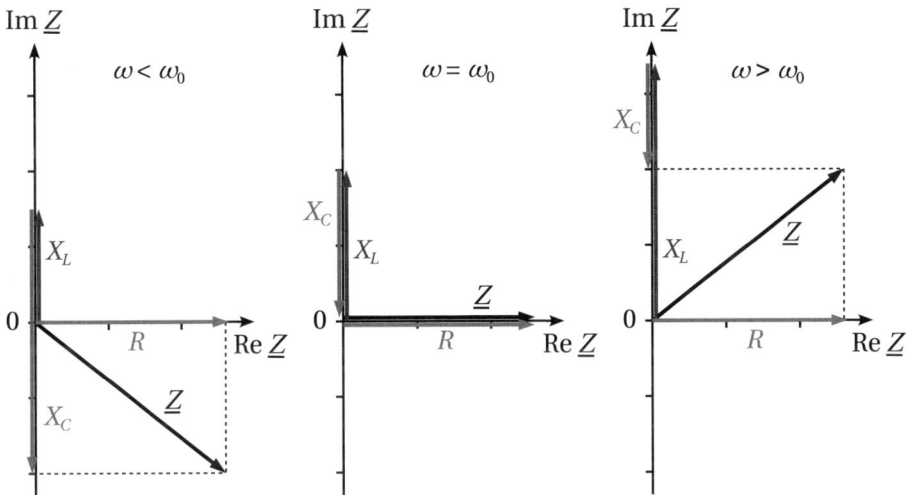

Bild 3.16 Das Zeigerdiagramm der Impedanz zeigt die Verhältnisse bei der Resonanzfrequenz sowie oberhalb und unterhalb davon. Unterhalb der Resonanzfrequenz überwiegt der kapazitive und oberhalb der induktive Anteil. Bei der Resonanzfrequenz kompensieren sich die induktiven und die kapazitiven Blindanteile, sodass die resultierende Impedanz rein reell wird.

Wert des Minimums treffen. Da sich die Blindanteile der Impedanz in Abhängigkeit von der Kreisfrequenz ω kompensieren können, kann $X = 0$ werden. Hingegen wird für den Wirkwiderstand immer $R > 0$ gelten. Somit erhalten wir das Minimum $Z_{\mathrm{min}} = \min|\underline{Z}| = R$. Aufgrund der Kompensation der Blindanteile wird die Impedanz dann rein reell. Dies können wir durch $\underline{Z} = \underline{Z}^* = R$ ausdrücken. Aus (3.61) entnehmen wir

$$\underline{Z} = \underline{Z}^* = R \qquad \text{für } \omega^2 LC - 1 = 0 \,. \tag{3.62}$$

Die Kreisfrequenz, für die (3.62) erfüllt ist, wird als *Resonanzkreisfrequenz* ω_0 bezeichnet, d. h.,

$$\omega_0 = \frac{1}{\sqrt{LC}} \,. \tag{3.63}$$

Entsprechend ergibt sich für die *Resonanzfrequenz*

$$f_0 = \frac{\omega_0}{2\pi} = \frac{1}{2\pi\sqrt{LC}} \,. \tag{3.64}$$

Die Gleichung (3.64) wird auch als Thomson'sche Schwingungsformel[5] bezeichnet.
Anhand der Zeigerdiagramme in Bild 3.16 ist zu erkennen, dass das Argument der Impedanz bei niedrigen Frequenzen negativ ist (kapazitives Verhalten) und bei Frequenzen oberhalb der Resonanzfrequenz positiv (induktives Verhalten). Bei der Resonanzfrequenz ist das Argument null, d. h., die Impedanz ist rein reell.

---

[5] William Thomson, britischer Physiker, 1824–1907.

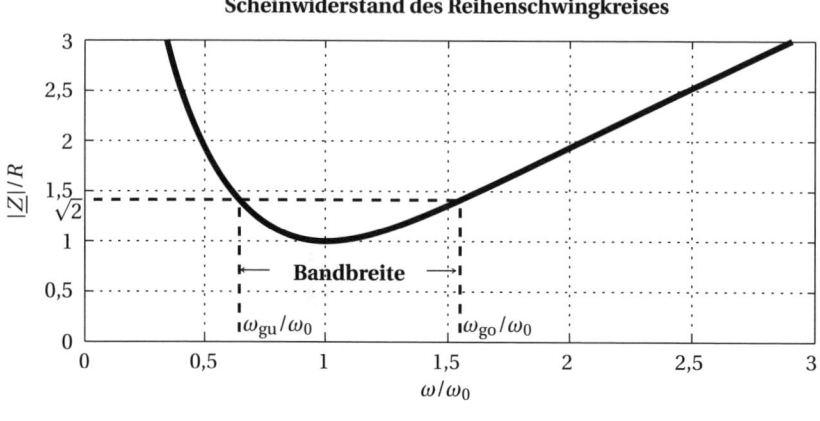

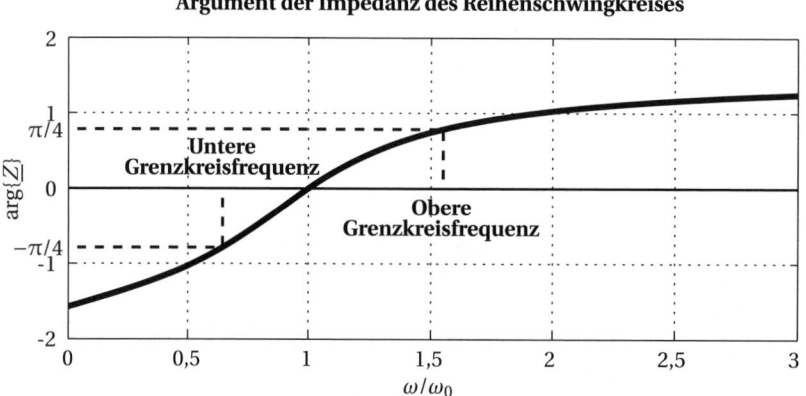

Bild 3.17 Der Scheinwiderstand nimmt sein Minimum bei der Resonanzkreisfrequenz ω_0 an. Das Argument der Impedanz wird in diesem Fall null. Bei der oberen und der unteren Grenzkreisfrequenz erreicht der Scheinwiderstand den Faktor $\sqrt{2}$ des Minimums, das Argument liegt dort bei $\pm 45°$. Hier sind Wirk- und Blindanteil der Impedanz betragsmäßig gleich groß.

In Bild 3.17 ist der normierte Scheinwiderstand $|\underline{Z}|/R$ gemäß (3.61) sowie die Phase der Impedanz dargestellt. Neben der Resonanzkreisfrequenz ω_0 interessieren uns noch zwei andere ausgezeichnete Kreisfrequenzen, die als *obere Grenzkreisfrequenz* bzw. als *untere Grenzkreisfrequenz* bezeichnet werden. Bei den Grenzkreisfrequenzen sind Wirk- und Blindanteil der Impedanz betragsmäßig gleich groß. Dies bedeutet, dass das Argument der Impedanz den Wert $\pm 45°$ annimmt und der Scheinwiderstand den Wert $\sqrt{2} \cdot R$.

Zur Ermittlung der oberen Grenzkreisfrequenz $\omega_{go} > \omega_0$ berücksichtigen wir den positiven Imaginärteil von (3.61), d. h., hier muss $\omega_{go}^2 LC - 1 > 0$ gelten. Der Vergleich von Real- und Imaginärteil liefert uns somit die quadratische Gleichung (3.65).

$$\omega_{\mathrm{go}}^2 LC - 1 = R\omega_{\mathrm{go}}C$$

$$\omega_{\mathrm{go}}^2 - \frac{R}{L}\omega_{\mathrm{go}} - \frac{1}{LC} = 0$$

$$\left(\omega_{\mathrm{go}} - \frac{R}{2L}\right)^2 - \left(\frac{R}{2L}\right)^2 - \frac{1}{LC} = 0 \tag{3.65}$$

Bei der unteren Grenzkreisfrequenz $\omega_{\mathrm{gu}} < \omega_0$ berücksichtigen wir den negativen Imaginärteil von (3.61), also $\omega_{\mathrm{gu}}^2 LC - 1 < 0$. Hier erhalten wir die quadratische Gleichung (3.66).

$$1 - \omega_{\mathrm{gu}}^2 LC = R\omega_{\mathrm{gu}}C$$

$$\omega_{\mathrm{gu}}^2 + \frac{R}{L}\omega_{\mathrm{gu}} - \frac{1}{LC} = 0$$

$$\left(\omega_{\mathrm{gu}} + \frac{R}{2L}\right)^2 - \left(\frac{R}{2L}\right)^2 - \frac{1}{LC} = 0 \tag{3.66}$$

Die beiden Gleichungen (3.65) und (3.66) lassen sich zu einer einzigen quadratischen Gleichung

$$\left(\omega_{\mathrm{g}} \mp \frac{R}{2L}\right)^2 = \frac{1}{LC} + \left(\frac{R}{2L}\right)^2 \tag{3.67}$$

zusammenfassen. Die Gleichung (3.67) hat aufgrund der Fallunterscheidung im ersten Term insgesamt vier Lösungen

$$\omega_{gi} = \pm\frac{R}{2L} \pm \sqrt{\frac{1}{LC} + \frac{R^2}{4L^2}}. \tag{3.68}$$

Berücksichtigen wir nur die positiven Frequenzen, so erhalten wir für die obere Grenzkreisfrequenz

$$\omega_{\mathrm{go}} = \sqrt{\frac{1}{LC} + \frac{R^2}{4L^2}} + \frac{R}{2L} \tag{3.69}$$

und für die untere Grenzkreisfrequenz

$$\omega_{\mathrm{gu}} = \sqrt{\frac{1}{LC} + \frac{R^2}{4L^2}} - \frac{R}{2L}. \tag{3.70}$$

Hierbei ist zu beachten, dass der Ausdruck $R^2/(4L^2)$ unter der Wurzel in der Regel relativ klein ist und in den meisten Fällen vernachlässigt werden kann. Die Grenzkreisfrequenzen liegen also nahezu symmetrisch zur Resonanzkreisfrequenz. Üblicherweise werden zur Charakterisierung von Schwingkreisen nicht die Grenzkreisfrequenzen, sondern die echten Frequenzen $f_{\mathrm{go}} = \omega_{\mathrm{go}}/(2\pi)$ sowie $f_{\mathrm{gu}} = \omega_{\mathrm{gu}}/(2\pi)$ herangezogen. Der Abstand zwischen der oberen und der unteren Grenzfrequenz ist die *Bandbreite*

$$B = f_{\mathrm{go}} - f_{\mathrm{gu}} = \frac{\omega_{\mathrm{go}} - \omega_{\mathrm{gu}}}{2\pi} = \frac{1}{2\pi} \cdot \frac{R}{L}. \tag{3.71}$$

Der ohmsche Widerstand in einem Reihenschwingkreis wirkt sich also direkt auf die Bandbreite aus, nicht jedoch auf die Resonanzfrequenz. Die Resonanzfrequenz wird ausschließlich durch die Werte von Kapazität und Induktivität bestimmt.

Ein verlustfreier Schwingkreis besteht nur aus zwei idealen Bauelementen, einer Kapazität sowie einer Induktivität. In der Realität ist der Spulendraht der Induktivität widerstandsbehaftet, während der Kondensator als nahezu ideal betrachtet werden kann. Oftmals ist die Verlustfreiheit bei einem Schwingkreis auch gar nicht erwünscht und es wird ganz gezielt ein Reihenwiderstand eingebaut. Als Qualitätsmerkmal wird bei Schwingkreisen das Verhältnis des Wirkwiderstandes zum Blindwiderstand der Induktivität bei der Resonanzfrequenz herangezogen. (Der Blindwiderstand der Kapazität ist bei der Resonanzfrequenz genauso groß, aber negativ.) Die *Güte* eines Reihenschwingkreises ist durch

$$Q = \frac{\omega_0 L}{R} = \frac{1}{R}\sqrt{\frac{L}{C}} \tag{3.72}$$

definiert. Somit besteht zwischen Bandbreite und Güte der direkte Zusammenhang

$$B = \frac{1}{2\pi} \cdot \frac{\omega_0}{Q} = \frac{f_0}{Q} . \tag{3.73}$$

Strom durch den Reihenschwingkreis

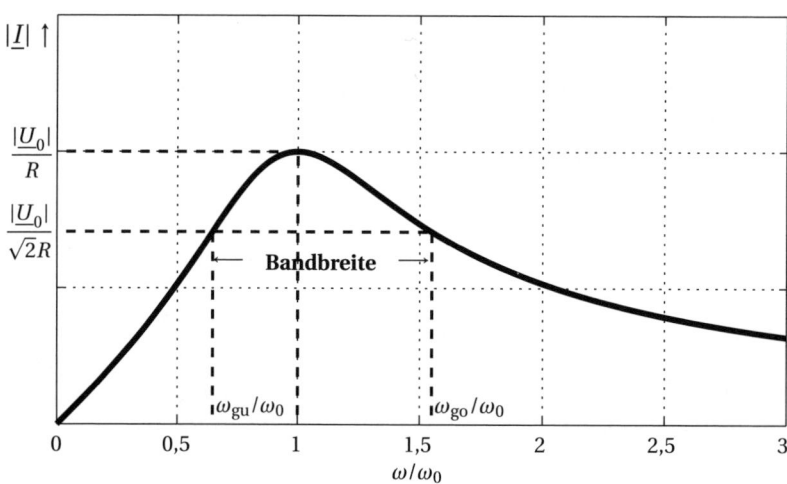

Bild 3.18 Der Strom durch den Reihenschwingkreis wird bei der Resonanzkreisfrequenz ω_0 maximal und fällt bei den beiden Grenzkreisfrequenzen auf den Faktor $1/\sqrt{2}$ des Maximums ab.

Bei der Resonanzfrequenz wird der Scheinwiderstand $|\underline{Z}|$ des Schwingkreises minimal und der Strom $|\underline{I}|$, wie in Bild 3.18 dargestellt, maximal. Da weder X_L noch X_C null werden, fallen an der Induktivität L und an der Kapazität C jeweils relativ große Spannungen ab, die die Eingangsspannung $\underline{U}_0$ um ein Vielfaches übersteigen können. Dieser Effekt wird *Spannungsüberhöhung* genannt und kann im Extremfall sogar zur Zerstörung der Bauelemente führen. Die beiden Spannungen $\underline{U}_L$ und $\underline{U}_C$ sind um 180° phasenverschoben und heben sich in der Summe auf. Auch bei geringer Abweichung von der Resonanzfrequenz können immer noch recht hohe Spannungen an den beiden reaktiven Bauelementen auftreten. Die Spannungsüberhöhung lässt sich durch die Dimensionierung des Wirkwiderstandes R vermeiden oder zumindest reduzieren.

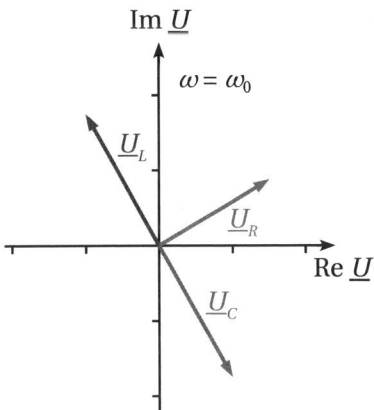

Bild 3.19 Im Zeigerdiagramm der Spannungen im Reihenschwingkreis bei der Resonanzfrequenz sind $\underline{U}_C$ und $\underline{U}_L$ exakt gleich lang, aber entgegengesetzt gerichtet. Somit kompensieren sich beide Spannungen.

Bei der Resonanzkreisfrequenz $\omega_0 = 1/\sqrt{LC}$ ergeben sich somit die nachfolgend aufgeführten Zusammenhänge.

$$\underline{Z} = R$$

$$\underline{I} = \frac{U_0}{R}$$

$$\underline{U}_R = R \cdot \underline{I} = \underline{U}_0$$

$$\underline{U}_L = j\omega_0 L \cdot \underline{I} = j\frac{\omega_0 L}{R}\underline{U}_0 = jQ\underline{U}_0$$

$$\underline{U}_C = \frac{1}{j\omega_0 C} \cdot \underline{I} = -j\frac{1}{\omega_0 CR}\underline{U}_0 = -jQ\underline{U}_0$$

Bild 3.19 stellt das Zeigerdiagramm der Spannungen an den Bauteilen des Reihenschwingkreises bei der Resonanzfrequenz dar. Je höher die Güte eines Reihenschwingkreises ist, desto geringer ist dessen Bandbreite. Das Maximum des Stromes ist dann entsprechend hoch und im Resonanzfall tritt eine große Spannungsüberhöhung auf.

 Reihenschwingkreis

- Der Scheinwiderstand wird bei der Resonanzfrequenz minimal.
- Die Resonanzfrequenz hängt ausschließlich von Kapazität und Induktivität ab.
- Mit steigendem Serienwiderstand vergrößert sich die Bandbreite und die Güte verringert sich.
- Bei und in der Nähe der Resonanzfrequenz können an den reaktiven Bauelementen Spannungsüberhöhungen auftreten.

3.3.4.2 Parallelschwingkreis

Wir wollen nun den in Abbildung 3.20 dargestellten *Parallelschwingkreis* betrachten. Da sich bei einer Parallelschaltung die Admittanzen addieren, liegt es nahe, hier die Admittanz $\underline{Y}$ statt der Impedanz zu bestimmen.

$$\underline{Y} = \frac{1}{R} + \mathrm{j}\,\omega C + \frac{1}{\mathrm{j}\,\omega L} = \frac{1}{R} + \mathrm{j}\left(\omega C - \frac{1}{\omega L}\right) = \frac{1}{R} + \mathrm{j}\,\frac{\omega^2 LC - 1}{\omega L} \tag{3.74}$$

Mathematisch unterscheidet sich (3.74) nicht von der Beschreibung der Impedanz des Reihenschwingkreises in (3.61). Wir können somit alle Betrachtungen aus dem Abschnitt 3.3.4.1 auf Parallelschwingkreise übertragen, wenn wir die nachfolgend aufgeführten Vertauschungen vornehmen. Diese strukturelle Ähnlichkeit wird als *Dualität* bezeichnet.

Tabelle 3.3 Dualität bezogen auf Schwingkreise

Reihenschwingkreis	↔	Parallelschwingkreis
Impedanz	↔	Admittanz
Wirkwiderstand	↔	Wirkleitwert
Kapazität	↔	Induktivität
Strom	↔	Spannung
Spannungsquelle	↔	Stromquelle

Wir wollen hier aber dennoch eine Spannungsquelle zur Speisung verwenden und zusätzlich die Impedanz betrachten.

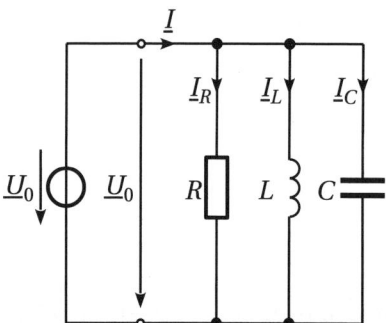

Bild 3.20 Ein Parallelschwingkreis besteht aus einer Induktivität L und einer Kapazität C, die parallel geschaltet sind. Beim verlustbehafteten Parallelschwingkreis ist zusätzlich noch ein ohmscher Widerstand R parallel geschaltet. Der Scheinwiderstand eines Parallelschwingkreises nimmt bei der Resonanzfrequenz sein Maximum an. Dann ist die Impedanz rein reell und durch den ohmschen Widerstand R gegeben.

Beim Parallelschwingkreis spielt bei sehr niedrigen Frequenzen die Induktivität die dominierende Rolle, d. h., der Scheinleitwert ist sehr groß und der Scheinwiderstand entsprechend klein. Bei hohen Frequenzen überwiegt der Einfluss der Kapazität. Auch hier stellt sich ein sehr großer Scheinleitwert ein. Genau wie beim Reihenschwingkreis kompensieren sich die Blindanteile bei der Resonanzfrequenz und die Admittanz wird rein reell. Dann nimmt der Betrag der Admittanz, also der Scheinleitwert, sein Minimum an. Bild 3.21 zeigt die entsprechenden Zeigerdiagramme.

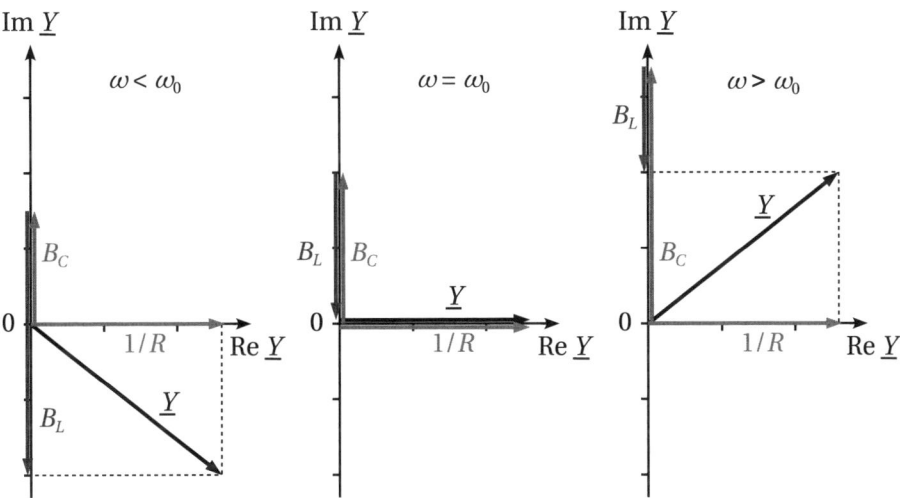

Bild 3.21 Das Zeigerdiagramm der Admittanz zeigt die Verhältnisse bei der Resonanzfrequenz sowie oberhalb und unterhalb davon. Unterhalb der Resonanzfrequenz überwiegt der induktive und oberhalb der kapazitive Anteil. Bei der Resonanzfrequenz kompensieren sich die induktiven und die kapazitiven Blindanteile, sodass die resultierende Admittanz rein reell wird.

Aus Gleichung (3.74) können wir entnehmen, das die Resonanzkreisfrequenz beim Parallelschwingkreis, genau wie beim Reihenschwingkreis, durch

$$\omega_0 = \frac{1}{\sqrt{LC}} \tag{3.75}$$

gegeben ist. Entsprechend ergibt sich für die Resonanzfrequenz

$$f_0 = \frac{\omega_0}{2\pi} = \frac{1}{2\pi\sqrt{LC}} \, . \tag{3.76}$$

Bei der Resonanzfrequenz ist die Admittanz des Schwingkreises rein reell, d. h.,

$$\underline{Y} = \underline{Y}^* = \frac{1}{R} \qquad \text{für } \omega^2 LC - 1 = 0 \, . \tag{3.77}$$

Die Resonanzfrequenz ist also unabhängig davon, ob Kapazität und Induktivität in Reihe oder parallel geschaltet werden. Jedoch ist das Verhalten der Kreise bei anderen Frequenzen genau entgegengesetzt. Anhand der Zeigerdiagramme in Bild 3.21 ist zu erkennen, dass das Argument der Admittanz bei niedrigen Frequenzen negativ ist (induktives Verhalten) und bei Frequenzen oberhalb der Resonanzfrequenz positiv (kapazitives Verhalten). Bei der Resonanzfrequenz ist das Argument null, d. h., die Admittanz ist rein reell.

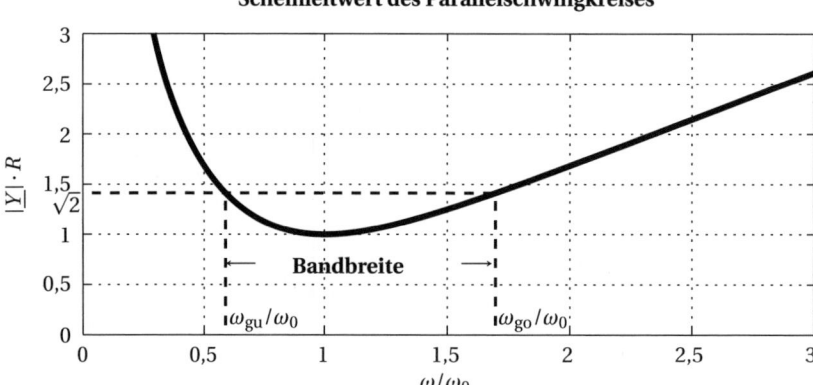

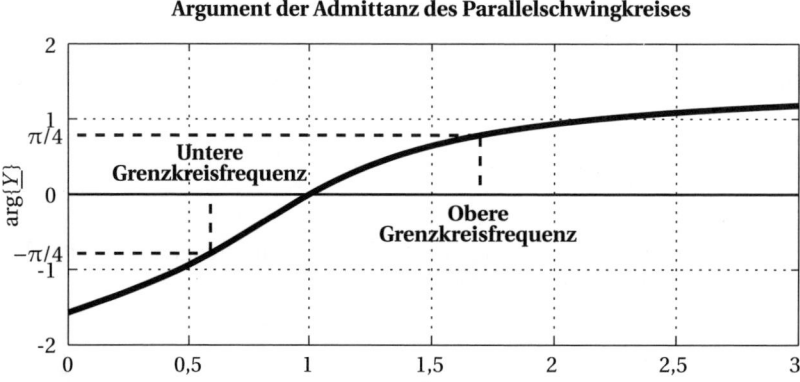

Bild 3.22 Der Scheinleitwert nimmt sein Minimum bei der Resonanzkreisfrequenz ω_0 an. Das Argument der Admittanz wird in diesem Fall null. Bei der oberen und der unteren Grenzkreisfrequenz erreicht der Scheinleitwert den Faktor $\sqrt{2}$ des Minimums, das Argument liegt dort bei $\pm 45°$. Hier sind Wirk- und Blindanteil der Admittanz betragsmäßig gleich groß.

In Bild 3.22 sind der normierte Scheinleitwert $|\underline{Y}| \cdot R$ gemäß (3.74) sowie die Phase der Admittanz dargestellt. Der Kurvenverlauf unterscheidet sich nicht von dem des Scheinwiderstandes und der Phase der Impedanz beim Reihenschwingkreis in Bild 3.17. Zusätzlich wollen wir hier auch die Impedanz

$$\underline{Z} = \frac{1}{\underline{Y}} = \cfrac{1}{\cfrac{1}{R} + j\omega C + \cfrac{1}{j\omega L}} = \cfrac{1}{\cfrac{1}{R} + j\,\cfrac{\omega^2 LC - 1}{\omega L}} \tag{3.78}$$

betrachten. In Bild 3.23 ist gemäß Gleichung (3.78) der Verlauf des normierten Scheinwiderstandes $|\underline{Z}|/R$ sowie die Phase der Impedanz dargestellt. Aufgrund der Kehrwertbildung ist die Impedanz zur weiteren Betrachtung weniger geeignet. Zwar lassen sich die folgenden Ergebnisse auch aus (3.78) ableiten, jedoch ist die Berechnung wesentlich komplizierter.

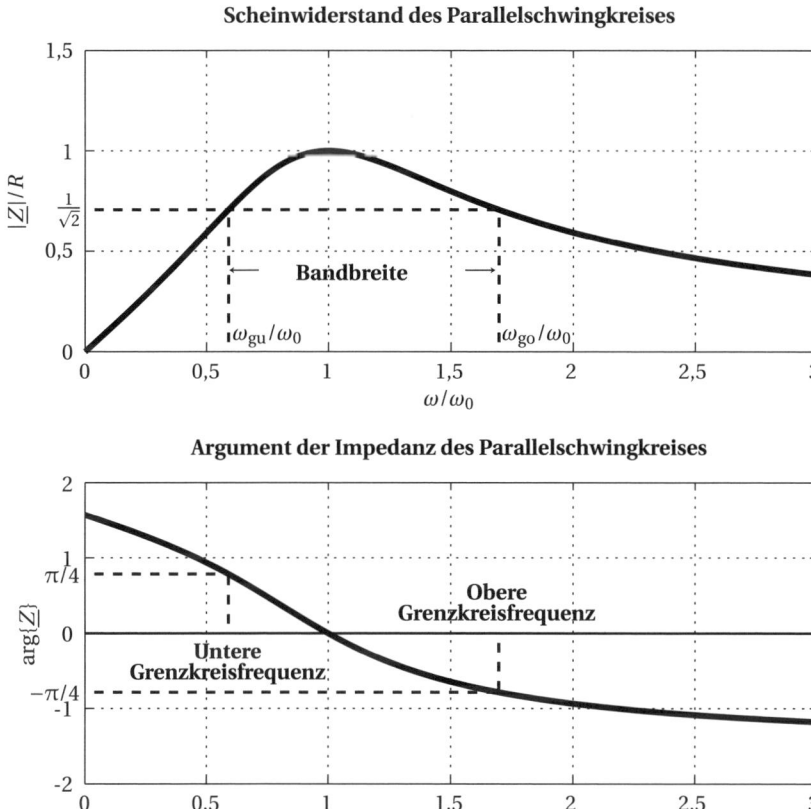

Bild 3.23 Der Scheinwiderstand nimmt sein Maximum bei der Resonanzkreisfrequenz ω_0 an. Das Argument der Impedanz wird in diesem Fall null. Bei der oberen und der unteren Grenzkreisfrequenz fällt der Scheinwiderstand um den Faktor $1/\sqrt{2}$ gegenüber dem Maximum ab, das Argument liegt dort bei $\pm 45°$. Hier sind Wirk- und Blindanteil der Impedanz betragsmäßig gleich groß.

Neben der Resonanzkreisfrequenz ω_0 interessieren uns auch hier zwei andere ausgezeichnete Kreisfrequenzen, nämlich die obere Grenzkreisfrequenz und die untere Grenzkreisfrequenz. Bei den Grenzkreisfrequenzen sind Wirk- und Blindanteil der Admittanz betragsmäßig gleich groß. Dies bedeutet, dass das Argument der Admittanz den Wert $\pm 45°$ annimmt und der Scheinleitwert den Wert $\sqrt{2}/R$.

Zur Bestimmung der Grenzkreisfrequenzen übertragen wir die Vorgehensweise aus Abschnitt 3.3.4.1 auf den Parallelschwingkreis, d. h., wir vergleichen Real- und Imaginärteil von (3.74) unter Berücksichtigung des Vorzeichens. Für $\omega_{\mathrm{go}} > \omega_0$ muss somit $\omega_{\mathrm{go}}^2 LC - 1 > 0$ gelten. Damit erhalten wir die quadratische Gleichung (3.79).

$$\omega_{\text{go}}^2 LC - 1 = \frac{\omega_{\text{go}} L}{R}$$

$$\omega_{\text{go}}^2 - \frac{1}{RC}\,\omega_{\text{go}} - \frac{1}{LC} = 0$$

$$\left(\omega_{\text{go}} - \frac{1}{2RC}\right)^2 - \left(\frac{1}{2RC}\right)^2 - \frac{1}{LC} = 0 \tag{3.79}$$

Entsprechend ist bei der unteren Grenzkreisfrequenz $\omega_{\text{gu}} < \omega_0$ der Imaginärteil von (3.74) negativ, d. h., $\omega_{\text{gu}}^2 LC - 1 < 0$. Hier erhalten wir die quadratische Gleichung (3.80).

$$1 - \omega_{\text{gu}}^2 LC = \frac{\omega_{\text{gu}} L}{R}$$

$$\omega_{\text{gu}}^2 + \frac{1}{RC}\,\omega_{\text{gu}} - \frac{1}{LC} = 0$$

$$\left(\omega_{\text{gu}} + \frac{1}{2RC}\right)^2 - \left(\frac{1}{2RC}\right)^2 - \frac{1}{LC} = 0 \tag{3.80}$$

Die beiden Gleichungen (3.79) und (3.80) lassen sich zu einer einzigen quadratischen Gleichung

$$\left(\omega_{\text{g}} \mp \frac{1}{2RC}\right)^2 = \frac{1}{LC} + \left(\frac{1}{2RC}\right)^2 \tag{3.81}$$

zusammenfassen. Die Gleichung (3.81) hat aufgrund der Fallunterscheidung im ersten Term insgesamt vier Lösungen

$$\omega_{gi} = \pm\frac{1}{2RC} \pm \sqrt{\frac{1}{LC} + \frac{1}{4R^2C^2}}\ . \tag{3.82}$$

Berücksichtigen wir nur die positiven Frequenzen, so erhalten wir für die obere Grenzkreisfrequenz

$$\omega_{\text{go}} = \sqrt{\frac{1}{LC} + \frac{1}{4R^2C^2}} + \frac{1}{2RC} \tag{3.83}$$

und für die untere Grenzkreisfrequenz

$$\omega_{\text{gu}} = \sqrt{\frac{1}{LC} + \frac{1}{4R^2C^2}} - \frac{1}{2RC}\ . \tag{3.84}$$

Hierbei ist zu beachten, dass der Ausdruck $1/(4R^2C^2)$ unter der Wurzel in der Regel relativ klein ist und in den meisten Fällen vernachlässigt werden kann. Die Grenzkreisfrequenzen liegen also nahezu symmetrisch zur Resonanzkreisfrequenz. Für die Bandbreite, also der Differenz von oberer Grenzfrequenz $f_{\text{go}} = \omega_{\text{go}}/(2\pi)$ und unterer Grenzfrequenz $f_{\text{gu}} = \omega_{\text{gu}}/(2\pi)$ ergibt sich somit

$$B = f_{\text{go}} - f_{\text{gu}} = \frac{\omega_{\text{go}} - \omega_{\text{gu}}}{2\pi} = \frac{1}{2\pi} \cdot \frac{1}{RC}\ . \tag{3.85}$$

Der ohmsche Widerstand in einem Parallelschwingkreis wirkt sich also direkt auf die Bandbreite aus, nicht jedoch auf die Resonanzfrequenz. Die Resonanzfrequenz wird ausschließlich durch die Werte von Kapazität und Induktivität bestimmt.
Genau wie beim Reihenschwingkreis wird die Güte des Parallelschwingkreises durch den Widerstand bestimmt. Jedoch ist hier die Güte umso größer, je größer der Parallelwiderstand ist. Bei einem verlustfreien Parallelschwingkreis entfällt der Widerstand, d. h., $R = \infty$. Die Güte eines Parallelschwingkreises ist durch

$$Q = \frac{\omega_0 C}{1/R} = \omega_0 R C = R\sqrt{\frac{C}{L}} \tag{3.86}$$

definiert. Hier wird also der Blindleitwert bei der Resonanzfrequenz ins Verhältnis zum Wirkleitwert gesetzt. Zwischen Bandbreite und Güte besteht auch hier der direkte Zusammenhang

$$B = \frac{1}{2\pi} \cdot \frac{\omega_0}{Q} = \frac{f_0}{Q}. \tag{3.87}$$

Bei oder in der Nähe der Resonanzfrequenz können die Ströme durch die reaktiven Bauelemente sehr groß werden. Diesen Effekt nennt man *Stromüberhöhung*. Wird der Schwingkreis nämlich von einer Stromquelle gespeist, so wird aufgrund des sehr hohen Scheinwiderstandes die Spannung ebenfalls sehr groß. Dies hat zur Folge, dass durch Kapazität und Induktivität sehr hohe, um 180° gegeneinander verschobene Ströme fließen, die sich gegenseitig kompensieren, aber zur Beschädigung der Bauelemente führen können. Die Stromüberhöhung beim Parallelschwingkreis ist die Entsprechung der Spannungsüberhöhung beim Reihenschwingkreis.
Die Güte und somit auch die Bandbreite eines Parallelschwingkreises kann durch den parallel geschalteten ohmschen Widerstand gezielt beeinflusst werden. Betrachten wir jedoch den Einfluss realer Bauelemente, so weist nur der Kondensator einen (sehr großen) Parallelwiderstand auf und kann als nahezu ideal angesehen werden. Der entscheidende qualitätsbestimmende Einfluss rührt vom widerstandsbehafteten Spulendraht her und kann nur durch einen mit der Spule in Reihe geschalteten Widerstand beschrieben werden. In Bild 3.24 ist ein Parallelschwingkreis mit realer Spule dargestellt, der durch einen verlustbehafteten Parallelschwingkreis ersetzt wird. Der Einfluss des Verlustwiderstandes R_s der realen Spule wird dabei durch einen Parallelwiderstand R_p berücksichtigt. Beide Schaltungen verhalten sich prinzipiell unterschiedlich. Für kleine Werte von R_s und entsprechend große Werte von R_p nähert sich das Verhalten beider Schaltungen jedoch an.
Wir wollen nun zunächst die linke Schaltung in Bild 3.24 analysieren. Dazu bestimmen wir deren Impedanz $\underline{Z}_s$ sowie die Admittanz $\underline{Y}_s$.

$$\underline{Z}_s = \frac{1}{\dfrac{1}{R_s + \mathrm{j}\omega L_s} + \mathrm{j}\omega C} = \frac{R_s + \mathrm{j}\omega L_s}{1 - \omega^2 L_s C + \mathrm{j}\omega C R_s}$$

$$\underline{Y}_s = \frac{1}{\underline{Z}_s} = \frac{1 - \omega^2 L_s C + \mathrm{j}\omega C R_s}{R_s + \mathrm{j}\omega L_s} = \frac{R_s}{R_s^2 + \omega^2 L_s^2} + \mathrm{j}\frac{\omega^3 L_s^2 C + \omega(C R_s^2 - L_s)}{R_s^2 \omega^2 L_s^2} \tag{3.88}$$

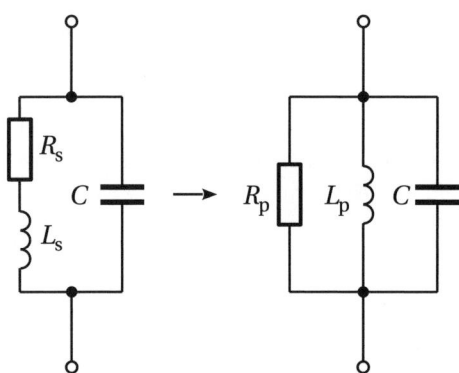

Bild 3.24 Die Verluste in einem Parallelschwingkreis sind im Wesentlichen auf den Verlustwiderstand R_s der reale Spule zurückzuführen (linke Schaltung). Dabei kommt es auch zu einer Verschiebung der Resonanzfrequenz. Der Einfluss von R_s kann durch einen entsprechenden Parallelwiderstand R_p (rechte Schaltung) ausgedrückt werden. Zusätzlich muss die Induktivität in der rechten Schaltung angepasst werden, um die Verschiebung der Resonanzfrequenz zu berücksichtigen.

Die Resonanzfrequenz, also die Frequenz bei der der Imaginärteil von (3.88) verschwindet, ergibt sich zu

$$\omega_0 = \sqrt{\frac{1}{L_\mathrm{s}C} - \frac{R_\mathrm{s}^2}{L_\mathrm{s}^2}}\,. \tag{3.89}$$

Allerdings erreicht der Scheinwiderstand bei dieser Frequenz nicht sein Minimum, so wie es beim Parallelschwingkreis nach Bild 3.20 der Fall ist.

Nun wollen wir mit dem verlustbehafteten Parallelschwingkreis (rechte Schaltung) das Verhalten der linken Schaltung möglichst gut nachbilden. Dazu bestimmen wir den Parallelwiderstand R_p und die Induktivität L_p so, dass sich in beiden Fällen die gleiche Resonanzfrequenz ergibt und bei der Resonanzfrequenz die (reellen) Admittanzen gleich groß sind.

Zunächst vergleichen wir die Resonanzfrequenzen und ermitteln daraus die Induktivität L_p.

$$\omega_0 = \sqrt{\frac{1}{L_\mathrm{s}C} - \frac{R_\mathrm{s}^2}{L_\mathrm{s}^2}} = \sqrt{\frac{1}{L_\mathrm{p}C}} \quad \Rightarrow \quad L_\mathrm{p} = \frac{L_\mathrm{s}^2}{L_\mathrm{s} - R_\mathrm{s}^2 C} \tag{3.90}$$

Nun vergleichen wir bei beiden Schaltungen die Realteile der Admittanz.

$$\mathrm{Re}\{\underline{Y}_\mathrm{s}\} = \frac{R_\mathrm{s}}{R_\mathrm{s}^2 + \omega^2 L_\mathrm{s}^2} = \frac{1}{R_\mathrm{p}} \quad \Rightarrow \quad R_\mathrm{p} = R_\mathrm{s} + \frac{\omega^2 L_\mathrm{s}^2}{R_\mathrm{s}} \tag{3.91}$$

Der Realteil der Admittanz (3.88) ist, anders als beim verlustbehafteten Parallelschwingkreis, frequenzabhängig. Deshalb betrachten wir (3.91) bei der Resonanzkreisfrequenz ω_0.

$$\left.\frac{1}{\mathrm{Re}\{\underline{Y}_\mathrm{s}\}}\right|_{\omega=\omega_0} = R_\mathrm{s} + \frac{L_\mathrm{s}^2}{R_\mathrm{s} L_\mathrm{p} C} = R_\mathrm{p} \quad \Rightarrow \quad R_\mathrm{p} = \frac{L_\mathrm{s}}{R_\mathrm{s} C} \tag{3.92}$$

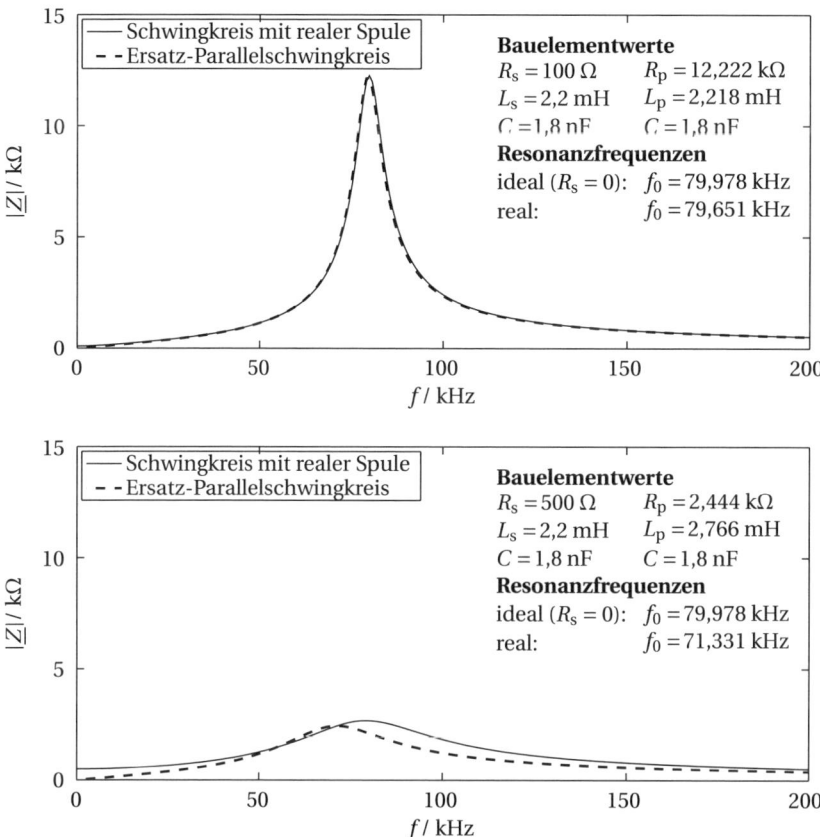

Bild 3.25 Die beiden Diagramme zeigen den Einfluss des Serienwiderstandes der Spule auf das Verhalten des Schwingkreises. Nur bei relativ kleinen Verlustwiderständen kann der Parallelschwingkreis mit realer Spule durch einen verlustbehafteten Parallelschwingkreis mit idealen reaktiven Bauelementen nachgebildet werden.

Damit haben wir die gesuchten Bauteilwerte des Ersatz-Parallelschwingkreises gefunden. Der Verlustwiderstand der Spule verursacht eine Verringerung der Resonanzfrequenz, die sich in einer Vergrößerung von L_p gegenüber L_s niederschlägt, d. h., $L_p > L_s$. Der Parallelwiderstand R_p verhält sich reziprok zum Serienwiderstand R_s. Ein sehr kleiner Serienwiderstand (fast ideale Spule) führt also zu einem sehr großen Parallelwiderstand und damit zu einer hohen Kreisgüte und einer entsprechend geringen Bandbreite.

In Bild 3.25 sind die Verhältnisse anhand von zwei Beispielen dargestellt. Im zweiten Fall ist dabei eine erhebliche Abweichung bei den Scheinwiderständen festzustellen. Das Maximum des Scheinwiderstandes ist deutlich zu niedrigeren Frequenzen hin verschoben.

3.3.5 Brückenschaltungen

In Bild 3.26 ist eine *Brückenschaltung* dargestellt. Bei dieser Schaltung sind zwei Spannungsteiler parallel geschaltet, die aus den Impedanzen $\underline{Z}_1$ und $\underline{Z}_2$ bzw. $\underline{Z}_3$ und $\underline{Z}_4$ bestehen.

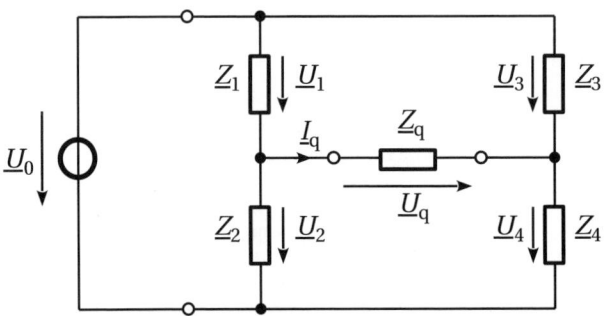

Bild 3.26 Die Wechselstrombrücke besteht aus zwei parallel geschalteten Spannungsteilern mit insgesamt vier Impedanzen. Die Spannung $\underline{U}_q$ im Querzweig der unbelasteten Brücke ($\underline{Z}_q = \infty$) entspricht der Differenz der Ausgangsspannungen der beiden (unbelasteten) Spannungsteiler. Ist die Brücke abgeglichen, so verschwindet diese Differenzspannung. Im abgeglichenen Zustand ist $\underline{U}_q = 0$. Die Spannungen $\underline{U}_2$ und $\underline{U}_4$ müssen nach Betrag und Phase gleich groß sein. Zum Abgleich der Brücke stehen acht Parameter, nämlich Real- und Imaginärteil der vier Impedanzen, zur Verfügung.

Zunächst wollen wir die Brückenschaltung für den Sonderfall $\underline{Z}_q = \infty$ untersuchen. Dann ist der Strom $\underline{I}_q = 0$ und für die Spannung im Querzweig $\underline{U}_q$ gilt

$$\underline{U}_q = \underline{U}_2 - \underline{U}_4 = \left(\frac{\underline{Z}_2}{\underline{Z}_1 + \underline{Z}_2} - \frac{\underline{Z}_4}{\underline{Z}_3 + \underline{Z}_4} \right) \underline{U}_0 \,. \tag{3.93}$$

Die Brücke ist abgeglichen, wenn $\underline{U}_q$ verschwindet.

abgeglichene Brücke: $\underline{U}_q = 0 \quad \Leftrightarrow \quad \underline{U}_1 = \underline{U}_3$ und $\underline{U}_2 = \underline{U}_4$ \qquad (3.94)

Unter Verwendung von (3.55) erhalten wir die *Abgleichbedingung*

$$\frac{\underline{U}_1}{\underline{U}_2} = \frac{\underline{U}_3}{\underline{U}_4} \quad = \quad \frac{\underline{Z}_1}{\underline{Z}_2} = \frac{\underline{Z}_3}{\underline{Z}_4} \,. \tag{3.95}$$

Wenn $\underline{U}_q$ verschwindet, ist auch $\underline{I}_q = 0$, und zwar unabhängig vom Wert der Impedannz $\underline{Z}_q$ im Querzweig. Im abgeglichenen Zustand spielt die Belastung der Brücke also keine Rolle. Somit kann der Brückenabgleich vorgenommen werden, indem ein empfindliches Messgerät in den Querzweig geschaltet wird und die Impedanzen so lange variiert werden, bis $\underline{U}_q = 0$ bzw. $\underline{I}_q = 0$ erreicht wird. Der Innenwiderstand des Messgeräts beeinflusst das Ergebnis nicht.

Brückenschaltungen zeichnen sich durch eine hohe Empfindlichkeit aus. Somit sind sie prädestiniert zum Einsatz in der Messtechnik. Dabei ist im Querzweig keine Messung eines absoluten Wertes erforderlich. Es ist vollkommen ausreichend, hier einen empfindlichen Nullindikator einzusetzen. Das Ziel ist hierbei, die Brücke abzugleichen.

Der allgemeine Fall, also die Analyse der nicht abgeglichenen Brücke, ist wesentlich schwieriger zu handhaben. Hierzu müssen die Maschen- und Knotenregeln auf die Schaltung angewendet werden. Daraus ergibt sich ein Gleichungssystem, das zu lösen ist. Da wir später systematische Verfahren für eine solche Netzwerkanalyse kennenlernen werden, wollen wir das Thema an dieser Stelle nicht weiter vertiefen.

Die konkrete Realisierung der Impedanzen hängt vom Einsatzzweck der Brückenschaltung ab. Zum Abgleich der Brücke ist es sinnvoll, die Anzahl der einstellbaren Parameter möglichst gering zu halten. Im Idealfall enthält die Brücke nur ein einziges einstellbares Bauelement.

3.3.5.1 Widerstandsmessbrücke

Die *Widerstandsmessbrücke* wird zur Bestimmung unbekannter Widerstände eingesetzt und mit einer Gleichspannung gespeist. Der linke Spannungsteiler wird durch ein Potenziometer oder einen Widerstandsdraht mit einem verschiebbaren Abgriff realisiert. Der rechte Spannungsteiler besteht aus dem Messobjekt R_x und einem bekannten Widerstand R_N. Hierfür werden in der Regel qualitativ hochwertige Widerstände mit geringer Toleranz als Widerstandsnormal eingesetzt.

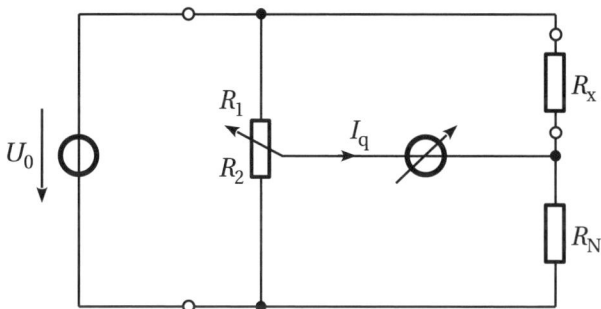

Bild 3.27 Zur Bestimmung des unbekannten Widerstandes wird das Potenziometer so eingestellt, dass das Messgerät im Querzweig der Brücke keinen Strom mehr anzeigt. Aus der Schleiferposition bzw. dem eingestellten Verhältnis R_1/R_2 kann nun der Wert des unbekannten Widerstandes R_x ermittelt werden.

Wenden wir die Abgleichbedingung (3.95) auf die Schaltung in Bild 3.27, so ergibt sich bei abgeglichener Brücke für den unbekannten Widerstand

$$R_x = \frac{R_1}{R_2} R_N \, . \tag{3.96}$$

Wird statt des Potenziometers ein Widerstandsdraht mit Abgriff eingesetzt, so kann unmittelbar aus dem Verhältnis der Längen der beiden Teilstrecken der Widerstand R_x bestimmt werden.

Liegen die Werte von R_x und R_N relativ nahe beieinander, so wird das Potenziometer nach dem Abgleich etwa in Mittelposition stehen. Bei sehr großen Abweichungen der beiden Widerstände voneinander wird der Abgleich recht schwierig, da das Potenziometer dann fast an einen Anschlag gestellt werden muss. Die Ablesegenauigkeit ist dann sehr gering. Um diese Situation zu umgehen, kann das Widerstandsnormal R_N umschaltbar gemacht werden, sodass mehrere Messbereiche zur Verfügung stehen.

3.3.5.2 Induktivitätsmessbrücke (Maxwell-Wien-Brücke)

In Bild 3.28 ist die *Maxwell-Wien-Brücke*[6] dargestellt. Diese Brückenschaltung dient zur Bestimmung der Induktivität einer unbekannten Spule. Dabei wird auch der Verlustwiderstand (Serienwiderstand) der Spule ermittelt. Wenden wir die allgemeine Abgleichbedingung (3.95) auf diese Schaltung an, so erhalten wir

$$\frac{R_1}{R_2 \| [1/(j\omega C_2)]} = \frac{R_x + j\omega L_x}{R_N} \, . \tag{3.97}$$

---

[6]   Max Wien, deutscher Physiker, 1866–1938.

Nun lösen wir (3.97) nach den unbekannten Parametern L_x und R_x auf.

$$R_x + j\omega L_x = R_N \frac{R_1}{R_2 \| [1/(j\omega C_2)]} = R_N \frac{R_1 \cdot [R_2 + 1/(j\omega C_2)]}{R_2 \cdot 1/(j\omega C_2)}$$

$$R_x + j\omega L_x = R_N \frac{R_1 + j\omega C_2 R_2 R_1}{R_2} = R_N \frac{R_1}{R_2} + j\omega R_N C_2 R_1 \tag{3.98}$$

In Gleichung (3.98) ist der Realteil nicht von der einstellbaren Kapazität C_2 und der Imaginärteil nicht vom einstellbaren Widerstand R_2 abhängig. Damit sind die beiden gesuchten Größen unabhängig voneinander zu bestimmen.

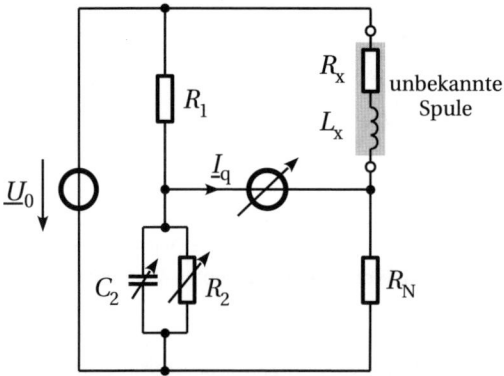

Bild 3.28 Die Maxwell-Wien-Brücke wird zur Messung einer unbekannten Spule eingesetzt. Dabei kann sowohl die Induktivität als auch der Verlustwiderstand bestimmt werden.

Zerlegen wir nun (3.98) in Real- und Imaginärteil, so erhalten wir für den Verlustwiderstand

$$R_x = R_N \frac{R_1}{R_2} \tag{3.99}$$

und für die unbekannte Induktivität

$$L_x = R_N C_2 R_1 . \tag{3.100}$$

Beide Kenngrößen der Spule sind also durch zwei unabhängig voneinander einstellbare Bauelemente, nämlich die Induktivität durch C_2 und der Verlustwiderstand durch R_2, bestimmbar. Dies erleichtert die Bedienung der Brückenschaltung wesentlich, da eine direkte Skalierung möglich ist und keine Berechnung durchgeführt werden muss. Darüber hinaus ist die Bestimmung von L_x und R_x frequenzunabhängig. Der Abgleich der Brücke kann durch wechselseitiges Einstellen von R_2 und C_2 durchgeführt werden.

3.3.5.3 Kapazitätsmessbrücke (Schering-Brücke)

Zur Bestimmung eines unbekannten Kondensators wird die in Bild 3.29 dargestellte *Schering-Brücke*[7] eingesetzt. Der Verlustwiderstand ist bei Kondensatoren in der Regel sehr groß und

---

[7] Harald Schering, deutscher Physiker und Hochspannungstechniker, 1880–1959.

spielt eine untergeordnete Bedeutung. Daher wird nur die Kapazität des Kondensators durch Abgleich der Brücke mittels R_2 bestimmt. Die Beschreibung eines Kondensators durch eine Kapazität mit einem parallel geschalteten Widerstand ist nur in seltenen Fällen notwendig. Zur Bestimmung dieses Verlustwiderstandes kann die gestrichelt eingezeichnete einstellbare Kapazität verwendet werden. Wir wollen dies hier aber nicht näher betrachten.

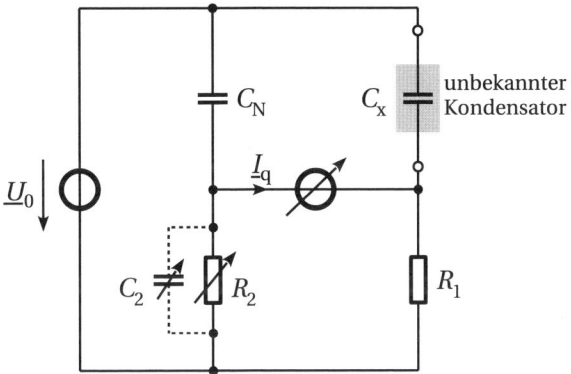

Bild 3.29 Die Schering-Brücke wird zur Messung eines unbekannten Kondensators eingesetzt. Durch Hinzufügen der einstellbaren Kapazität C_2 kann auch hier der Verlustwiderstand (Parallelwiderstand) des Kondensators bestimmt werden. In der Regel ist dieser aber so groß, dass eine genaue Bestimmung nicht erforderlich ist.

Aus der Abgleichbedingung dieser Brücke

$$\frac{1/(j\omega C_N)}{R_2} = \frac{1/(j\omega C_x)}{R_1} \tag{3.101}$$

erhalten wir sofort die gesuchte Kapazität

$$C_x = C_N \frac{R_2}{R_1}. \tag{3.102}$$

Auch in diesem Fall ist das Ergebnis frequenzunabhängig. Aufgrund der Anordnung der Bauelemente und der Auswahl von R_2 als einstellbares Bauelement sind hier einige Vorteile zu erkennen. Es wird nur ein einstellbarer Widerstand gebraucht und der Zusammenhang zwischen dem Widerstandswert und der gesuchten Kapazität ist linear. Somit kann R_2 mit einer linearen Skala versehen werden. Die Kapazität C_N kann als Messnormal betrachtet werden. Wird diese umschaltbar gemacht, so kann der Messbereich der Kapazitätsmessbrücke beträchtlich erweitert werden.

3.3.5.4 Frequenzmessbrücke (Wien-Robinson-Brücke)

Die *Wien-Robinson-Brücke*[8] in Bild 3.30 wird zur Frequenzmessung eingesetzt. Dazu wird die Brückenschaltung an eine Quelle mit unbekannter Frequenz angeschlossen. Durch synchrone Variation der beiden gekoppelten Potenziometer wird die Brücke abgeglichen. Aus der Potenziometereinstellung im Abgleichpunkt lässt sich dann die Frequenz der Quellspannung bestimmen.

---

[8] Lewis T. Robinson, amerikanischer Elektrotechniker und Normungspionier, 1869–1931.

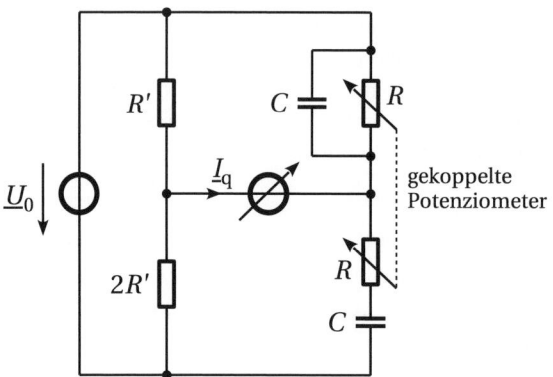

Bild 3.30 Die Wien-Robinson-Brücke wird zur Frequenzmessung eingesetzt. Die Abgleichbedingung ist hier nur bei einer einzigen Frequenz erfüllt.

Damit ein Abgleich der Wien-Robinson-Brücke möglich ist, sind bestimmte Verhältnisse der Bauelementwerte erforderlich. Der linke Spannungsteiler weist ein Teilungsverhältnis von 1:2 auf und die beiden Impedanzen im rechten Spannungsteiler bestehen jeweils aus Parallel- bzw. Reihenschaltung von zwei gleich großen Widerständen und Kapazitäten. Die Abgleichbedingung ist somit durch

$$\frac{R'}{2R'} = \frac{R||[1/(j\omega C)]}{R + 1/(j\omega C)} = \frac{R/(j\omega C)}{[R + 1/(j\omega C)] \cdot [R + 1/(j\omega C)]}$$

$$\frac{1}{2} = \frac{j\omega RC}{(1 + j\omega RC) \cdot (1 + j\omega RC)} = \frac{j\omega RC}{1 - (\omega RC)^2 + 2j\omega RC} \tag{3.103}$$

gegeben. Durch Umstellung der Gleichung (3.103) wird die Frequenz als Funktion des einstellbaren Widerstandes R dargestellt.

$$1 - (\omega RC)^2 + 2j\omega RC = 2j\omega RC$$

$$(\omega RC)^2 = 1 \tag{3.104}$$

Die Abgleichbedingung ist also erfüllt für

$$\omega = \frac{1}{RC} \quad \text{bzw.} \quad f = \frac{1}{2\pi RC} \, . \tag{3.105}$$

Aus dem eingestellten Widerstandswert kann somit eindeutig die Frequenz der anliegenden Spannung ermittelt werden.

3.3.6   Sternschaltung und Dreieckschaltung

Vielfach ist es zur Schaltungsanalyse nicht notwendig, die Maschen- und Knotengleichungen aufzustellen. So können z. B. beim belasteten Spannungsteiler in Bild 3.13 zunächst die parallel geschalteten Impedanzen $\underline{Z}_B$ und $\underline{Z}_L$ zu einer Impedanz zusammengefasst werden. Anschließend kann auch die Reihenschaltung aus $\underline{Z}_A$ und $\underline{Z}_B\|\underline{Z}_L$ auf diese Weise vereinfacht werden. Nun kann der Strom $\underline{I}_1$ und damit auch die Spannung $\underline{U}_2$ bestimmt werden.

Die dargestellte Vorgehensweise ist auf die Brückenschaltung in Bild 3.26 nicht anwendbar, da wir hier keine reine Reihen- oder Parallelschaltung von Impedanzen identifizieren können. Zur Lösung dieses Problems, fassen wir $\underline{Z}_1$, $\underline{Z}_2$ und $\underline{Z}_q$ zu einem Netzwerk mit drei Anschlüssen zusammen. Ein derartiger *Dreipol* ist in Bild 3.31 dargestellt.

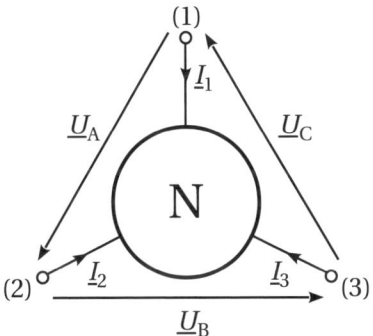

Bild 3.31 Ein Netzwerk N, das ausschließlich über drei Anschlüsse mit der Außenwelt verbunden ist, wird als Dreipol bezeichnet.

Wir wollen hier davon ausgehen, dass die Innenbeschaltung des Dreipols in Bild 3.31 ausschließlich aus beliebig zusammengeschalteten Impedanzen besteht. Da der Dreipol nur über drei Klemmen mit dem äußeren Netzwerk verbunden ist, muss der gesamte zu- und abfließende Strom über diese drei Verbindungsleitungen fließen. Somit kann der Dreipol als ein einziger Knoten betrachtet werden, d. h., die Summe der Ströme ist null. Ein Spannungsumlauf ergibt für die Summe der anliegenden Spannungen ebenso null.

$$\underline{I}_1 + \underline{I}_2 + \underline{I}_3 = 0 \tag{3.106}$$

$$\underline{U}_A + \underline{U}_B + \underline{U}_C = 0 \tag{3.107}$$

Unabhängig von der tatsächlichen Innenbeschaltung des Netzwerks N wollen wir nun zwei ausgezeichnete, in Bild 3.32 dargestellte Schaltungen, die *Dreieckschaltung* und die *Sternschaltung*, betrachten. Bei geeigneter Dimensionierung verhalten sich beide Schaltungen nach außen hin vollkommen identisch und kommen somit als Ersatzschaltung des Impedanznetzwerks N in Frage. Damit lässt sich jeder beliebige, nur aus Impedanzen bestehende Dreipol wahlweise durch eine dieser beiden Schaltungen ersetzen. In unserem eingangs erwähnten Beispiel tritt eine Sternschaltung auf. Diese können wir nun durch eine Dreieckschaltung ersetzen. Dann lassen sich auch die einzelnen Impedanzen schrittweise als Reihen- oder Parallelschaltung zusammenfassen.

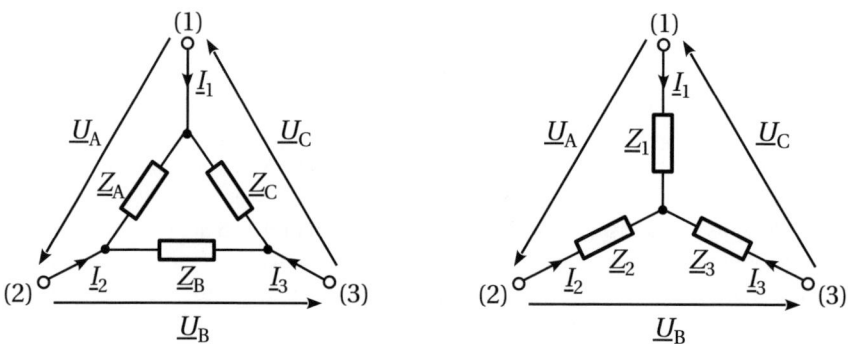

Bild 3.32 Die Dreieckschaltung (links) und die Sternschaltung (rechts) können als Ersatzschaltung jedes dreipolige Impedanznetzwerk repräsentieren. Um das Verhalten des Dreipols an den äußeren Klemmen zu beschreiben, ist die genaue Kenntnis der tatsächlichen Innenschaltung nicht erforderlich.

Um eine Beziehung zwischen Dreieck- und Sternschaltung herzustellen, messen wir nun die Impedanz zwischen zwei Klemmen und lassen dabei die dritte Klemme unbeschaltet.

Klemme	Impedanz	Dreieck	Stern	Bedingung
(1)–(2)	$\underline{Z}_{12} = \dfrac{U_A}{\underline{I}_1}$	$= \underline{Z}_A \| (\underline{Z}_B + \underline{Z}_C)$	$= \underline{Z}_1 + \underline{Z}_2$	$\underline{I}_3 = 0$ $\underline{I}_2 = -\underline{I}_1$
(2)–(3)	$\underline{Z}_{23} = \dfrac{U_B}{\underline{I}_2}$	$= \underline{Z}_B \| (\underline{Z}_A + \underline{Z}_C)$	$= \underline{Z}_2 + R_3$	$\underline{I}_1 = 0$ $\underline{I}_3 = -\underline{I}_2$
(3)–(1)	$\underline{Z}_{31} = \dfrac{U_C}{\underline{I}_3}$	$= \underline{Z}_C \| (\underline{Z}_A + \underline{Z}_B)$	$= \underline{Z}_1 + \underline{Z}_3$	$\underline{I}_2 = 0$ $\underline{I}_1 = -\underline{I}_3$

Um nun $\underline{Z}_1$ durch $\underline{Z}_A$, $\underline{Z}_B$ und $\underline{Z}_C$ ausdrücken zu können, addieren wir die erste und dritte Gleichung und subtrahieren davon die zweite. Entsprechend verfahren wir für $\underline{Z}_2$ und $\underline{Z}_3$.

$$
\begin{aligned}
2\underline{Z}_1 &= \underline{Z}_A \| (\underline{Z}_B + \underline{Z}_C) + \underline{Z}_C \| (\underline{Z}_A + \underline{Z}_B) - \underline{Z}_B \| (\underline{Z}_A + \underline{Z}_C) \\
&= \frac{\underline{Z}_A (\underline{Z}_B + \underline{Z}_C)}{\underline{Z}_A + \underline{Z}_B + \underline{Z}_C} + \frac{\underline{Z}_C (\underline{Z}_A + \underline{Z}_B)}{\underline{Z}_A + \underline{Z}_B + \underline{Z}_C} - \frac{\underline{Z}_B (\underline{Z}_A + \underline{Z}_C)}{\underline{Z}_A + \underline{Z}_B + \underline{Z}_C}
\end{aligned}
\tag{3.108}
$$

$$
\begin{aligned}
2\underline{Z}_2 &= \underline{Z}_A \| (\underline{Z}_B + \underline{Z}_C) + \underline{Z}_B \| (\underline{Z}_A + \underline{Z}_C) - \underline{Z}_C \| (\underline{Z}_A + \underline{Z}_B) \\
&= \frac{\underline{Z}_A (\underline{Z}_B + \underline{Z}_C)}{\underline{Z}_A + \underline{Z}_B + \underline{Z}_C} + \frac{\underline{Z}_B (\underline{Z}_A + \underline{Z}_C)}{\underline{Z}_A + \underline{Z}_B + \underline{Z}_C} - \frac{\underline{Z}_C (\underline{Z}_A + \underline{Z}_B)}{\underline{Z}_A + \underline{Z}_B + \underline{Z}_C}
\end{aligned}
\tag{3.109}
$$

$$
\begin{aligned}
2\underline{Z}_3 &= \underline{Z}_B \| (\underline{Z}_A + \underline{Z}_C) + \underline{Z}_C \| (\underline{Z}_A + \underline{Z}_B) - \underline{Z}_A \| (\underline{Z}_B + \underline{Z}_C) \\
&= \frac{\underline{Z}_B (\underline{Z}_A + \underline{Z}_C)}{\underline{Z}_A + \underline{Z}_B + \underline{Z}_C} + \frac{\underline{Z}_C (\underline{Z}_A + \underline{Z}_B)}{\underline{Z}_A + \underline{Z}_B + \underline{Z}_C} - \frac{\underline{Z}_A (\underline{Z}_B + \underline{Z}_C)}{\underline{Z}_A + \underline{Z}_B + \underline{Z}_C}
\end{aligned}
\tag{3.110}
$$

Nachdem wir auch die symbolische Umschreibung der Parallelschaltung aufgelöst haben, erhalten wir die Gleichungen zur Umrechnung einer Dreieckschaltung in eine Sternschaltung.

$$\underline{Z}_1 = \frac{\underline{Z}_A \underline{Z}_C}{\underline{Z}_A + \underline{Z}_B + \underline{Z}_C} \tag{3.111}$$

$$\underline{Z}_2 = \frac{\underline{Z}_A \underline{Z}_B}{\underline{Z}_A + \underline{Z}_B + \underline{Z}_C} \tag{3.112}$$

$$\underline{Z}_3 = \frac{\underline{Z}_B \underline{Z}_C}{\underline{Z}_A + \underline{Z}_B + \underline{Z}_C} \tag{3.113}$$

Die Umkehrung, also die Umrechnung einer Sternschaltung in eine Dreieckschaltung, erhalten wir, indem wir (3.111) bis (3.113) nach $\underline{Z}_A$, $\underline{Z}_B$ und $\underline{Z}_C$ auflösen. Diese Berechnung stellt sich als recht umfangreich heraus. Mit dieser Gleichungsumstellung wollen wir uns hier aber nicht beschäftigen. Stattdessen wollen wir uns überlegen, warum sich die Ermittlung der *Dreieck-Stern-Umrechnung* relativ einfach bewerkstelligen ließ. Offensichtlich spielte dabei die Tatsache eine Rolle, dass immer eine Klemme unbeschaltet blieb. Damit trat jeweils eine der *Sternimpedanzen* gar nicht in Erscheinung. Wir müssen uns daher ein Verfahren ausdenken, bei dem von vornehrein jeweils eine der Dreieckimpedanzen entfällt. Dies ist der Fall, wenn wir jeweils zwei Klemmen miteinander verbinden (kurzschließen) und dann die Impedanz zwischen den beiden kurzgeschlossenen Klemmen und der dritten Klemme bestimmen. In der unten aufgeführten Zusammenfassung bedeutet die Notation $(1)-\binom{2}{3}$, dass die Klemmen (2) und (3) miteinander verbunden sind und die Impedanz zwischen diesen und der Klemme (1) bestimmt wird.

Klemme	Impedanz	Dreieck	Stern	Bedingung
$(1)-\binom{2}{3}$	$\underline{Z}_{123} = \dfrac{\underline{U}_A}{\underline{I}_1}$	$= \underline{Z}_A \| \underline{Z}_C$	$= \underline{Z}_1 + (\underline{Z}_2 \| \underline{Z}_3)$	$\underline{U}_B = 0$ $\underline{U}_A = -\underline{U}_C$
$(2)-\binom{3}{1}$	$\underline{Z}_{231} = \dfrac{\underline{U}_B}{\underline{I}_2}$	$= \underline{Z}_A \| \underline{Z}_B$	$= \underline{Z}_2 + (\underline{Z}_1 \| \underline{Z}_3)$	$\underline{U}_C = 0$ $\underline{U}_B = -\underline{U}_A$
$(3)-\binom{1}{2}$	$\underline{Z}_{312} = \dfrac{\underline{U}_C}{\underline{I}_3}$	$= \underline{Z}_B \| \underline{Z}_C$	$= \underline{Z}_3 + (\underline{Z}_1 \| \underline{Z}_2)$	$\underline{U}_A = 0$ $\underline{U}_C = -\underline{U}_B$

Nun untersuchen wir den Zusammenhang zwischen den Impedanzen der Dreieck- und der Sternschaltung. Eine wesentliche Vereinfachung ergibt sich, wenn wir jeweils die Kehrwerte betrachten. Damit erhalten wir sofort

$$\frac{1}{\underline{Z}_A} + \frac{1}{\underline{Z}_C} = \frac{1}{\underline{Z}_1 + (\underline{Z}_2 \| \underline{Z}_3)} = \frac{\underline{Z}_2 + \underline{Z}_3}{\underline{Z}_1 \underline{Z}_2 + \underline{Z}_1 \underline{Z}_3 + \underline{Z}_2 \underline{Z}_3} , \tag{3.114}$$

$$\frac{1}{\underline{Z}_A} + \frac{1}{\underline{Z}_B} = \frac{1}{\underline{Z}_2 + (\underline{Z}_1 \| \underline{Z}_3)} = \frac{\underline{Z}_1 + \underline{Z}_3}{\underline{Z}_1 \underline{Z}_2 + \underline{Z}_1 \underline{Z}_3 + \underline{Z}_2 \underline{Z}_3} , \tag{3.115}$$

$$\frac{1}{\underline{Z}_B} + \frac{1}{\underline{Z}_C} = \frac{1}{\underline{Z}_3 + (\underline{Z}_1 \| \underline{Z}_2)} = \frac{\underline{Z}_1 + \underline{Z}_2}{\underline{Z}_1 \underline{Z}_2 + \underline{Z}_1 \underline{Z}_3 + \underline{Z}_2 \underline{Z}_3} . \tag{3.116}$$

Durch Addition von (3.114) und (3.115) sowie der anschließenden Subtraktion von (3.116) ergibt sich auf der linken Seite der Gleichung $2/\underline{Z}_A$. Eine entsprechende Vorgehensweise für die anderen Terme liefert uns sodann die Gleichungen zur *Stern-Dreieck-Umrechnung*.

$$\underline{Z}_A = \frac{\underline{Z}_1\,\underline{Z}_2 + \underline{Z}_1\,\underline{Z}_3 + \underline{Z}_2\,\underline{Z}_3}{\underline{Z}_3} \tag{3.117}$$

$$\underline{Z}_B = \frac{\underline{Z}_1\,\underline{Z}_2 + \underline{Z}_1\,\underline{Z}_3 + \underline{Z}_2\,\underline{Z}_3}{\underline{Z}_1} \tag{3.118}$$

$$\underline{Z}_C = \frac{\underline{Z}_1\,\underline{Z}_2 + \underline{Z}_1\,\underline{Z}_3 + \underline{Z}_2\,\underline{Z}_3}{\underline{Z}_2} \tag{3.119}$$

Das Verhalten eines Dreipols kann immer durch eine Dreieck- oder eine Sternschaltung beschrieben werden, unabhängig von der tatsächlichen Realisierung des Netzwerks. Dies gilt dann allerdings nur für eine einzige Frequenz. Bei Variation der Frequenz verhalten sich die Schaltungen im Allgemeinen unterschiedlich.

Besteht das Netzwerk jedoch ausschließlich aus ohmschen Widerständen oder Induktivitäten so können die Impedanzen in (3.111) bis (3.113) bzw. in (3.117) bis (3.119) unmittelbar durch die Bauteilwerte ersetzt werden. Im Falle von Induktivitäten kürzt sich der Faktor $j\omega$ heraus. Sind alle Impedanzen durch Kapazitäten realisiert, so finden wir wieder die gleichen Strukturen. Da allerdings der Kehrwert der Kapazität in die Impedanz einfließt, sind de Strukturen der Umrechnungsformeln vertauscht. Dies ist eine unmittelbare Folge der Dualität von Spannung und Strom, die wir schon in Abschnitt 3.3.4 bei der Betrachtung von Schwingkreisen kennengelernt haben.

$$C_1 = \frac{C_A\,C_B + C_A\,C_C + C_B\,C_C}{C_B}$$

$$C_2 = \frac{C_A\,C_B + C_A\,C_C + C_B\,C_C}{C_C}$$

$$C_3 = \frac{C_A\,C_B + C_A\,C_C + C_B\,C_C}{C_A}$$

$$C_A = \frac{C_1\,C_2}{C_1 + C_2 + C_3}$$

$$C_B = \frac{C_2\,C_3}{C_1 + C_2 + C_3}$$

$$C_C = \frac{C_1\,C_3}{C_1 + C_2 + C_3}$$

▪ 3.4 Ersatzschaltungen zur Beschreibung realer Bauelemente

Reale Bauelement erfüllen die Zweipolgleichungen, die wir in Abschnitt 3.1 kennengelernt haben, nur näherungsweise. Insbesondere bei hohen Frequenzen oder extremen Nennwerten kann der Aufbau des Bauelements nicht mehr vernachlässigt werden. Statt nun die Zweipolgleichung anzupassen, bilden wir das Verhalten des realen Bauelements durch Zusammenschaltung mehrerer idealer Bauelemente nach. Je nach Erfordernis kann diese Ersatzschaltung recht umfangreich werden. Wir wollen uns hier auf die Beschreibung von Kondensator und Spule in erster Näherung durch Hinzufügen eines ohmschen Widerstandes beschränken.

3.4.1 Der Kondensator

Ein Kondensator besteht aus zwei Platten, zwischen denen sich ein isolierendes *Dielektrikum* befindet (Bild 3.33). Die Kapazität des Kondensators ist abhängig von Plattengröße, Plattenabstand und der relativen Permittivität des Dielektrikums. Beim realen Bauteil ist das Dielektrikum aber kein vollkommener Nichtleiter. Weiterhin weisen die Anschlussleitungen Widerstände und Induktivitäten auf, die wir allerdings (außer bei extrem hohen Frequenzen) vernachlässigen können. Eine recht genaue Beschreibung des realen Kondensators kann daher durch die Parallelschaltung einer (idealen) Kapazität mit einem (relativ kleinen) Leitwert erfolgen.

Platten (niederohmig)   Dielektrikum (hochohmig)

Zuleitung (niederohmig)   Zuleitung (leicht induktiv)

Bild 3.33 Ein Kondensator besteht aus zwei isolierten Platten, zwischen denen sich ein Dielektrikum befindet.

Die Admittanz $\underline{Y}$ in Bild 3.34 ist gegeben durch die Summe von Wirk- und Blindleitwert, d. h.,

$$\underline{Y} = G + \mathrm{j}\,B = G + \mathrm{j}\,\omega C\,.$$

In der Polardarstellung ergibt sich somit

$$|\underline{Y}| = \sqrt{G^2 + B^2} = \sqrt{G^2 + \omega^2 C^2} \quad \text{und} \quad \tan\varphi = \frac{B}{G} = \frac{\omega C}{G}\,.$$

Bei einem idealen Kondensator ist $G = 0$, die Admittanz ist ausschließlich durch den Blindleitwert gegeben. Die Verluste in einem realen Kondensator kommen durch den Wirkleitwert $G > 0$ zum Ausdruck, wobei G meist sehr klein ist. Die Qualität des Bauteils wird durch den *Verlustwinkel* δ angegeben, um den $\underline{Y}$ von der imaginären Achse abweicht. Als Qualitätsangaben werden auch der *Verlustfaktor*

$$d = \tan\delta = \frac{G}{B} = \frac{G}{\omega C}$$

und der *Gütefaktor*

$$Q = \frac{1}{d}$$

verwendet. Da der Blindleitwert mit steigender Frequenz zunimmt, hat es den Anschein, als stiege die Qualität von Kondensatoren mit der Betriebsfrequenz. Diese Interpretation ist allerdings nicht haltbar, da das verwendete Modell mit dem Parallelleitwert für höhere und höchste Frequenzen nicht ausreichend ist. Ebenso macht die Angabe eines Verlustwinkels im Gleichstromfall keinen Sinn, da hier nur die absolute Größe von G eine Rolle spielt.

Mit welcher Güte ein Kondensator hergestellt werden kann, hängt nicht zuletzt von der Nennkapazität und der Spannungsfestigkeit des Bauelements ab. Kondensatoren mit geringer Kapazität weisen eine kleine Baugröße auf. Somit reduzieren sich auch die negativen Einflüsse, die allein schon durch die räumliche Ausdehnung des Bauteils bedingt sind.

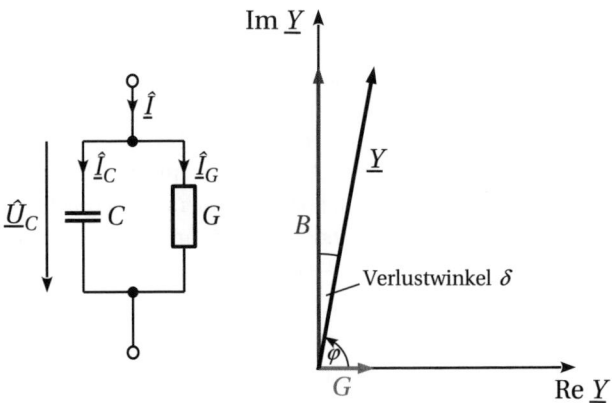

Bild 3.34 Ein realer Kondensator lässt sich in guter Näherung durch die Parallelschaltung einer (idealen) Kapazität mit einem Widerstand beschreiben.

3.4.2 Die Spule

Eine Spule besteht aus einer Anzahl von Drahtwindungen, die auf einem Spulenkörper aufgebracht sind (Bild 3.35). Die Induktivität ist durch die Abmessung der Spule gegeben. Zur Erhöhung der Induktivität wird für den Spulenkörper meist einen ferromagnetisches Material (Ferrit- oder Eisenkern) verwendet. Neben *Magnetisierungsverlusten* bestimmt der Widerstand des Spulendrahtes erheblich die Qualität des realen Bauelements. Für die Beschreibung der realen Spule wählen wir deshalb als Modell eine Reihenschaltung aus Induktivität und Widerstand. Diese Ersatzschaltung beschreibt das tatsächliche Verhalten von Spulen hinreichend genau. Auch hierbei ist eine Erweiterung des Modells bei sehr hohen Frequenzen erforderlich.

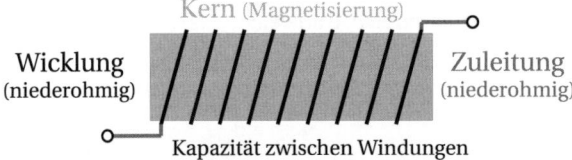

Bild 3.35 Eine Spule besteht aus einem Draht, der auf einen Spulenkörper gewickelt ist.

Die Impedanz $\underline{Z}$ in Bild 3.36 ist gegeben durch die Summe von Wirk- und Blindwiderstand, d. h.,

$$\underline{Z} = R + j X = R + j\omega L .$$

In der Polardarstellung ergibt sich somit

$$|\underline{Z}| = \sqrt{R^2 + X^2} = \sqrt{R^2 + \omega^2 L^2} \quad \text{und} \quad \tan\varphi = \frac{X}{R} = \frac{\omega L}{R} .$$

Bei einer idealen Spule ist $R = 0$, die Impedanz ist ausschließlich durch den Blindwiderstand gegeben. Die Verluste in einer realen Spule kommen durch den Wirkwiderstand $R > 0$ zum

Ausdruck. Die Qualität des Bauteils wird durch den *Verlustwinkel* δ angegeben, um den $\underline{Z}$ von der imaginären Achse abweicht. Als Qualitätsangaben werden auch hier der *Verlustfaktor*

$$d = \tan\delta = \frac{R}{X} = \frac{R}{\omega L}$$

und der *Gütefaktor*

$$Q = \frac{1}{d}$$

verwendet. Hinsichtlich der Qualitätsfaktoren kann hier die gleiche Diskussion geführt werden wie beim Kondensator.

Auch hier sei angemerkt, dass der Wirkwiderstand R in Spulen relativ klein ist. Im Allgemeinen lassen sich aber Kondensatoren mit geringerem Aufwand in höherer Qualität und kleinerer Baugröße herstellen. Deshalb wird in der Technik der Einsatz von Spulen, soweit dies möglich ist, vermieden. In Mikrowellenschaltungen lassen sich Spulen häufig sehr einfach durch eine geeignete Leiterbahnführung realisieren.

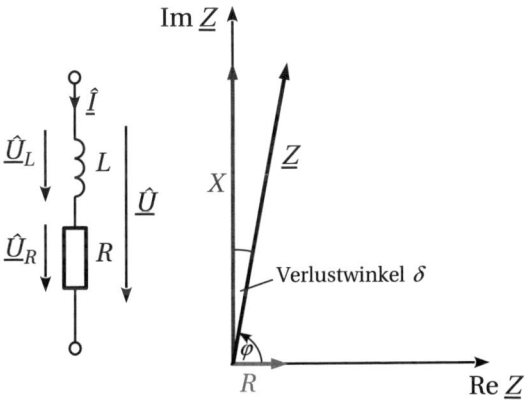

Bild 3.36 Eine reale Spule lässt sich in guter Näherung durch die Reihenschaltung einer (idealen) Induktivität mit einem Widerstand beschreiben.

■ 3.5 Spannungs- und Stromquellen

Unter *elektrischen Quellen* verstehen wir Geräte, die eine bestimmte Energieform in elektrische Energie umwandeln und abgeben. Wir unterscheiden dabei zwischen Spannungs- und Stromquellen, je nachdem ob wir in einem elektrischen Netzwerk eine feste (konstante) Spannung oder einen festen (konstanten) Strom vorgeben. Wir werden später sehen, dass Spannungs- und Stromquellen ineinander umgerechnet werden können, d. h., eine Unterscheidung also nicht zwangsläufig notwendig ist. Zunächst aber wollen wir uns einen Überblick über verschiedene elektrische Quellen verschaffen.

- **Galvanisches Element (Batterie)**

  Chemische Energie wird in elektrische Energie umgewandelt. Zwischen den beiden Ausgangsklemmen (Polen) liegt eine Gleichspannung an. Der chemische Prozess ist irreversibel, zwei unterschiedliche Metalle werden in einem Elektrolyt zersetzt.

- **Akkumulator**

  Chemische Energie wird in elektrische Energie umgewandelt. Zwischen den beiden Ausgangsklemmen (Polen) liegt eine Gleichspannung an. Der chemische Prozess ist reversibel, die chemische Veränderung der Metalle wird beim Ladevorgang wieder rückgängig gemacht.

- **Thermoelement (Seebeck-Effekt)**

  Thermische Energie wird in elektrische Energie umgewandelt. An der Verbindungsstelle (Lötstelle) von zwei unterschiedlichen Metallen entsteht bei Wärmezufuhr eine Gleichspannung. Das Thermoelement wird als Temperatursensor eingesetzt.

- **Generator, Dynamo**

  Mechanische Energie wird in elektrische Energie umgewandelt. Ein Leiter wird durch ein Magnetfeld oder ein Permanentmagnet über einen fest stehenden Leiter bewegt. Das relativ zum Leiter veränderliche Magnetfeld induziert in diesem eine Wechselspannung.

- **Solarzelle**

  Elektromagnetische Strahlungsenergie (Licht) wird in elektrische Energie umgewandelt. In einem lichtempfindlichen Halbleitermaterial findet eine Ladungstrennung statt, sodass eine Gleichspannung entsteht.

- **Piezo-Element**

  Mechanische Energie wird in elektrische Energie umgewandelt. Durch Druck auf einen Kristall (Quarz) kommt es zu einer Ladungsverschiebung, sodass ein kurzer, aber recht großer Spannungsimpuls entsteht. Einsatzgebiete dieses Effektes finden sich weniger in der Energieerzeugung als in der Sensortechnik, in Schwingquarzen und für Zündeinrichtungen (Gasanzünder).

3.5.1 Ideale und reale Spannungsquelle

In Bild 3.37 sind eine ideale und eine reale *Spannungsquelle* dargestellt. Die Ausgangsspannung der idealen Spannungsquelle ist, unabhängig von der Belastung, durch die *Quellspannung* $\underline{U}_0$ gegeben. Ideale Spannungsquellen dürfen nicht kurzgeschlossen werden, da dies eine Verletzung der Kirchhoff'schen Regeln zur Folge hätte. Da in der Realität der Strom immer endlich ist, lässt sich eine reale Spannungsquelle durch die Reihenschaltung einer idealen Spannungsquelle mit einem Widerstand, dem *Innenwiderstand R_0*, bzw. einer Impedanz, der *Innenimpedanz $\underline{Z}_0$*, beschreiben. Wir betrachten hier den allgemeinen Fall einer Wechselspannungsquelle mit Innenimpedanz. Die Ausgangsspannung ist abhängig von der Belastung der Quelle, d. h. vom Laststrom $\underline{I}$.

$$\underline{U} = \underline{U}_0 - \underline{Z}_0\,\underline{I} \tag{3.120}$$

Auch bei einem Kurzschluss zwischen den Ausgangsklemmen bleibt der Strom aufgrund der Innenimpedanz endlich. Aber nicht jede technisch realisierte Spannungsquelle ist kurzschlussfest. Bedingt durch die Höhe des Kurzschlussstromes kann die Quelle unter Umständen zerstört werden.

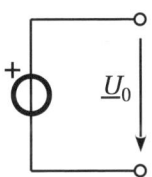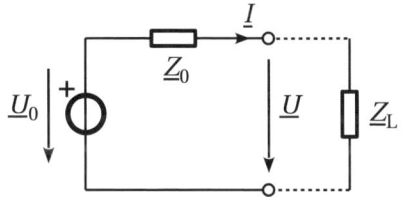

ideale Spannungsquelle　　　　　reale Spannungsquelle

Bild 3.37 Eine ideale Spannungsquelle liefert immer eine konstante Spannung und darf nicht kurzge-schlossen werden. Reale Spannungsquellen werden durch eine Ersatzschaltung beschrieben, in der zu einer idealen Spannungsquelle eine Impedanz in Reihe geschaltet ist.

Zur Beschreibung von Gleichspannungsquellen ersetzen wir in (3.120) die Innenimpedanz $\underline{Z}_0$ durch den Innenwiderstand R_0. Spannung und Strom sind in diesem Fall ohnehin reell. Oft-mals wird bei Wechselspannungsquellen ebenfalls ein reeller Innenwiderstand durch Kom-pensation des Blindanteils angestrebt.

Viele Anwendungen erfordern eine lastunabhängige konstante Versorgungsspannung. Dies ist in der Regel eine Gleichspannung, die von stabilisierten Netzteilen bereitgestellt wird. Die Sta-bilisierung und Regelung der Ausgangsspannung wird durch Verwendung eines nichtlinearen Innenwiderstandes realisiert, der sich bei größeren Strömen verringert. Die Regelung greift nur in einem definierten Lastbereich. Üblicherweise wird sie mit einer Strombegrenzung kombi-niert, sodass die Quelle kurzschlussfest ist.

3.5.2　Ideale und reale Stromquelle

Bild 3.38 zeigt eine ideale und eine reale *Stromquelle*. Die ideale Stromquelle liefert, unabhän-gig von der Belastung, immer einen konstanten Strom $\underline{I}_0$. Ideale Stromquellen dürfen nicht im Leerlauf betrieben werden, da sonst die Spannung an den Klemmen über alle Grenzen wachsen muss, um den Stromfluss aufrecht zu halten. Anders ausgedrückt werden die Kirch-hoff'schen Regeln durch Auftrennen des Stromkreises verletzt. Da in der Realität die Spannung an den Klemmen immer endlich sein muss, lässt sich eine reale Stromquelle mit einer idea-len Stromquelle und einem Widerstand bzw. einer Impedanz beschreiben. Im Unterschied zur realen Spannungsquelle ist der Innenwiderstand R_0 bzw. die Innenimpedanz $\underline{Z}_0$ hier parallel zur idealen Stromquelle geschaltet. Auch hier betrachten wir den allgemeinen Fall einer Wech-selstromquelle mit Innenimpedanz. Der lastabhängige Ausgangsstrom ist durch

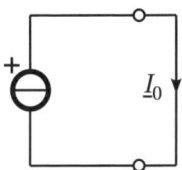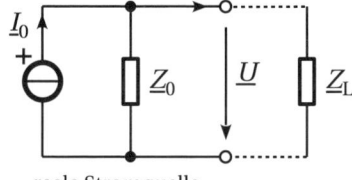

ideale Stromquelle　　　　　reale Stromquelle

Bild 3.38 Eine ideale Stromquelle liefert immer einen konstanten Strom. Sie darf nicht im Leerlauf betrieben werden. Reale Stromquellen werden durch eine Ersatzschaltung beschrieben, in der zu einer idealen Stromquelle eine Impedanz parallel geschaltet ist.

$$\underline{I} = \underline{I}_0 - \frac{U}{\underline{Z}_0} \tag{3.121}$$

bestimmt. Auch bei Leerlauf, d. h., wenn die reale Stromquelle mit offenen Klemmen betrieben wird, bleibt die Spannung zwischen den Ausgangsklemmen aufgrund der Innenimpedanz endlich. Die technische Realisation von Stromquellen ist in der Regel für einen bestimmten Lastbereich ausgelegt. Ein Betrieb außerhalb dieses Lastbereichs, insbesondere Leerlaufbetrieb, kann zur Beschädigung der Quelle führen.

3.5.3   Äquivalenz von Spannungs- und Stromquellen

In der Regel sind nur die Ausgangsklemmen von Quellen zugänglich. Für die systemtheoretische Beschreibung bilden wir die Quelle entweder durch das Modell „reale Spannungsquelle" oder durch das Modell „reale Stromquelle" nach. Beide Modelle sind äquivalent (Bild 3.39). Zwischen beiden realen Quellen besteht der Zusammenhang

$$\underline{U}_0 = \underline{Z}_0 \underline{I}_0 \ . \tag{3.122}$$

Weder Innenimpedanz noch ideale Quelle existieren in der technischen Realisierung der Quelle als konkretes Bauelement.

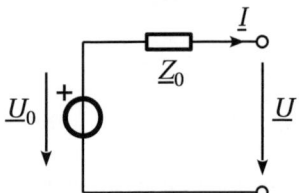 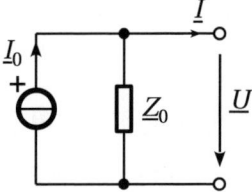

Bild 3.39 Reale Spannungsquelle und reale Stromquelle sind äquivalent und können in einander umgerechnet werden.

Eine Analyse von Spannung und Strom an den Ausgangsklemmen liefert uns die Quellenparameter, also Innenimpedanz und Quellspannung bzw. -strom. Dazu müssen zwei unterschiedliche Betriebszustände, beispielsweise Kurzschluss und Leerlauf, betrachtet werden. Bild 3.40 zeigt die Einstellung dieser beiden Betriebszustände.

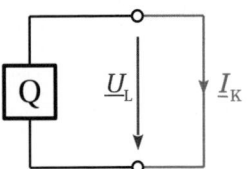

Leerlauf:
  Messung der Leerlaufspannung $\underline{U}_L$

Kurzschluss:
  Messung des Kurzschlussstromes $\underline{I}_K$

Bild 3.40 Zur Bestimmung der Quellenparameter müssen zwei Betriebszustände (z. B. Kurzschluss und Leerlauf) betrachtet werden.

Aus Leerlaufspannung und Kurzschlussstrom können nun die Quellenparameter für beide Modelle bestimmt werden.

Spannungsquelle

Quellspannung: $\underline{U}_0 = \underline{U}_L$

Innenwiderstand: $\underline{Z}_0 = \underline{U}_L / \underline{I}_K$

Stromquelle

Quellstrom: $\underline{I}_0 = \underline{I}_K$

Innenwiderstand: $\underline{Z}_0 = \underline{U}_L / \underline{I}_K$

Auch reale Quellen dürfen nicht in jedem Fall kurzgeschlossen oder im Leerlauf betrieben werden. Ein kurzgeschlossener Akkumulator, z. B. eine Autobatterie, kann bei Kurzschluss aufgrund der Erwärmung sogar explodieren. Die Ausgangsstufe von Audioverstärkern ist im Allgemeinen kurzschlussfest. Hier können sich aber Probleme im Leerlaufbetrieb ergeben. Audioverstärker sollten nie ohne Lautsprecher betrieben werden.

Bild 3.41 Zur Bestimmung der Parameter einer realen Spannungs- oder Stromquelle sind zwei Messungen in unterschiedlichen Betriebszuständen (unterschiedliche Belastung der Quelle) erforderlich.

Wir wollen nun Kurzschluss und Leerlauf vermeiden, indem wir die Parameter der Quelle aus zwei beliebigen Betriebszuständen, wie in Bild 3.41 dargestellt, ermitteln. Dazu belasten wir die Quelle zunächst mit der Impedanz $\underline{Z}_1$ und anschließend mit $\underline{Z}_2$. In beiden Fällen messen wir die komplexen Amplituden von Spannung und Strom an den Ausgangsklemmen. Es ist hier zwingend erforderlich, auch die Phasenlage der Messgrößen zu ermitteln. Für das Modell „Spannungsquelle" ergeben sich die Beziehungen

$$\underline{U}_1 = \underline{U}_0 - \underline{Z}_0\,\underline{I}_1 \quad \text{mit} \quad \underline{I}_1 = \frac{\underline{U}_1}{\underline{Z}_1} \tag{3.123}$$

und

$$\underline{U}_2 = \underline{U}_0 - \underline{Z}_0\,\underline{I}_2 \quad \text{mit} \quad \underline{I}_2 = \frac{\underline{U}_2}{\underline{Z}_2}. \tag{3.124}$$

Nun eliminieren wir $\underline{U}_0$ und erhalten für die Innenimpedanz

$$\underline{Z}_0 = \frac{\underline{U}_2 - \underline{U}_1}{\underline{I}_1 - \underline{I}_2}. \tag{3.125}$$

Setzen wir nun (3.125) in (3.123) oder (3.124) ein, so ergibt sich für die Quellspannung

$$U_0 = \frac{U_2\,I_1 - U_1\,I_2}{I_1 - I_2}. \tag{3.126}$$

Diese Betrachtung lässt sich auch für das Modell „Stromquelle" durchführen. Alternativ kann auch die Quellenumrechnung (3.122) verwendet werden. Für den Quellstrom der Stromquelle ergibt sich dann

$$\underline{I}_0 = \frac{\underline{U}_0}{\underline{Z}_0} = \frac{\underline{U}_2\,\underline{I}_1 - \underline{U}_1\,\underline{I}_2}{\underline{U}_2 - \underline{U}_1}. \tag{3.127}$$

3.5.4 Ersatzquellen

Umfangreiche Schaltungen können durch eine reale Spannungsquelle oder eine reale Stromquelle ersetzt werden. Nach außen hin verhält sich die reale Quelle dann genauso wie das Netzwerk. Als Beispiel soll hier der in Bild 3.42 dargestellte Spannungsteiler betrachtet werden.

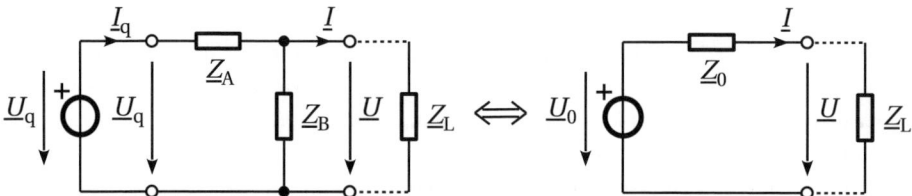

Bild 3.42 Die Ersatzspannungsquelle rechts verhält sich an den Anschlussklemmen genauso wie der
Spannungsteiler auf der linken Seite.

Nun wollen wir die Quellspannung $\underline{U}_0$ und den Innenwiderstand $\underline{Z}_0$ der *Ersatzquelle* bestimmen. Dazu betrachten wir zunächst den Leerlauffall. Für $\underline{Z}_L = \infty$ ist der Strom $\underline{I} = 0$. Dann
beträgt die Leerlaufspannung

$$\underline{U}_L = \frac{Z_B}{\underline{Z}_A + \underline{Z}_B}\,U_q \ . \tag{3.128}$$

Bei kurzgeschlossenen Klemmen fließt der Strom

$$\underline{I}_K = \frac{U_q}{\underline{Z}_A} \ , \tag{3.129}$$

da die Impedanz $\underline{Z}_B$ nun überbrückt ist. Die Leerlaufspannung entspricht der Quellspannung
der Ersatzquelle und die Innenimpedanz ist durch den Quotienten aus Leerlaufspannung und
Kurzschlussstrom gegeben. Somit erhalten wir

$$\underline{U}_0 = \underline{U}_L = \frac{Z_B}{\underline{Z}_A + \underline{Z}_B}\,U_q \tag{3.130}$$

und

$$\underline{Z}_0 = \frac{U_L}{\underline{I}_K} = \frac{\underline{Z}_A\,\underline{Z}_B}{\underline{Z}_A + \underline{Z}_B} = \underline{Z}_A \| \underline{Z}_B \ . \tag{3.131}$$

Die Innenimpedanz $\underline{Z}_0$ ist also durch die Parallelschaltung von $\underline{Z}_A$ und $\underline{Z}_B$ gegeben. Genau
dieses Ergebnis erhalten wir auch, indem wir von rechts in die Klemmen der Schaltung hinein-
schauen und die resultierende Impedanz bestimmen. Dabei ignorieren wir alle Quellspannungen und -ströme, indem wir die betreffenden Quellen ausschalten. Ideale Spannungsquellen
werden dabei durch einen Kurzschluss[9] und ideale Stromquellen[10] durch einen Leerlauf ersetzt. Diese Vorgehensweise wollen wir nun auf ein beliebiges Netzwerk übertragen.

Aus dem Netzwerk in Bild 3.43 sind zwei Klemmen herausgeführt, an denen eine Spannung $\underline{U}$
anliegt bzw. durch die bei Belastung ein Strom $\underline{I}$ fließt. Das Verhalten des Netzwerks soll nun

---

[9]   Eine ausgeschaltete ideale Spannungsquelle erzwingt die Potenzialdifferenz null zwischen beiden Klemmen.
       Dies erreichen wir durch eine direkte leitende Verbindung.
[10]   Eine ausgeschaltete ideale Stromquelle erzwingt den Strom null. Dies erreichen wir durch eine Unterbrechung.

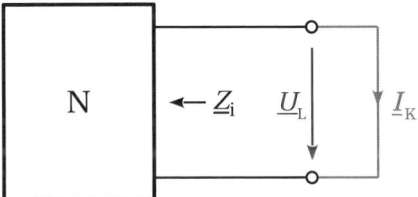

Bild 3.43 Aus einem beliebigen Netzwerk sind zwei Klemmen herausgeführt. Da sich das Netzwerk aus Impedanzen sowie Spannungs- und Stromquellen zusammensetzt, wird sich eine Spannung zwischen den Klemmen einstellen und bei Belastung mit einer Impedanz auch ein Stromfluss.

durch eine Ersatzquelle nachgebildet werden. Dazu benötigen wir zwei der drei Parameter Leerlaufspannung, Kurzschlussstrom und Innenimpedanz. Wir wollen davon ausgehen, dass die Schaltung des Netzwerks vollständig bekannt ist und wir somit sowohl $\underline{U}$ als auch $\underline{I}$ bei beliebiger Lastimpedanz berechnen können. Zur direkten Bestimmung der Innenimpedanz führen wir die folgenden Schritte durch:

1. Quellen abschalten.
   - Spannungsquellen werden abgeschaltet, indem die Quelle durch einen Kurzschluss ersetzt wird. (Das entspricht der Innenimpedanz $\underline{Z}_0 = 0$ einer idealen Spannungsquelle.)
   - Stromquellen werden abgeschaltet, indem die Quelle durch einen Leerlauf ersetzt wird. (Das entspricht der Innenimpedanz $\underline{Z}_0 = \infty$ einer idealen Stromquelle.)
2. Impedanzen zusammenfassen.
   Alle Impedanzen werden bei offenen Klemmen durch Berechnung von Reihen- und Parallelschaltungen zusammengefasst. Diese Impedanz ist die Innenimpedanz $\underline{Z}_i$ des Netzwerks.

Das Netzwerk kann anschließend durch eine
- Ersatzspannungsquelle mit der Quellspannung $\underline{U}_0 = \underline{U}_L$

oder eine
- Ersatzstromquelle mit dem Quellstrom $\underline{I}_0 = \underline{I}_K$

und der berechneten Innenimpedanz $\underline{Z}_0 = \underline{Z}_i$ ersetzt werden. In den meisten Fällen ist es am einfachsten, bei offenen Klemmen, also ohne Lastimpedanz, die Leerlaufspannung $\underline{U}_L$ zu bestimmen. Damit sind dann die Parameter der Ersatzspannungsquelle bestimmt. Der Quellstrom der Ersatzstromquelle lässt sich sofort mit (3.122) ermitteln.

◼ 3.6 Übungsaufgaben

Übung 3.1 Impedanz und Admittanz

Eine Impedanz weist bei der Frequenz $f = 1$ kHz den Wert $\underline{Z} = (300 + j400)$ Ω auf.
a) Bestimmen Sie den Scheinwiderstand.
b) Ermitteln Sie die Admittanz $\underline{Y} = 1/\underline{Z}$ sowie den Scheinleitwert.
c) Geben Sie zur Realisierung der Impedanz $\underline{Z}$ eine Schaltung aus zwei in Reihe geschalteten Bauelementen an und dimensionieren Sie diese Schaltung.
d) Geben Sie zur Realisierung der Impedanz $\underline{Z}$ eine Schaltung aus zwei parallel geschalteten Bauelementen an und dimensionieren Sie diese Schaltung.

Übung 3.2 Strom durch Impedanz

An die Impedanz $\underline{Z} = (300 + \mathrm{j}\,400)\ \Omega$ wird die Spannung

$$u(t) = \hat{u} \cdot \cos(2\pi f t + \varphi_u)$$

mit $\hat{u} = 5\,\mathrm{V}$, $\varphi_u = \pi/4$ und $f = 1\,\mathrm{kHz}$ gelegt.

a) Ermitteln Sie die komplexe Amplitude $\underline{\hat{U}}$ der anliegenden Spannung.

b) Berechnen Sie die komplexe Amplitude $\underline{\hat{I}}$ des Stromes durch die Impedanz.

c) Geben Sie den zeitlichen Verlauf des Stromes $i(t)$ an.

d) Stellen Sie die Impedanz $\underline{Z}$ in Polarform dar und geben Sie den Winkel $\varphi = \arg\{\underline{Z}\}$ an. Vergleichen Sie den Winkel der Impedanz mit der Phasenverschiebung zwischen Spannung und Strom. Was stellen Sie fest?

Übung 3.3 Komplexe Amplituden

Ein Widerstand $R = 1\,\mathrm{k\Omega}$ ist mit einer Kapazität $C = 1\,\mu\mathrm{F}$ in Reihe geschaltet. An diese Reihenschaltung wird die Spannung $\underline{\hat{U}} = 10\,\mathrm{V} \cdot \mathrm{e}^{\mathrm{j}30°}$ angelegt. Die Schaltung wird bei der Frequenz $f = \omega/2\pi = 1\,\mathrm{kHz}$ betrachtet.

a) Skizzieren Sie die Schaltung und tragen Sie die komplexen Amplituden aller Ströme und Spannungen ein.

b) Berechnen Sie die Impedanz $\underline{Z}$ und den Scheinwiderstand.

c) Bestimmen Sie die komplexe Amplitude $\underline{\hat{U}}_R$ der Spannung über dem Widerstand R sowie die komplexe Amplitude $\underline{\hat{U}}_C$ der Spannung über der Kapazität C.

d) Skizzieren Sie das Zeigerdiagramm der komplexen Spannungsamplituden.

e) Geben Sie die zeitabhängigen Größen $u(t) = \mathrm{Re}\{\underline{\hat{U}} \cdot \mathrm{e}^{\mathrm{j}\omega t}\}$ sowie $i(t) = \mathrm{Re}\{\underline{\hat{I}} \cdot \mathrm{e}^{\mathrm{j}\omega t}\}$ an.

Übung 3.4 Komplexe Amplituden und Reaktanzen

Eine Reihenschaltung aus drei Bauelementen, nämlich einem ohmschen Widerstand $R = 5\,\Omega$, einer Induktivität $L = 1\,\mathrm{mH}$ und einer Kapazität $C = 10\,\mu\mathrm{F}$ ist an eine Spannungsquelle mit der Quellspannung $u_0(t) = \hat{u} \cdot \cos(2\pi f t + \pi/4)$ angeschlossen, wobei $f = 1\,\mathrm{kHz}$ und $\hat{u} = 10\,\mathrm{V}$ betragen.

a) Skizzieren Sie die Schaltung. Tragen Sie auch die komplexe Amplitude $\underline{U}_0$ der Quellspannung sowie die komplexen Amplituden der Spannungen an den jeweiligen Bauelementen $\underline{U}_R$, $\underline{U}_L$ und $\underline{U}_C$ in die Schaltung ein.

b) Berechnen Sie die komplexe Amplitude der Quellspannung $\underline{U}_0$. Beachten Sie dabei, dass sich der Betrag auf den Effektivwert und nicht auf den Spitzenwert bezieht.

c) Berechnen Sie die Reaktanzen X_L und X_C sowie die Impedanz $\underline{Z}$ der Reihenschaltung. Skizzieren Sie das zugehörige Zeigerdiagramm der Impedanz.

d) Berechnen Sie die komplexe Amplitude $\underline{I}$ des Stromes und geben Sie dessen zeitlichen Verlauf $i(t)$ an.

e) Bestimmen Sie die Spannungen $\underline{U}_R$, $\underline{U}_L$ und $\underline{U}_C$ und stellen Sie die Zeiger in einem Zeigerdiagramm dar.

f) Bei welcher Frequenz f_0 sind die Reaktanzen X_L und X_C betragsmäßig gleich groß? Welchen Wert nimmt dann der Strom $\underline{I}$ an?

Übung 3.5 Schwingkreis

Ein Parallelschwingkreis besteht aus einem ohmschen Widerstand $R = 1\,\text{k}\Omega$, einer Induktivität $L = 2{,}2\,\text{mH}$ und einer Kapazität $C = 1{,}8\,\text{nF}$.

a) Geben Sie die Admittanz $\underline{Y}$ in allgemeiner Form an. Bei welcher Frequenz wird die Admittanz $\underline{Y}$ reell?

b) Stellen Sie den Scheinleitwert $Y = |\underline{Y}|$ und den Scheinwiderstand $Z = |\underline{Z}|$ über der Frequenz in jeweils einem Diagramm dar.

c) Bestimmen Sie die Resonanzfrequenz f_0 und berechnen Sie die Admittanz $\underline{Y}$ sowie die Blindleitwerte B_C und B_L bei den Frequenzen $f = f_0$, $f = 2f_0$ und $f = f_0/2$.

d) Skizzieren Sie die Zeigerdiagramme der Admittanz $\underline{Y}$ bei den Frequenzen $f = f_0$, $f = 2f_0$ und $f = f_0/2$.

Übung 3.6 Impedanzen

Die im Bild dargestellte Schaltung ist zu untersuchen.

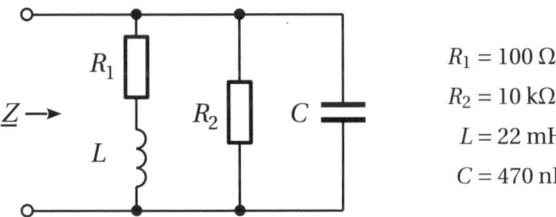

$R_1 = 100\,\Omega$

$R_2 = 10\,\text{k}\Omega$

$L = 22\,\text{mH}$

$C = 470\,\text{nF}$

a) Bestimmen Sie die Impedanz $\underline{Z}$ und den Scheinwiderstand $Z = |\underline{Z}|$.

b) Berechnen Sie für die Frequenzen 100 Hz, 500 Hz, 1 kHz, 2 kHz, 4 kHz und 5 kHz die Werte X_L, X_C, $\underline{Z}$, $|\underline{Z}|$ und $\arg \underline{Z}$.

c) Bei welchen Frequenzen wird $\underline{Z}$ rein reell? Bestimmen Sie $\underline{Z}$ bei diesen Frequenzen.

Die Impedanz $\underline{Z}$ wird nun an eine Spannungsquelle mit dem Innenwiderstand $\underline{Z}_0$ und der Quellspannung $u_0(t) = \hat{u}_0 \cos 2\pi f_0 t$ angeschlossen, wobei $\hat{u}_0 = 5\,\text{V}$ und $f_0 = 1\,\text{kHz}$ beträgt.

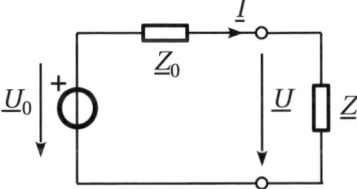

d) Geben Sie die komplexe Amplitude $\underline{U}_0$ an. Beachten Sie dabei, dass sich der Betrag auf den Effektivwert und nicht auf den Spitzenwert bezieht.

e) Wie muss $\underline{Z}_0$ gewählt werden, damit $\arg \underline{I} = \arg \underline{U}_0$ ist? Geben Sie eine geeignete Schaltung für $\underline{Z}_0$ an und bestimmen Sie die Bauteilwerte.

Übung 3.7 Effektivwerte und Scheinwiderstand

Eine unbekannte reale Spule wird an eine Wechselspannungsquelle mit variabler Frequenz angeschlossen. Die Effektivspannung der Quelle beträgt $U = 12$ V. Bei der Frequenz $f_1 = 50$ Hz fließt durch die Spule der Effektivstrom $I_1 = 60$ mA, bei $f_2 = 100$ Hz reduziert sich der Strom auf $I_2 = 40$ mA.

a) Skizzieren Sie die Ersatzschaltung der realen Spule.

b) Bestimmen Sie den Scheinwiderstand der Spule bei beiden Frequenzen und leiten Sie daraus die Parameter der Ersatzschaltung ab.

An der Spule soll bei der Frequenz 50 Hz nur eine Effektivspannung von 6 V anliegen. Um dies zu erreichen, wird ein (idealer) Kondensator in Reihe zur Spule geschaltet.

c) Berechnen Sie die Kapazität C des Serienkondensators.

d) Skizzieren Sie das Zeigerdiagramm der Impedanz dieser Schaltung.

e) Wie groß ist nun der Effektivstrom durch die Spule und welche Effektivspannung fällt dabei am Kondensator ab?

Übung 3.8 Effektivspannungsmessung

In der hier abgebildeten Reihenschaltung aus einem Widerstand $R = 470\,\Omega$ und einer unbekannten Impedanz $\underline{Z}_x$ werden die Effektivspannungen U_R, U_Z und U gemessen. Die Frequenz der anliegenden Spannungen beträgt $f = 50$ Hz.

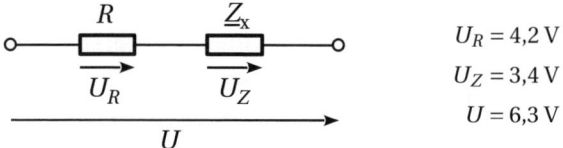

$$U_R = 4{,}2 \text{ V}$$
$$U_Z = 3{,}4 \text{ V}$$
$$U = 6{,}3 \text{ V}$$

a) Welchen Wert hat die unbekannte Impedanz $\underline{Z}_x$ und wie groß ist deren Scheinwiderstand $Z_x = |\underline{Z}_x|$?

b) Skizzieren Sie die vollständigen Schaltungen und die Zeigerdiagramme der Spannungen $\underline{U}_R$, $\underline{U}_Z$ sowie $\underline{U}$ (komplexe Amplituden) und ermitteln Sie die Werte der Bauelemente, wenn $\underline{Z}_x$ realisiert wird durch

i) die Reihenschaltung eines Widerstandes R_1 und einer Induktivität L_1,

ii) die Parallelschaltung eines Widerstandes R_2 und einer Induktivität L_2,

iii) die Reihenschaltung eines Widerstandes R_3 und einer Kapazität C_3,

iv) die Parallelschaltung eines Widerstandes R_4 und einer Kapazität C_4.

Übung 3.9 Strom- und Spannungsquellen

Eine reale Gleichstromquelle wird an den Anschlussklemmen mit dem Widerstand $R_1 = 390\,\Omega$ belastet. An R_1 fällt dabei die Spannung $U_1 = 14$ V ab. Nun wird R_1 durch $R_2 = 470\,\Omega$ ersetzt. Der Spannungsabfall über R_2 beträgt $U_2 = 14{,}8$ V.

a) Skizzieren Sie die Schaltung.

b) Berechnen Sie den Quellstrom I_0 und den Innenwiderstand R_0 der Stromquelle.

c) Wie groß sind Kurzschlussstrom I_K und Leerlaufspannung U_L der Stromquelle?

d) Ersetzen Sie die Stromquelle durch eine äquivalente Spannungsquelle. Skizzieren Sie die Schaltung und geben Sie die Leerlaufspannung U_0 sowie den Innenwiderstand R_0' der Spannungsquelle an.

Übung 3.10 Belasteter Spannungsteiler

Der belastete Spannungsteiler wird mit der Gleichspannung U_q gespeist und soll durch eine Ersatzspannungsquelle mit der Quellspannung U_0 und dem Innenwiderstand R_0 dargestellt werden.

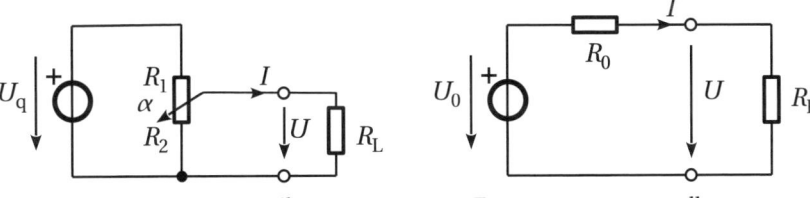

Belasteter Spannungsteiler   Ersatzspannungsquelle

Der Widerstand $R = R_1 + R_2$ des Potenziometers ist bekannt, das Teilerverhältnis wird durch die Position des Schleifers $0 \leq \alpha \leq 1$ beschrieben, d. h., $R_1 = (1-\alpha)R$ und $R_2 = \alpha R$.

a) Berechnen Sie die Quellspannung U_0 der Ersatzspannungsquelle und den Innenwiderstand R_0. Beide Größen sind von der Schleiferposition α abhängig.

b) Geben Sie die Spannung $U = U(\alpha)$ und den Strom $I = I(\alpha)$ am Ausgang in Abhängigkeit von der Position des Schleifers an.

c) Stellen Sie die normierte Größe $U = U(\alpha)/U_q$ als Kurvenschar für $R_L = 2R$, $R_L = R$ und $R_L = R/2$ in einem Diagramm über α dar.

Übung 3.11 Brückenschaltung

Die dargestellte Brückenschaltung wird mit einer Wechselspannung $\underline{U}_q$ gespeist und durch die Impedanz $\underline{Z}_L$ belastet.

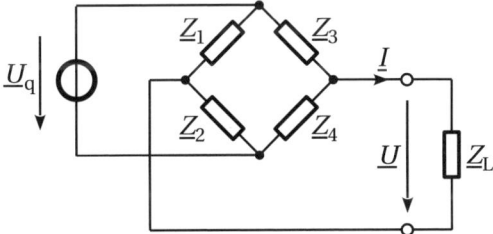

a) Bestimmen Sie die Spannungen $\underline{U}_1$, $\underline{U}_2$, $\underline{U}_3$ und $\underline{U}_4$ an den Impedanzen $\underline{Z}_1$, $\underline{Z}_2$, $\underline{Z}_3$ und $\underline{Z}_4$ sowie die Ströme $\underline{I}_1$, $\underline{I}_2$, $\underline{I}_3$ und $\underline{I}_4$ durch die jeweiligen Impedanzen im Leerlauffall, d. h. für $\underline{Z}_L = \infty$.

b) Bestimmen Sie die Spannungen $\underline{U}_1$, $\underline{U}_2$, $\underline{U}_3$ und $\underline{U}_4$ an den Impedanzen $\underline{Z}_1$, $\underline{Z}_2$, $\underline{Z}_3$ und $\underline{Z}_4$ sowie die Ströme $\underline{I}_1$, $\underline{I}_2$, $\underline{I}_3$ und $\underline{I}_4$ durch die jeweiligen Impedanzen im Kurzschlussfall, d. h. für $\underline{Z}_L = 0$.

Die Brückenschaltung soll nun durch eine Ersatzspannungsquelle mit der Quellspannung $\underline{U}_0$ und der Innenimpedanz $\underline{Z}_0$ ersetzt werden. Die Brücke ist nicht abgeglichen.

c) Skizzieren Sie die Ersatzschaltung.

d) Berechnen Sie die Quellspannung $\underline{U}_0$ und die Innenimpedanz $\underline{Z}_0$.

e) Ermitteln Sie die Spannung $\underline{U}$ und den Strom $\underline{I}$ für eine beliebige Lastimpedanz $\underline{Z}_L$.

Übung 3.12 Wien-Robinson-Brücke

Die im Bild dargestellte Brückenschaltung wird zur Frequenzmessung verwendet. An die Schaltung wird die Spannung $u_0(t) = \hat{u}_0 \cos(2\pi f t)$ angelegt. Der Widerstand R_2 ist durch $R_2 = 2R_1$ gegeben. Der Abgleich der Brücke ist abhängig von der Frequenz f der Spannung $u_0(t)$ und erfolgt durch Variation des Doppelpotenziometers R.

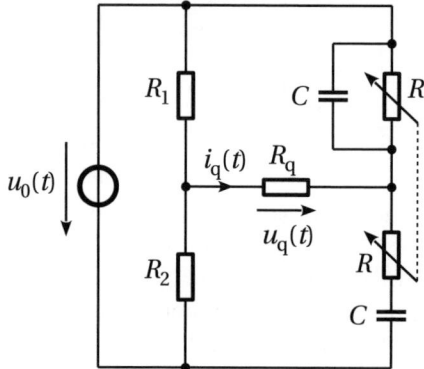

a) Wie groß sind $u_q(t)$ und $i_q(t)$, wenn die Brücke abgeglichen ist?

b) Geben Sie die Abgleichbedingung für diese Brückenschaltung an.

c) Wie lässt sich die Frequenz f aus dem eingestellten Widerstand ermitteln. Nun wird die Brücke abgeglichen. Dabei beträgt $R = 1592\ \Omega$ und $C = 100$ nF.

d) Wie groß ist die Frequenz f?

Übung 3.13 Widerstandsnetzwerk

In der abgebildeten Schaltung speist eine ideale Gleichspannungsquelle ein Widerstandsnetzwerk.

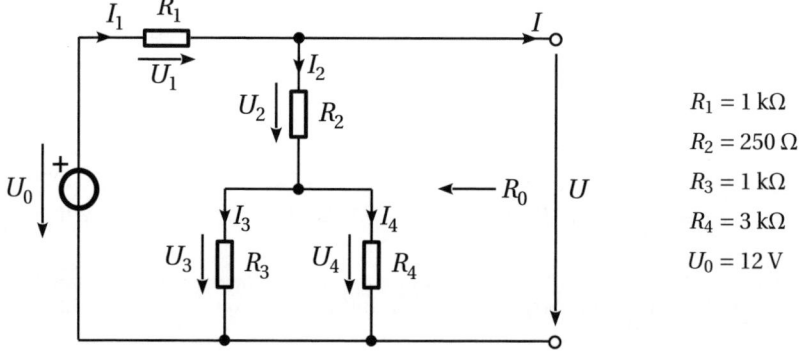

$R_1 = 1\ \text{k}\Omega$

$R_2 = 250\ \Omega$

$R_3 = 1\ \text{k}\Omega$

$R_4 = 3\ \text{k}\Omega$

$U_0 = 12\ \text{V}$

a) Berechnen Sie die Spannungen U_1, U_2, U_3, U_4 und die Ströme I_1, I_2, I_3, I_4.

b) Wie groß sind die Spannung U und der Strom I?

c) Berechnen Sie den Innenwiderstand R_0 der Schaltung.

Jetzt wird an die Klemmen der Schaltung ein Widerstand R angeschlossen.

d) Welchen Wert muss der Widerstand R haben, damit sich die Spannung U halbiert? Wie groß sind dann die Spannungen und Ströme im Netzwerk?

e) Stellen Sie in jeweils einem Diagramm die Verläufe von U und I über R dar, wenn der Widerstand R im Bereich $0 \leq R < 5R$ variiert wird.

Übung 3.14 Dreipol

An die Klemmen 1 und 2 eines Dreipols wird die Gleichspannung $U_A = 5\,\text{V}$ angelegt. Die Klemme 3 bleibt zunächst unbeschaltet. Dabei stellt sich der Strom $I_1 = 1\,\text{mA}$ ein. Nun wird zwischen die Klemmen 2 und 3 zusätzlich die Spannung $U_B = 38\,\text{V}$ geschaltet. Jetzt werden die Ströme $I_2 - 2\,\text{mA}$ und $I_3 = \;15\,\text{mA}$ beobachtet.

a) Realisieren Sie den Dreipol durch eine Sternschaltung aus drei Widerständen und bestimmen Sie die Widerstände R_1, R_2 und R_3.

b) Bestimmen Sie die Widerstände R_A, R_B und R_C der entsprechenden Dreieckschaltung direkt aus den vorgegebenen Spannungen und Strömen.

c) Wenden Sie nun die Formeln der Stern-Dreieck-Umrechnung zur Überprüfung Ihres Ergebnisses an.

Übung 3.15 Stern- und Dreieckschaltung

In der abgebildeten Schaltung lassen sich mehrere Sternschaltungen und mehrere Dreieckschaltungen identifizieren.

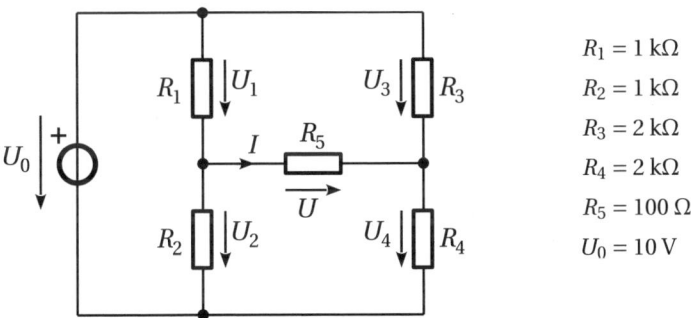

$R_1 = 1\,\text{k}\Omega$

$R_2 = 1\,\text{k}\Omega$

$R_3 = 2\,\text{k}\Omega$

$R_4 = 2\,\text{k}\Omega$

$R_5 = 100\,\Omega$

$U_0 = 10\,\text{V}$

a) Geben Sie die Spannung U und den Strom I an.

b) Welche Widerstände können jeweils zu Sternschaltungen und welche zu Dreieckschaltungen zusammengefasst werden?

c) Ersetzen Sie eine der vorhandenen Sternschaltungen durch eine Dreieckschaltung (Skizze). Bezeichnen Sie die Widerstände der Ersatzschaltung mit R_6, R_7 und R_8 und berechnen Sie diese.

d) Ersetzen Sie eine der vorhandenen Dreieckschaltungen durch eine Sternschaltung (Skizze). Bezeichnen Sie die Widerstände der Ersatzschaltung mit R_9, R_{10} und R_{11} und berechnen Sie diese.

e) Verifizieren Sie Ihr Ergebnis aus Aufgabenpunkt a) durch Interpretation der Ergebnisse der Aufgabenpunkte c) und d).

4 Frequenzselektive Schaltungen

Die Impedanzen (bzw. Admittanzen) von Kapazitäten und Induktivitäten sind frequenzabhängig. Diese Frequenzabhängigkeit wird beim Aufbau von elektrischen Filtern genutzt. Filter sind frequenzselektive Schaltungen, die ein bestimmtes Übertragungsverhalten aufweisen. Bevor wir hier einige typische Filterschaltungen betrachten, wollen wir auf die Problematik der Beschreibung und Darstellung des Übertragungsverhaltens eingehen. Da die frequenzabhängigen Größen in der Regel komplex sind, müssen zwei Komponenten (z. B. Real- und Imaginärteil) über einem Parameter, der Frequenz, dargestellt werden. Zugleich wollen wir uns aus pragmatischen Gründen auf zweidimensionale Diagramme beschränken.

■ 4.1 Übertragungsfunktion, Dämpfung und Phase

Zur Beschreibung des Übertragungsverhaltens eines linearen Netzwerks definieren wir zunächst eine Eingangs- sowie eine Ausgangsgröße. In Bild 4.1 betrachten wir dazu die Eingangsspannung $\underline{U}_1$ und die Ausgangsspannung $\underline{U}_2$. Wir speisen das Netzwerk mit einer realen Spannungsquelle mit dem (reellen) Innenwiderstand R_1 und nehmen die Ausgangsspannung über dem (ebenfalls reellen) Lastwiderstand R_2 ab.

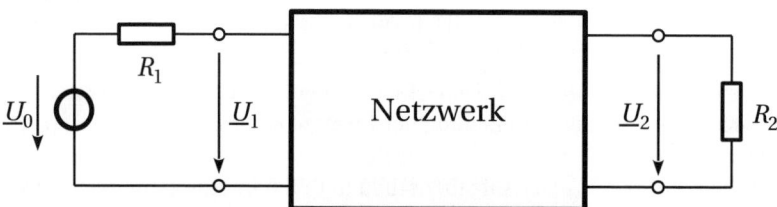

Bild 4.1 Das Verhältnis der komplexen Größen $\underline{U}_2$ und $\underline{U}_1$ beschreibt das Übertragungsverhalten des Netzwerks.

Wie wir bereits in Abschnitt 2.3.3 erwähnten, unterscheiden sich Eingangs- und Ausgangsspannung lediglich in Amplitude und Phase. Wir können somit $\underline{U}_2$ durch die Multiplikation von $\underline{U}_1$ mit einer komplexen Zahl $\underline{H}$ ermitteln. Die Zahl $\underline{H}$ beschreibt das Übertragungsverhalten des Netzwerks bei einer bestimmten Frequenz. Nun dehnen wir diese Betrachtung auf beliebige Frequenzen aus, d. h., wir bilden das Produkt

$$\underline{U}_2(\mathrm{j}\omega) = \underline{H}(\mathrm{j}\omega)\,\underline{U}_1(\mathrm{j}\omega)\,. \tag{4.1}$$

Die Zahl $\underline{H}$ wird dabei zu einer frequenzabhängigen Größe $\underline{H}(\mathrm{j}\omega)$, die wir *Übertragungsfunktion* nennen. Die Übertragungsfunktion beschreibt das Verhalten des Netzwerks bei monofrequenter Erregung im eingeschwungenen Zustand unter realen Betriebsbedingungen. Der Widerstand R_2 belastet den Ausgang des Netzwerks und beeinflusst somit unmittelbar dessen Übertragungsverhalten. Hingegen werden $\underline{U}_0$ und R_1 zwar die Spannung $\underline{U}_1$ beeinflussen, nicht jedoch das Spannungsverhältnis $\underline{U}_2/\underline{U}_1$.

Jetzt stellen wir die Übertragungsfunktion in der Form

$$\underline{H}(\mathrm{j}\omega) = \mathrm{e}^{-\underline{\Gamma}(\mathrm{j}\omega)} \quad \text{mit} \quad \underline{\Gamma}(\mathrm{j}\omega) = A'(\omega) + \mathrm{j}\,B(\omega) \tag{4.2}$$

dar, wobei $A'(\omega)$ und $B(\omega)$ reelle Funktionen sind. Wir bezeichnen $A'(\omega)$ als *Dämpfung* und $B(\omega)$ als *Phase*. Der einheitenlosen Dämpfung $A'(\omega)$ ordnen wir die *Pseudoeinheit Neper*[1] mit dem Einheitenzeichen Np zu. Wegen $\left|\mathrm{e}^{-\underline{\Gamma}(\mathrm{j}\omega)}\right| = \mathrm{e}^{-A'(\omega)}$ können wir die Dämpfung durch

$$A'(\omega) = -\ln\left|\underline{H}(\mathrm{j}\omega)\right| = -\frac{1}{2}\ln\left|\underline{H}(\mathrm{j}\omega)\right|^2 \tag{4.3}$$

und die Phase durch

$$B(\omega) = -\arg\left\{\underline{H}(\mathrm{j}\omega)\right\} \tag{4.4}$$

bestimmen. Mit Dämpfung und Phase stehen uns nun zwei reelle Funktionen zur Verfügung, die sich hervorragend zur grafischen Darstellung des Übertragungsverhaltens von linearen Netzwerken eignen.

Der logarithmische Maßstab, der sich prinzipiell nur auf einheitenlose positive Zahlen beziehen kann, bietet den Vorteil, Unterschiede bei sehr kleinen Werten besonders hervorzuheben. Hier betrachten wir ein Spannungsverhältnis, die Betrachtung eines Stromverhältnisses wäre in gleicher Weise möglich. Soll jedoch eine logarithmische Darstellung einer einheitenbehafteten Größe erfolgen, so muss diese zuvor auf einen Referenzwert mit gleicher Einheit bezogen werden. Wir werden dies bei der Diskussion von Pegeln im Abschnitt 5.3 kennenlernen.

In der Praxis wird in der Regel der Zehnerlogarithmus herangezogen und mit der Pseudoeinheit Bel[2] versehen. Hier hat sich allerdings die Verwendung der Zehnteleinheit *Dezibel* mit dem Zeichen dB allgemein durchgesetzt. Während das Neper Spannungs- oder Stromverhältnisse voraussetzt, bezieht sich das Dezibel auf Leistungsverhältnisse. Die Leistung ist, wie wir in Abschnitt 5.2.1 noch sehen werden, proportional zum Betragsquadrat der komplexen Amplituden von Spannung bzw. Strom. Zur Einführung des Zehnerlogaritmus stellen wir nun die Euler'sche Zahl durch

$$\mathrm{e} = 10^{\lg \mathrm{e}}$$

dar und schreiben (4.2) in der Form

$$\underline{H}(\mathrm{j}\omega) = \mathrm{e}^{-\underline{\Gamma}(\mathrm{j}\omega)} = \mathrm{e}^{-A'(\omega)} \cdot \mathrm{e}^{-\mathrm{j}B(\omega)} = 10^{-A'(\omega)\lg \mathrm{e}} \cdot \mathrm{e}^{-\mathrm{j}B(\omega)} . \tag{4.5}$$

Für das Betragsquadrat der Übertragungsfunktion erhalten wir sodann

$$\left|\underline{H}(\mathrm{j}\omega)\right|^2 = \underbrace{10^{-2A'(\omega)\lg \mathrm{e}}}_{>0} \cdot \underbrace{\left|\mathrm{e}^{-\mathrm{j}B(\omega)}\right|^2}_{=1} = 10^{-A(\omega)/10} . \tag{4.6}$$

---

[1] John Napier, schottischer Mathematiker, 1550–1617.
[2] Alexander Graham Bell, britischer Erfinder, 1847–1922.

Wir bezeichnen sowohl $A'(\omega)$ als auch $A(\omega)$ als Dämpfung, wobei wir in den weiterführenden Betrachtungen ausschließlich mit Dezibel arbeiten werden. Der Zusammenhang zwischen beiden Dämpfungsmaßen ist durch

$$A(\omega) = 20\,A'(\omega)\,\lg e = 8{,}686\,A'(\omega) \qquad \text{mit } [A] = \text{dB und } [A'] = \text{Np} \tag{4.7}$$

gegeben. Auf die Berechnung der Phase hat diese Diskussion keinen Einfluss. Zur Bestimmung von Dämpfung und Phase des Netzwerks in Bild 4.1 verwenden wir die Gleichungen (4.8) und (4.9).

$$A(\omega) = -10\lg\left|\underline{H}(\mathrm{j}\,\omega)\right|^2 = -20\lg\left|\underline{H}(\mathrm{j}\,\omega)\right| \tag{4.8}$$

$$B(\omega) = -\arg\left\{\underline{H}(\mathrm{j}\,\omega)\right\} \tag{4.9}$$

Je geringer die Amplitude der Ausgangsspannung $\underline{U}_2$ im Verhältnis zur Eingangsspannung $\underline{U}_1$ ist, desto größer ist die Dämpfung. In der Tabelle 4.1 sind die Dämpfungswerte für verschiedene Spannungsverhältnisse angegeben. Die Darstellung in Dezibel bietet aufgrund der glatten Werte einen enormen praktischen Vorteil, der letztendlich für die Verbreitung dieses Dämpfungsmaßes ausschlaggebend ist.

Tabelle 4.1 Übertragungsfaktor und Dämpfung

$\left|\underline{H}(\mathrm{j}\,\omega)\right|$	$\left|\underline{H}(\mathrm{j}\,\omega)\right|^2$	$A/\,\text{dB}$	$A'/\,\text{Np}$
1	1	0	0,000
$1/\sqrt{2}$	1/2	3	0,347
1/2	1/4	6	0,693
1/10	1/100	20	2,303
1/100	1/10 000	40	4,605
0	0	∞	∞

■ 4.2 Grafische Darstellung des Übertragungsverhaltens

Wir wollen nun exemplarisch das Übertragungsverhalten des in Bild 4.2 dargestellten RC-Glieds betrachten. Das Netzwerk wird von einer idealen Quelle gespeist und mit offenen Ausgangsklemmen betrieben. Bezogen auf die allgemeine Darstellung in Bild 4.1 sind also die Widerstände $R_1 = 0$ und $R_2 = \infty$. Der Widerstand R und die Kapazität C bilden zusammen einen Spannungsteiler, der bereits in Abschnitt 3.3.3 diskutiert wurde. Mit (3.54) erhalten wir für die Übertragungsfunktion $\underline{H}(\mathrm{j}\,\omega)$ den Ausdruck

$$\underline{H}(\mathrm{j}\,\omega) = \frac{\underline{U}_2(\mathrm{j}\,\omega)}{\underline{U}_1(\mathrm{j}\,\omega)} = \frac{1/(\mathrm{j}\,\omega C)}{R + 1/(\mathrm{j}\,\omega C)} = \frac{1}{1 + \mathrm{j}\,\omega RC}\,. \tag{4.10}$$

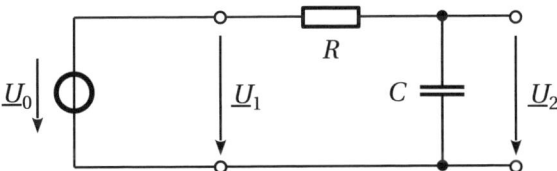

Bild 4.2 Der Widerstand R bildet zusammen mit der Kapazität C einen Spannungsteiler. Diese Schaltung wird als RC-Glied bezeichnet.

Zur Bestimmung von Dämpfung und Phase stellen wir (4.10) zunächst in kartesischer Form dar und bestimmen außerdem das Betragsquadrat der Übertragungsfunktion.

$$\underline{H}(\mathrm{j}\omega) = \frac{1}{1 + \mathrm{j}\omega RC} \cdot \frac{1 - \mathrm{j}\omega RC}{1 - \mathrm{j}\omega RC} = \frac{1}{1 + (\omega RC)^2} + \mathrm{j}\,\frac{-\omega RC}{1 + (\omega RC)^2} \tag{4.11}$$

$$\left|\underline{H}(\mathrm{j}\omega)\right|^2 = \underline{H}(\mathrm{j}\omega) \cdot \underline{H}^*(\mathrm{j}\omega) = \frac{1}{1 + (\omega RC)^2} \tag{4.12}$$

Unter Verwendung von (4.8) und (4.9) können wir Dämpfung und Phase sofort angeben.

$$A(\omega) = -10\lg\left(\frac{1}{1 + (\omega RC)^2}\right) = 10\lg\left(1 + (\omega RC)^2\right) \tag{4.13}$$

$$B(\omega) = -\arg\left\{\frac{1}{1 + \mathrm{j}\omega RC}\right\} = \arg\left\{1 + \mathrm{j}\omega RC\right\} = \arctan(\omega RC) \tag{4.14}$$

Da der Realteil der Übertragungsfunktion stets positiv ist, können wir zur Berechnung der Phase die Arkustangens-Funktion ohne Fallunterscheidung anwenden. Bei einer ausgezeichneten Kreisfrequenz, der Grenzkreisfrequenz

$$\omega_\mathrm{g} = \frac{1}{RC}\,, \tag{4.15}$$

nimmt das Argument der Arkustangens-Funktion den Wert eins an. Es ergibt sich hier also eine Phase von 45°, d. h., Real- und Imaginärteil der Übertragungsfunktion sind betragsmäßig gleich groß. In der Tabelle 4.2 sind Dämpfung und Phase bei drei ausgezeichneten Frequenzen aufgeführt. Es ist immer hilfreich die Verhältnisse bei den Frequenzen null und unendlich zu betrachten, da sie Aufschluss über das generelle Verhalten einer Schaltung geben.

Tabelle 4.2 Dämpfung und Phase beim RC-Glied (Bild 4.2)

ω	$\left|\underline{H}(\mathrm{j}\omega)\right|$	$A/$ dB	B
0	1	0	0
$1/(RC)$	$1/\sqrt{2}$	3	$\pi/4 \mathrel{\hat=} 45°$
∞	0	∞	$\pi/2 \mathrel{\hat=} 90°$

Wie wir der Tabelle 4.2 entnehmen können, beträgt bei der Kreisfrequenz $\omega = \omega_\mathrm{g}$ die Dämpfung 3 dB, d. h., die Amplitude am Ausgang ist um den Faktor $1/\sqrt{2}$ kleiner als die Amplitude am Eingang. Einen ähnlichen Zusammenhang hatten wir schon bei der Diskussion von Schwingkreisen in Abschnitt 3.3.4 gefunden.

Der Begriff *Grenzfrequenz* bezieht sich im Allgemeinen auf einen Amplitudenabfall der Ausgangsspannung um den den Faktor $1/\sqrt{2}$ gegenüber dem Maximalwert. Die Phasenverschiebung muss dabei nicht zwangsläufig 45° betragen. Bei Filterschaltungen wird daher häufig der Begriff *3-dB-Grenzfrequenz* bzw. *3-dB-Grenzkreisfrequenz* verwendet.

Zur grafischen Darstellung wollen wir für den Widerstand R und die Kapazität C keine speziellen Werte einsetzen sondern die Frequenzachse auf die Grenzfrequenz normieren. Die normierte Frequenz f / f_g ist identisch mit der normierten Kreisfrequenz $\omega / \omega_\mathrm{g}$.

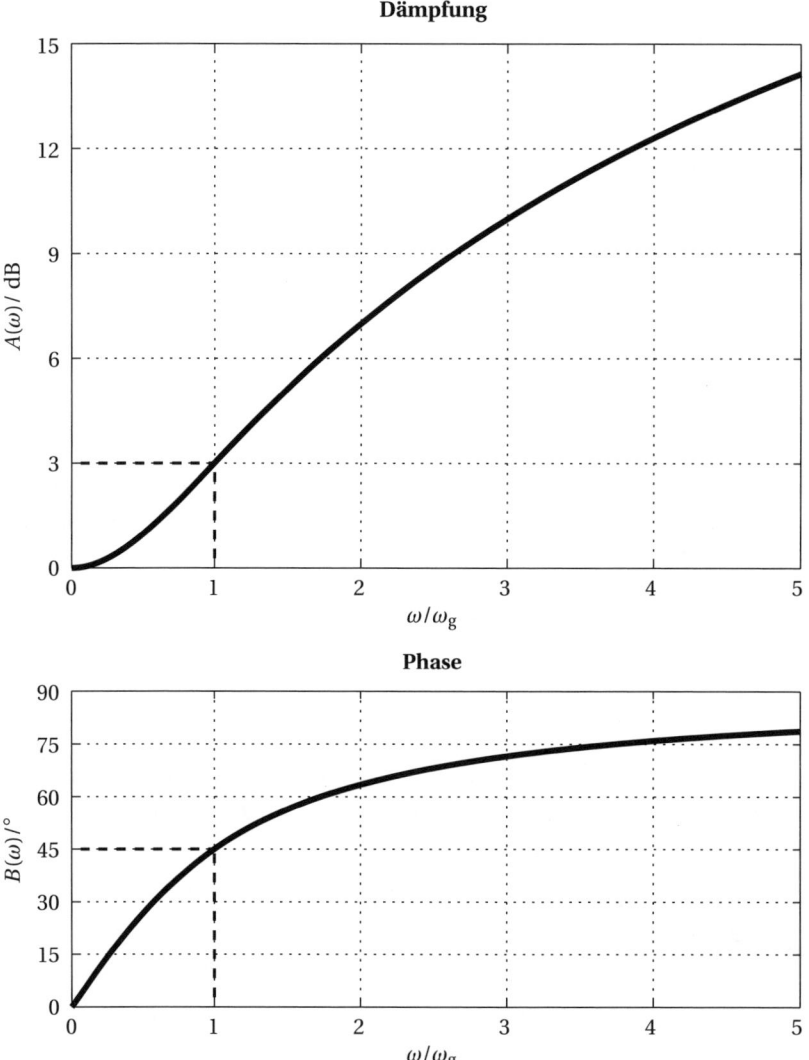

Bild 4.3 Bei der Grenzkreisfrequenz ($\omega / \omega_\mathrm{g} = 1$) beträgt die Dämpfung 3 dB. Die Phase ist an dieser Stelle 45°. Die Frequenzachse ist in dieser Darstellung linear skaliert.

Das *RC*-Glied zeigt eine typische Tiefpasscharakteristik. Die Dämpfung ist bei der Frequenz null minimal und steigt mit zunehmender Frequenz an. Die Phase variiert von null bis 90° und steigt streng monoton mit der Frequenz, d. h., die Ausgangsspannung eilt der Eingangsspannung um den Phasenwinkel nach. Je nach betrachtetem Frequenzbereich kann die Frequenzachse auch logarithmisch skaliert werden. Dadurch ist es möglich, einen großen Frequenzbereich kompakt abzubilden. Die hier diskutierte Darstellung von Dämpfung und Phase wird vor allem in der Nachrichtentechnik zur Beschreibung von Filterschaltungen und Komponenten innerhalb von Übertragungsstrecken verwendet. Filter werden gezielt nach vorgegebenen Dämpfungs- und Phasenverläufen entworfen.

4.2.1 Bode-Diagramm

Im *Bode-Diagramm*[3] sind der *Amplitudengang* und der *Phasengang* über der Frequenz aufgetragen. Die Frequenzachse ist logarithmisch skaliert und erstreckt sich in der Regel über mehrere Dekaden. Der Amplitudengang $H_{dB}(\omega)$ gib die logarithmische Verstärkung bzw. Abschwächung der Amplitude und entspricht bis auf das Vorzeichen der Dämpfung. Ebenso entspricht der Phasengang $\varphi(\omega)$ der negativen Phase aus Bild 4.3.

Die Berechnung von Amplituden- und Phasengang basiert auf (4.8), wobei allerdings das Vorzeichen im Exponenten der Exponentialfunktion gedreht wird. Mit den Betrachtungen aus dem Abschnitt 4.1 erhalten wir dann für den Amplitudengang

$$H_{dB}(\omega) = 10 \lg \left| \underline{H}(j\,\omega) \right|^2 = 20 \lg \left| \underline{H}(j\,\omega) \right| \tag{4.16}$$

und für den Phasengang

$$\varphi(\omega) = \arg \left\{ \underline{H}(j\,\omega) \right\} . \tag{4.17}$$

Der Vorteil dieser Darstellung besteht in einer recht einfachen Klassifizierung typischer Übertragungsfunktionen. Viele Systeme weisen, wie das betrachtete Netzwerk, eine Tiefpasscharakteristik auf. Der Amplitudengang in Bild 4.4 ist unterhalb der Grenzfrequenz nahezu konstant und fällt oberhalb der Grenzfrequenz nahezu linear mit 20 dB pro Dekade ab. Amplitudengänge lassen sich häufig durch stückweise lineare Funktionen mit guter Genauigkeit beschreiben. Das Bode-Diagramm wird insbesondere in der Regelungstechnik zur Analyse und Synthese von Regelkreisen angewendet. Die Verkettung von Teilsystemen kann im Bode-Diagramm sehr einfach durch additive Überlagerung der Diagramme beschrieben werden. Dies ist eine enorme Erleichterung, wenn keine rechnergestützten Analysewerkzeuge zur Verfügung stehen.

---

[3] Hendrik Wade Bode, amerikanischer Ingenieur, 1905–1982.

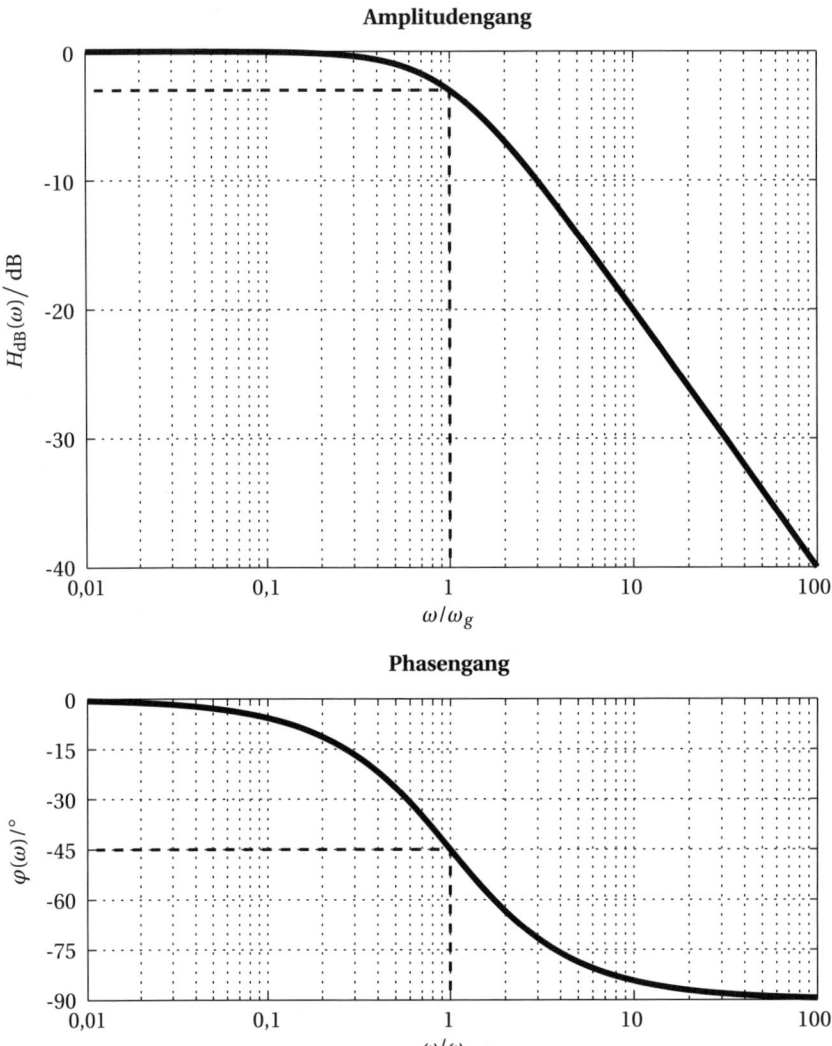

Bild 4.4 Das Bode-Diagramm bestecht aus Amplituden- und Phasengang, die übereinander darge-stellt werden. Die Freqenzachse ist grundsätzlich logarithmisch skaliert.

4.2.2   Nyquist-Diagramm

Im *Nyquist-Diagramm*[4] wird die Übertragungsfunktion in der komplexen Ebene dargestellt, d. h., der Imaginärteil der Übertragungsfunktion wird über dem Realteil aufgetragen. Dabei wird die Frequenz variiert, sodass wir einen durchgängigen Linienzug, die sogenannte Orts-kurve, erhalten.

---

[4]   Harry Nyquist, amerikanischer Ingenieur, 1889–1976.

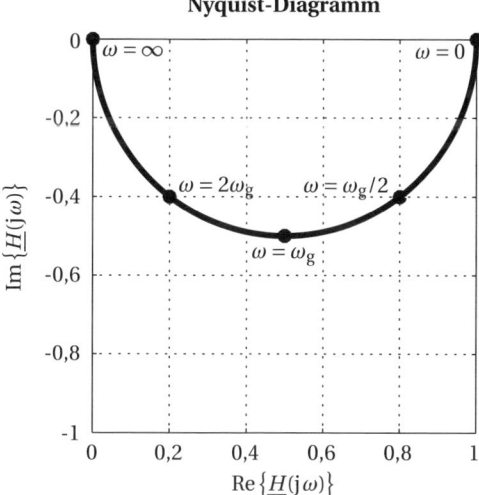

Bild 4.5 Im Nyquist-Diagramm ist die Übertragungsfunktion in der komplexen Ebene dargestellt. Durch Variation der Frequenz entsteht ein durchgehender Kurvenzug.

Zur praktischen Anwendung des Nyquist-Diagramms müssen beide Achsen mit dem gleichen Maßstab skaliert sein. Zusätzlich werden Parameterwerte entlang des Kurvenzuges abgetragen. Der Graph in Bild 4.5 stellt quasi eine verzerrte Frequenzachse dar. Der Abstand vom Ursprung zum jeweiligen Frequenzpunkt auf der Kurve gibt dann den Betrag der Übertragungsfunktion an und der Winkel gegenüber der positiven reellen Achse stellt den Phasenwinkel dar.

Die Parameterdarstellung des Nyquist-Diagramms muss sich nicht zwingend auf die Frequenz beziehen. Auf diese Weise kann auch der Einfluss eines Bauelements auf die Übertragungsfunktion dargestellt werden. Als Parameter dient dann der jeweilige Bauelementwert.

■ 4.3 Elementare Filterschaltungen

Wir wollen nun einige typische Filterschaltungen betrachten und beschränken uns dabei auf Filter erster und zweiter Ordnung. Das Netzwerk in Bild 4.1 wird durch Reaktanzen (Induktivitäten und Kapazitäten) realisiert. In der Praxis dürfen wir dieses Netzwerk jedoch nicht isoliert betrachten, da es zwischen einer bekannten Quelle und einer bekannten Senke angeordnet ist. Quelle und Senke werden somit das Übertragungsverhalten des Netzwerks beeinflussen. Anhand ausgewählter Beispiele mit konkreten Bauelementwerten diskutieren wir das Verhalten der Filterschaltungen. Wir betrachten die Filtertypen Tiefpass, Hochpass, Bandpass sowie Bandsperre. Mit der komplexen Materie des Filterentwurfs werden wir uns hier nicht befassen. Die Filter werden von einer Quelle mit einem Innenwiderstand von $600\,\Omega$ gespeist. Dieser Wert ist in der Audiotechnik gebräuchlich. Bei den meisten Frequenzgeneratoren, die in der Messtechnik eingesetzt werden, ist der Innenwiderstand zwischen den beiden Standardwerten $50\,\Omega$ und $600\,\Omega$ umschaltbar. Der Innenwiderstand der Quelle spielt aber in unseren

Betrachtungen keine Rolle, da wir uns nicht auf die Quellspannung $\underline{U}_0$ sondern auf die Spannung $\underline{U}_1$ an den Eingangsklemmen beziehen. Hingegen spielt der Lastwiderstand R_2 an den Ausgangsklemmen sehr wohl eine Rolle.

4.3.1 Tiefpass

Ein Tiefpassfilter weist bei niedrigen Frequenzen eine geringe und bei hohen Frequenzen eine große Dämpfung auf. Wir unterscheiden daher den *Durchlassbereich* unterhalb der Grenzfrequenz und den *Sperrbereich* oberhalb der Grenzfrequenz. Es gibt keine scharfe Trennung zwischen beiden Bereichen, der Übergang ist fließend. Im Sperrbereich steigt die Dämpfung mit der Frequenz stark an. Dieser Anstieg hängt von der Filterordnung ab. Dieses Verhalten hatten wir bereits bei dem RC-Glied in Bild 4.2 festgestellt.

Wir wollen nun ein Tiefpassfilter mit einer Induktivität realisieren. Dazu schalten wir, wie in Bild 4.6 dargestellt, die Induktivität L in Reihe mit dem Lastwiderstand R_2, über dem wir auch die Spannung $\underline{U}_2$ abnehmen. Mit steigender Frequenz vergrößert sich der Blindwiderstand der Induktivität. Damit wird der Strom durch die Reihenschaltung und somit auch die Spannung am Lastwiderstand mit zunehmender Frequenz sinken.

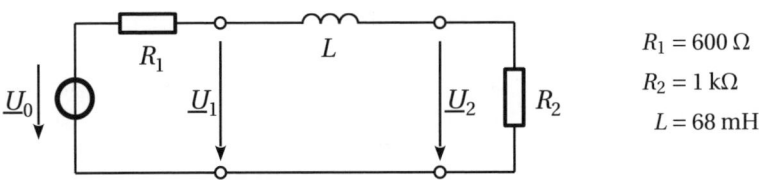

$$R_1 = 600\ \Omega$$
$$R_2 = 1\ \text{k}\Omega$$
$$L = 68\ \text{mH}$$

Bild 4.6 Tiefpassfilter 1. Ordnung

Die Übertragungsfunktion des Tiefpassfilters in Bild 4.6 ist durch

$$\underline{H}(\mathrm{j}\omega) = \frac{\underline{U}_2(\mathrm{j}\omega)}{\underline{U}_1(\mathrm{j}\omega)} = \frac{R_2}{R_2 + \mathrm{j}\omega L} \tag{4.18}$$

gegeben. Für die 3-dB-Grenzfrequenz finden wir

$$f_\mathrm{g} = \frac{R_2}{2\pi L} = 2{,}341\ \text{kHz} . \tag{4.19}$$

Bei der 3-dB-Grenzfrequenz nimmt die Phase den Wert 45° an. Die Diagramme in Bild 4.7 zeigen Dämpfung und Phase über der linear skalierten Frequenz. Wir betrachten im Diagramm lediglich den Frequenzbereich bis 10 kHz. Jenseits dieser Frequenz vergrößert sich die Dämpfung kontinuierlich, und zwar mit einer Steigung von 20 dB pro Dekade. In der Regel ist die Darstellung eines größeren Frequenzbereichs mit einer logarithmischen Skalierung der Frequenz nicht erforderlich. Die relevante Information zum Übertragungsverhalten betrifft im Wesentlichen den Durchlass- und den Übergangsbereich. Im Sperrbereich wird die Ausgangsspannung vernachlässigbar klein, sodass auch die Phase irrelevant ist.

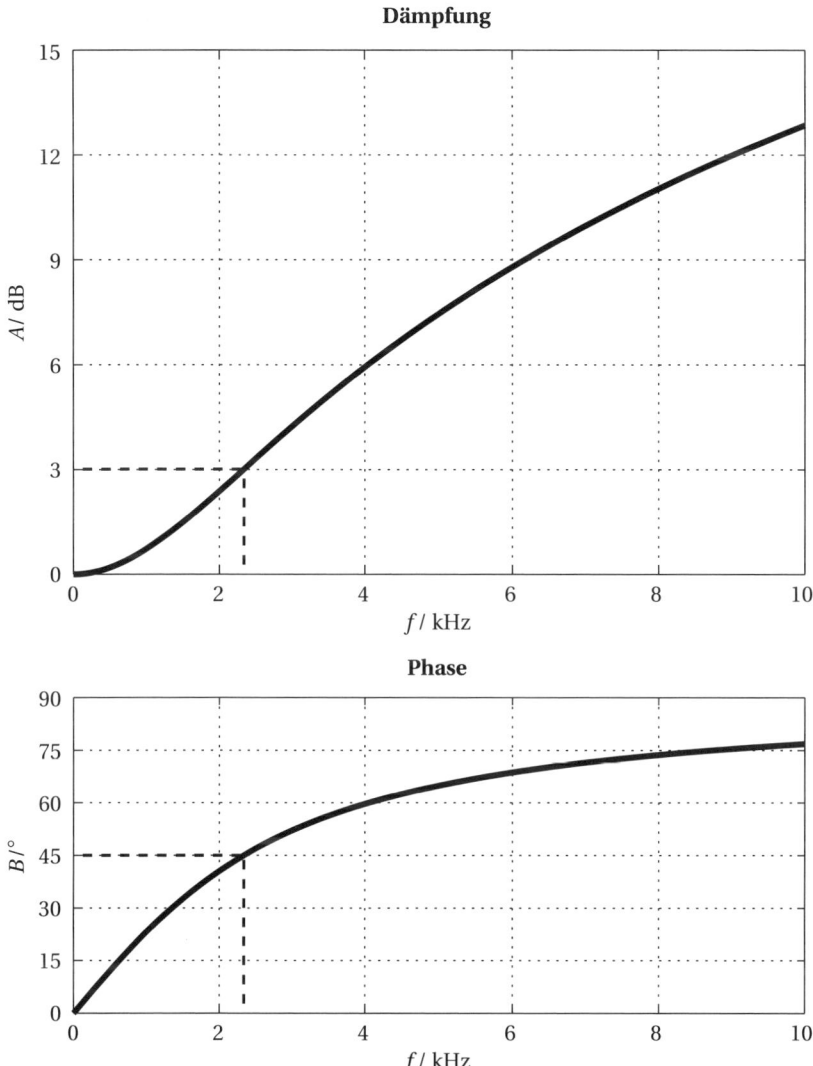

Bild 4.7 Dämpfung und Phase des Tiefpassfilters 1. Ordnung

Nun wollen wir durch Erhöhung der Filterordnung einen steileren Anstieg der Dämpfung erreichen. Damit wird der Übergangsbereich schmaler und die Selektivität des Filters erhöht. Bei dem in Bild 4.8 dargestellten Filter 2. Ordnung liegt der Anstieg der Dämpfung im Sperrbereich bei 40 dB pro Dekade. Wir realisieren dies durch Hinzufügen einer Kapazität im Querzweig. Dabei haben wir die Bauelementwerte so gewählt, dass wir annähernd die 3-dB-Grenzfrequenz des zuvor betrachteten Tiefpassfilters 1. Ordnung erhalten.

Zunächst wollen wir das prinzipielle Verhalten der Schaltung in Bild 4.8 analysieren. Die Induktivität L und die Kapazität C bilden einen Spannungsteiler, der durch den Widerstand R_2 belastet wird. Bei der Frequenz null, also im Gleichstromfall, können wir die Induktivität durch einen Kurzschluss und die Kapazität durch eine Unterbrechung ersetzen. Die Spannungen $\underline{U}_1$ und $\underline{U}_2$ sind daher gleich. Bei sehr hohen Frequenzen sind die Verhältnisse genau umgekehrt.

Der Blindwiderstand der Induktivität ist sehr groß, während der Blindwiderstand der Kapazität verschwindet. Wir ersetzen nun also die Induktivität durch eine Unterbrechung und die Kapazität durch einen Kurzschluss, d. h., die Spannung $\underline{U}_2$ verschwindet.

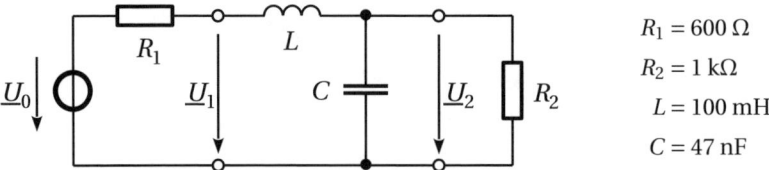

$R_1 = 600\ \Omega$

$R_2 = 1\ \text{k}\Omega$

$L = 100\ \text{mH}$

$C = 47\ \text{nF}$

Bild 4.8 Tiefpassfilter 2. Ordnung

Der angesprochene Spannungsteiler besteht zum einen aus der Induktivität L mit der Impedanz

$$\underline{Z}_A = j\omega L$$

und zum anderen aus der Parallelschaltung der Kapazität C mit dem Widerstand R_2. Damit ergibt sich für die zweite Impedanz des Spannungsteilers

$$\underline{Z}_B = \frac{R_2/j\omega C}{R_2 + 1/j\omega C} = \frac{R_2}{1 + j\omega R_2 C}.$$

Die Übertragungsfunktion des Filters ist also durch

$$\underline{H}(j\omega) = \frac{\underline{U}_2(j\omega)}{\underline{U}_1(j\omega)} = \frac{\underline{Z}_B}{\underline{Z}_A + \underline{Z}_B} = \frac{\dfrac{R_2}{1 + j\omega R_2 C}}{j\omega L + \dfrac{R_2}{1 + j\omega R_2 C}} = \frac{R_2}{R_2\left(1 - \omega^2 LC\right) + j\omega L} \tag{4.20}$$

gegeben. Der Widerstand R_1, also der Innenwiderstand der Quelle, fließt nicht in die Berechnungen ein, da sich die Übertragungsfunktion auf die Klemmenspannung $\underline{U}_1$ und nicht auf die Quellspannung $\underline{U}_0$ bezieht. Im Leerlauffall, d. h., wenn $R_2 = \infty$ ist, bilden R_1, L und C einen verlustbehafteten Reihenschwingkreis. Bei der Resonanzfrequenz wird der Strom nur durch R_1 begrenzt. In dieser Situation kann es zu Spannungsüberhöhungen an den reaktiven Bauelementen kommen, sodass die Ausgangsspannung $\underline{U}_2$ sogar die Quellspannung $\underline{U}_0$ übersteigen kann. Bei den hier verwendeten Bauelementwerten tritt dieser Fall jedoch nicht auf. Im Gleichstromfall beträgt die Dämpfung 0 dB und für alle anderen Frequenzen ist sie positiv. Zur Bestimmung der 3-dB-Grenzfrequenz bilden wir zunächst das Betragsquadrat der Übertragungsfunktion (4.20)

$$\left|\underline{H}(j\omega)\right|^2 = \underline{H}(j\omega)\underline{H}^*(j\omega) = \frac{R_2^2}{R_2^2\left(1 - \omega^2 LC\right)^2 + \omega^2 L^2} \tag{4.21}$$

und ermitteln dann die Frequenz, bei der dieses auf die Hälfte des Maximalwertes abfällt. Wir erhalten somit die Bestimmungsgleichung

$$\frac{R_2^2}{R_2^2\left(1 - \omega_g^2 LC\right)^2 + \omega_g^2 L^2} = \frac{1}{2}, \tag{4.22}$$

die auf die in ω_g^2 quadratische Gleichung

$$\omega_g^4 + \omega_g^2 \left(\frac{1}{R_2^2 C^2} - \frac{2}{LC} \right) = \frac{1}{L^2 C^2}$$

mit der Lösung $f_g = \omega_g / (2\pi) = 2{,}249$ kHz führt.

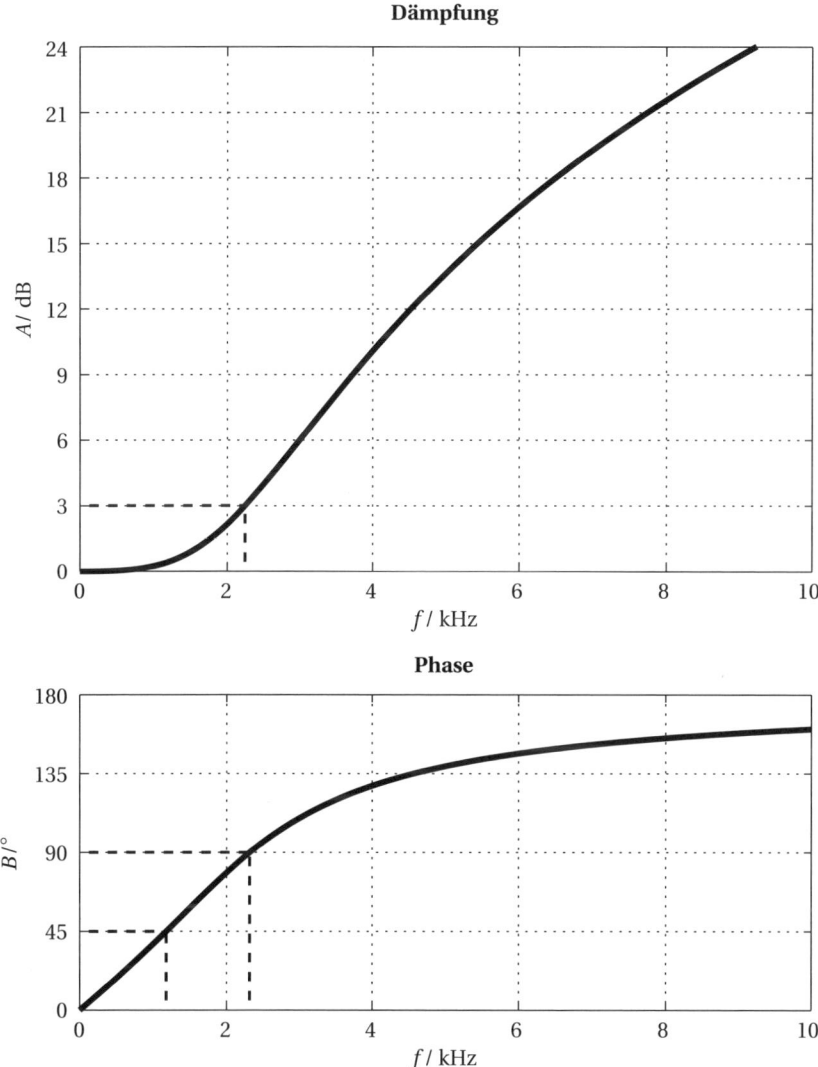

Bild 4.9 Dämpfung und Phase des Tiefpassfilters 2. Ordnung

Bei der Frequenz null sind $\underline{U}_1$ und $\underline{U}_2$ gleich und somit in Phase. Mit der Frequenz steigt die Phase monoton an und strebt gegen $180°$. Das lässt sich durch einfache Überlegung nachvollziehen. Die Impedanz $\underline{Z}_A + \underline{Z}_B$, über der die Spannung $\underline{U}_1$ abfällt, hat bei hohen Frequenzen einen sehr großen positiven Imaginärteil und nur einen sehr kleinen Realteil. Die Impedanz $\underline{Z}_B$

weist dagegen einen kleinen negativen Imaginärteil und einen noch kleineren Realteil auf. Der Widerstand R_2 hat nur geringen Einfluss auf die Impedanz $\underline{Z}_\mathrm{B}$, da der negative Blindwiderstand der parallel geschalteten Kapazität sehr nahe bei null liegt.

In Bild 4.9 sind Dämpfung und Phase dargestellt. Es fällt sofort auf, dass bei der 3-dB-Grenzfrequenz die Phase größer als 45° ist. Bei einer Phasenverschiebung von 45° sind Real- und Imaginärteil der Übertragungsfunktion betragsmäßig gleich groß. Da der Imaginärteil negativ ist, ist die Gleichung

$$R_2\left(1 - \omega_{45}^2 LC\right) = \omega_{45} L \tag{4.23}$$

zu lösen. Wir finden die Phasenverschiebung von 45° bei der Frequenz

$$f_{45} = \frac{\omega_{45}}{2\pi} = \frac{1}{2\pi}\left(-\frac{1}{2R_2 C} + \sqrt{\frac{1}{LC} + \left(\frac{1}{2R_2 C}\right)^2}\right) = 1{,}180\,\text{kHz}\,. \tag{4.24}$$

Bei einer Phasenverschiebung von 90° verschwindet der Realteil der Übertragungsfunktion.

$$R_2\left(1 - \omega_{90}^2 LC\right) = 0 \quad \Rightarrow \quad f_{90} = \frac{\omega_{90}}{2\pi} = \frac{1}{2\pi\sqrt{LC}} = 2{,}322\,\text{kHz} \tag{4.25}$$

4.3.2 Hochpass

Ein Hochpassfilter weist das entgegengesetzte Verhalten eines Tiefpassfilters auf. Der Durchlassbereich liegt oberhalb der Grenzfrequenz und der Sperrbereich darunter. Da Induktivitäten und Kapazitäten ein entgegengesetztes Frequenzverhalten aufweisen, können wir aus dem Tiefpassfilter in Bild 4.6 ein Hochpassfilter ableiten, indem wir die Induktivität durch eine Kapazität ersetzen. Bild 4.10 zeigt das entsprechende Hochpassfilter 1. Ordnung.

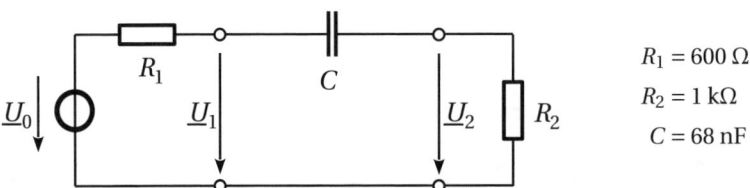

$R_1 = 600\,\Omega$

$R_2 = 1\,\text{k}\Omega$

$C = 68\,\text{nF}$

Bild 4.10 Hochpassfilter 1. Ordnung

Die Kapazität wählen wir so, dass sich die gleiche Grenzfrequenz wie beim Tiefpassfilter 1. Ordnung in Abschnitt 4.3.1 einstellt. Dazu bestimmen wir den Blindwiderstand der Induktivität des Tiefpassfilters bei der Grenzfrequenz und ermitteln eine Kapazität, die genau den negativen Blindwiderstand besitzt. Die Blindwiderstände der Induktivität in Bild 4.6 und der Kapazität in Bild 4.10 sind bei der Grenzfrequenz betragsmäßig gleich groß.

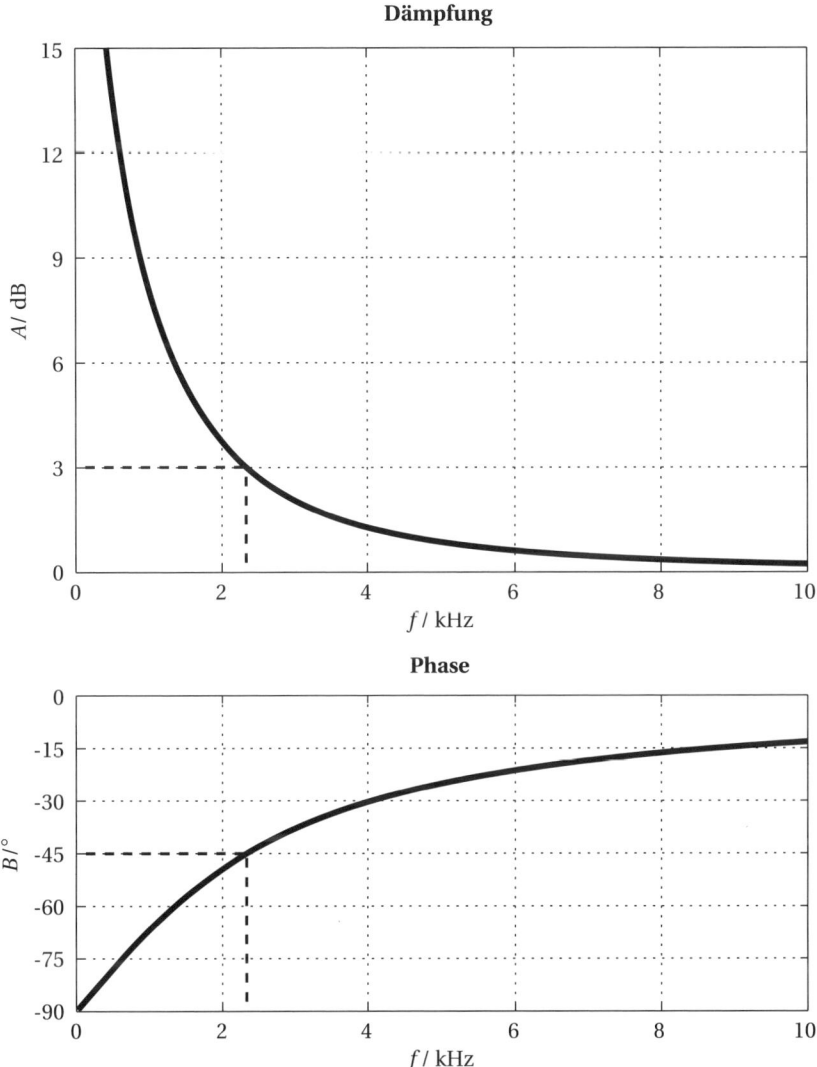

Bild 4.11 Dämpfung und Phase des Hochpassfilters 1. Ordnung

Für die Übertragungsfunktion des Hochpassfilters erhalten wir

$$\underline{H}(j\omega) = \frac{\underline{U}_2(j\omega)}{\underline{U}_1(j\omega)} = \frac{j\omega R_2 C}{1 + j\omega R_2 C} \tag{4.26}$$

und die 3-dB-Grenzfrequenz ergibt sich, wie nicht anders erwartet, zu

$$f_g = \frac{1}{2\pi R_2 C} = 2{,}341 \text{ kHz}. \tag{4.27}$$

Dämpfung und Phase in Bild 4.11 zeigen den erwarteten Verlauf. Die Phasenverschiebung zwischen Ausgangs- und Eingangsspannung ist hier negativ, d. h., die Ausgangsspannung eilt der Eingangsspannung um den entsprechenden Phasenwinkel voraus.

Wir müssen hier noch eine Anmerkung zur Phase machen. Bei der Frequenz null verschwindet die Ausgangsspannung. Die Phase wird allerdings nicht null. Dazu stellen wir uns einen beliebigen Punkt in der komplexen Ebene vor und einen Zeiger, der vom Ursprung zu diesem Punkt weist. Der Winkel der zugehörigen komplexen Zahl entspricht dem Winkel des Zeigers zur positiven reellen Achse. Liegt nun der Punkt genau im Ursprung, ist also null, so weist er keine Richtung auf. Der Winkel existiert also nicht. Auf unseren Fall übertragen bedeutet dies: Eine Phase kann hier nicht angegeben werden, die Phase existiert somit nicht.

Nun wollen wir ein Hochpassfilter 2. Ordnung betrachten. Dazu vertauschen wir die Kapazität und die Induktivität des Tiefpassfilters in Bild 4.8. In Bild 4.12 ist die Schaltung des Hochpassfilters dargestellt. Die Bauteilwerte wählen wir wieder so, dass die Blindwiderstände bei der Grenzfrequenz lediglich das Vorzeichen wechseln. Da die Beträge beider Blindwiderstände nicht allzu weit voneinander entfernt sind und wir Normwerte für die Bauteile verwenden wollen, ergibt sich bei den Bauteilwerten keine Änderung. Die Grenzfrequenz wird sich allerdings ein wenig verschieben.

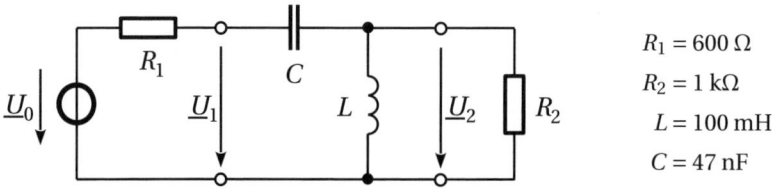

$$R_1 = 600\,\Omega$$
$$R_2 = 1\,\text{k}\Omega$$
$$L = 100\,\text{mH}$$
$$C = 47\,\text{nF}$$

Bild 4.12 Hochpassfilter 2. Ordnung

Wir können nun das prinzipielle Verhalten der Schaltung analog zur Vorgehensweise beim Tiefpassfilter führen. Ersetzen wir im Gleichstromfall die Induktivität durch einen Kurzschluss und die Kapazität durch einen Leerlauf, so ist sofort ersichtlich, dass die Ausgangsspannung verschwindet. Im entgegengesetzten Extremfall, nämlich bei der Frequenz unendlich, sind die Verhältnisse genau umgekehrt. Wir können dann die Induktivität durch einen Leerlauf (eine Unterbrechung) und die Kapazität durch einen Kurzschluss ersetzen. Eingangs- und Ausgangsspannung sind in diesem Fall gleich.

Die Kapazität C mit der Impedanz

$$\underline{Z}_\text{A} = \frac{1}{j\omega C}$$

bildet zusammen mit der Parallelschaltung der Induktivität L mit dem Widerstand R_2 einen Spannungsteiler. Die Impedanz der Parallelschaltung ist durch

$$\underline{Z}_\text{B} = \frac{j\omega L R_2}{R_2 + j\omega L}$$

gegeben. Somit erhalten wir für die Übertragungsfunktion des Hochpassfilters

$$\underline{H}(j\omega) = \frac{\underline{U}_2(j\omega)}{\underline{U}_1(j\omega)} = \frac{\underline{Z}_\text{B}}{\underline{Z}_\text{A} + \underline{Z}_\text{B}} = \frac{\dfrac{j\omega L R_2}{R_2 + j\omega L}}{\dfrac{1}{j\omega C} + \dfrac{j\omega L R_2}{R_2 + j\omega L}} = \frac{-\omega^2 R_2 L C}{R_2 - \omega^2 R_2 L C + j\omega L}. \tag{4.28}$$

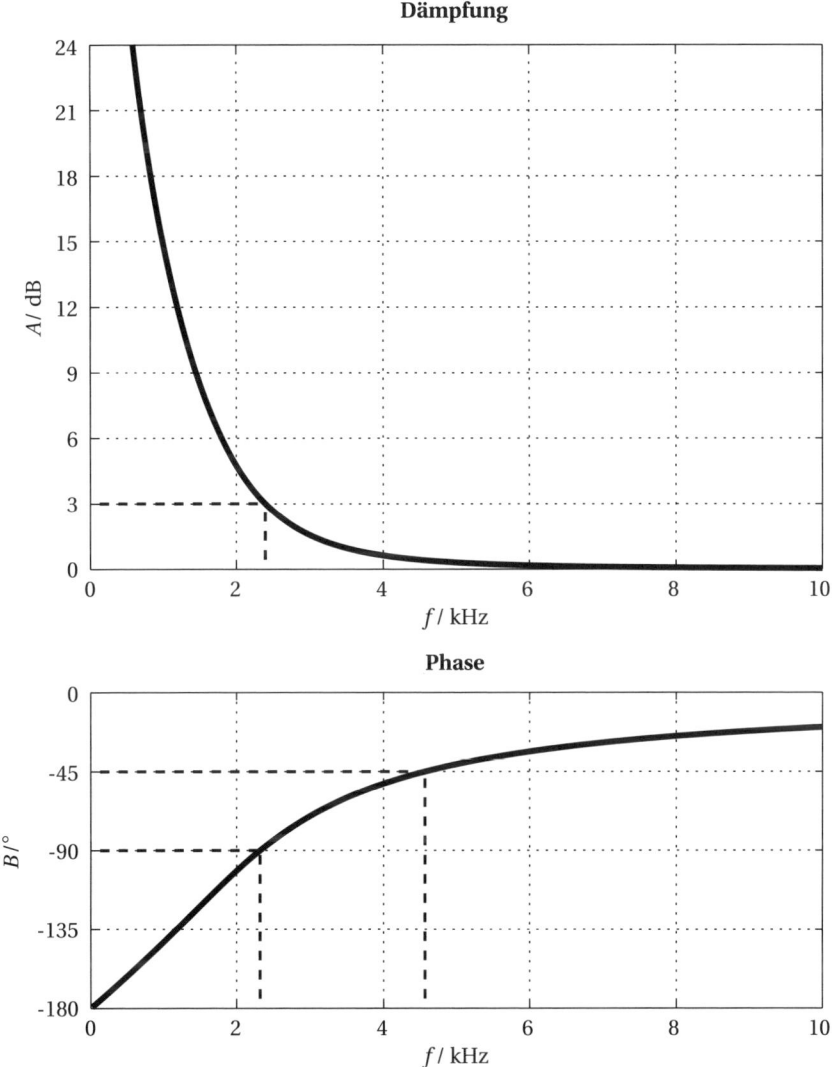

Bild 4.13 Dämpfung und Phase des Hochpassfilters 2. Ordnung

Die 3-dB-Grenzfrequenz des Filters ermitteln wir, genau wie im vorherigen Abschnitt, mithilfe des Betragsquadrates von (4.28). Die Gleichung

$$\left|\underline{H}(\mathrm{j}\omega_\mathrm{g})\right|^2 = \underline{H}(\mathrm{j}\omega_\mathrm{g})\,\underline{H}^*(\mathrm{j}\omega_\mathrm{g}) = \frac{\omega_\mathrm{g}^4 R_2^2 L^2 C^2}{\left(R_2 - \omega_\mathrm{g}^2 R_2 LC\right)^2 + \omega_\mathrm{g}^2 L^2} = \frac{1}{2} \tag{4.29}$$

liefert wieder eine quadratische Gleichung in ω_g^2

$$\omega_\mathrm{g}^4 + \omega_\mathrm{g}^2\left(\frac{2}{LC} - \frac{1}{R_2^2 C^2}\right) = \frac{1}{L^2 C^2}$$

mit der Lösung $f_\mathrm{g} = \omega_\mathrm{g}/(2\pi) = 2{,}397$ kHz.

Auch beim Hochpassfilter 2. Ordnung steigt die Phase monoton an, beginnt allerdings, wie in Bild 4.13 zu sehen ist, bei $-180°$. Für große Frequenzen strebt die Phase dann gegen null. Bei der Frequenz null verschwindet die Ausgangsspannung und die Phase existiert nicht.

Wir wollen auch für dieses Filter die Frequenz bestimmen, bei der die Phasenverschiebung zwischen Ausgangs- und Eingangsspannung $-45°$ beträgt, d. h., Real- und Imaginärteil der Übertragungsfunktion gleich groß sind. Dazu ist die Gleichung

$$\omega_{-45}^2 R_2 LC - R_2 = \omega_{-45} L$$

zu lösen. Wir erhalten das Ergebnis

$$f_{-45} = \frac{\omega_{-45}}{2\pi} = \frac{1}{2\pi}\left(\frac{1}{2R_2 C} + \sqrt{\frac{1}{LC} + \left(\frac{1}{2R_2 C}\right)^2}\right) = 4{,}567 \text{ kHz}\,. \tag{4.30}$$

Bei einer Phasenverschiebung von $-90°$ verschwindet der Realteil der Übertragungsfunktion.

$$\omega_{-90}^2 R_2 LC - R_2 = 0 \quad \Rightarrow \quad f_{-90} = \frac{\omega_{-90}}{2\pi} = \frac{1}{2\pi\sqrt{LC}} = 2{,}322 \text{ kHz} \tag{4.31}$$

4.3.3 Bandpass

Ein Bandpassfilter dämpft ein bestimmtes Frequenzband im Bereich der Mittenfrequenz nur sehr gering, während bei hohen und niedrigen Frequenzen eine sehr große Dämpfung stattfindet. Ersetzen wir die Induktivität im Tiefpassfilter 1. Ordnung aus Bild 4.6 durch einen Reihenschwingkreis, so erhalten wir das in Bild 4.14 dargestellte Bandpassfilter 2. Ordnung. Mit einem Filter 1. Ordnung, d. h. einer Schaltung mit nur einem reaktiven Bauelement, ist ein Bandpassfilter nicht realisierbar. Bei der Resonanzfrequenz

$$f_0 = \frac{\omega_0}{2\pi} = \frac{1}{2\pi\sqrt{LC}} = 2{,}322 \text{ kHz} \tag{4.32}$$

kompensieren sich die Blindwiderstände der reaktiven Bauelemente und die Ausgangsspannung $\underline{U}_2$ entspricht der Eingangsspannung $\underline{U}_1$. Damit gilt $\underline{H}(\omega_0) = 1$ und die Dämpfung beträgt bei der Resonanzfrequenz $A(\omega_0) = 0$ dB. Bei sehr hohen Frequenzen ist der Blindwiderstand der Induktivität groß und bei sehr niedrigen Frequenzen nimmt der Blindwiderstand der Kapazität einen großen (negativen) Wert an. In beiden Fällen verringert sich der Strom und somit auch die Spannung $\underline{U}_2$ über dem Widerstand R_2.

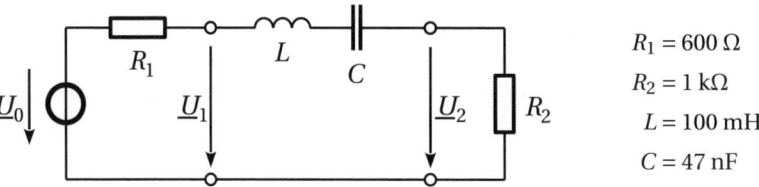

$R_1 = 600\ \Omega$
$R_2 = 1\ \text{k}\Omega$
$L = 100\ \text{mH}$
$C = 47\ \text{nF}$

Bild 4.14 Bandpassfilter 2. Ordnung

Für die Übertragungsfunktion des Bandpassfilters in Bild 4.14 finden wir

$$\underline{H}(\mathrm{j}\omega) = \frac{\underline{U}_2(\mathrm{j}\omega)}{\underline{U}_1(\mathrm{j}\omega)} = \frac{R_2}{R_2 + \mathrm{j}\omega L + \dfrac{1}{\mathrm{j}\omega C}} = \frac{\omega R_2 C}{\omega R_2 C + \mathrm{j}\left(\omega^2 LC - 1\right)} = \frac{1}{1 + \mathrm{j}\,\dfrac{\omega^2 LC - 1}{\omega R_2 C}}\,. \qquad (4.33)$$

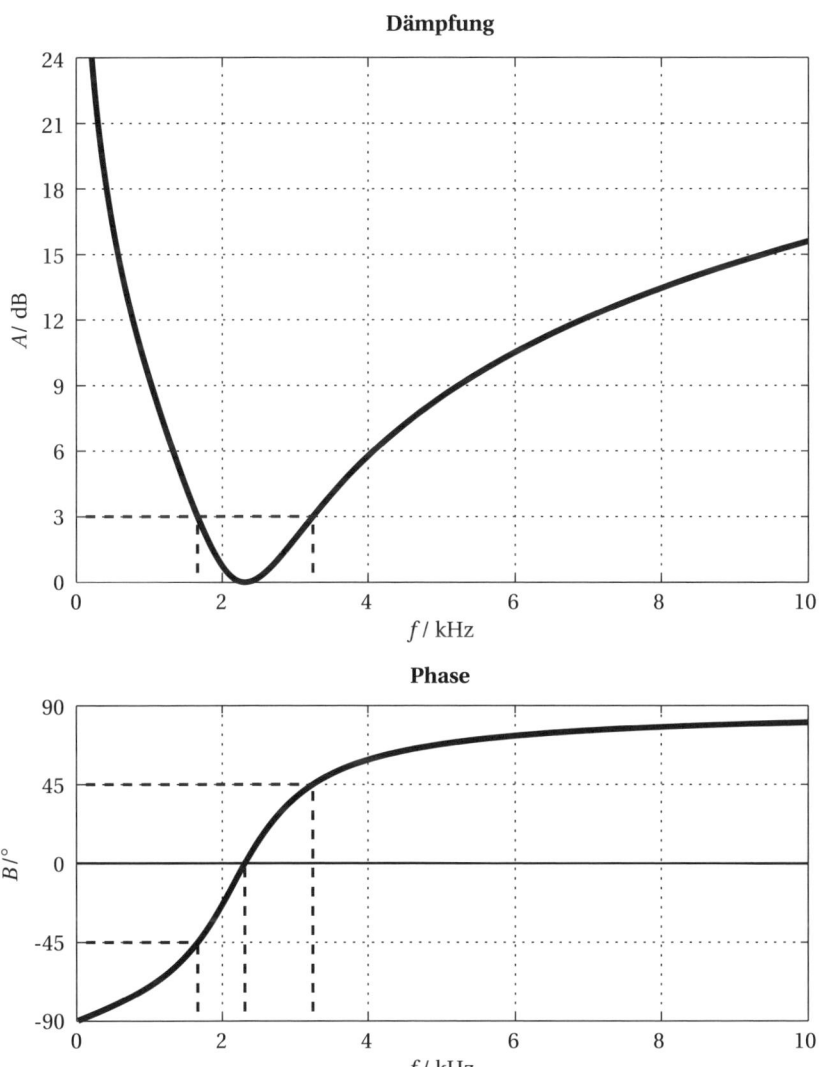

Bild 4.15 Dämpfung und Phase des Bandpassfilters 2. Ordnung

Die Dämpfung im Diagramm 4.15 zeigt den erwarteten Verlauf. Die Phase steigt monoton von $-90°$ auf $+90°$. Bei der Resonanzfrequenz des Reihenschwingkreises sind die Eingangs- und die Ausgangsspannung in Phase.

Zur Berechnung der Grenzfrequenzen betrachten wir die rechte Darstellung der Übertragungsfunktion in (4.33). Wenn die Bedingung

$$\frac{\omega_g^2 LC - 1}{\omega_g R_2 C} = \pm 1 \tag{4.34}$$

erfüllt ist, stellt sich eine Phasenverschiebung von $\pm 45°$ ein und der Betrag der Übertragungsfunktion nimmt den Wert $1/\sqrt{2}$ an. Somit finden wir für die untere Grenzfrequenz

$$\omega_{gu} = -\frac{R_2}{2L} + \sqrt{\frac{1}{LC} + \left(\frac{R_2}{2L}\right)^2} \qquad \Rightarrow \qquad f_{gu} = \frac{\omega_{gu}}{2\pi} = 1{,}658 \text{ kHz} \tag{4.35}$$

und für die obere Grenzfrequenz

$$\omega_{go} = +\frac{R_2}{2L} + \sqrt{\frac{1}{LC} + \left(\frac{R_2}{2L}\right)^2} \qquad \Rightarrow \qquad f_{go} = \frac{\omega_{go}}{2\pi} = 3{,}250 \text{ kHz} . \tag{4.36}$$

Die Bandbreite des Bandpassfilters ergibt sich zu $B = f_{go} - f_{gu} = 1{,}592$ kHz.

4.3.4 Bandsperre

Wir ersetzen nun den Reihenschwingkreis im Bandpassfilter von Bild 4.14 durch einen Parallelschwingkreis und erhalten so ein inverses Übertragungsverhalten. Das Bandsperrfilter in Bild 4.16 hat im Bereich der Resonanzfrequenz (4.32) des Parallelschwingkreises eine hohe Dämpfung, während Signale mit deutlich größeren und kleineren Frequenzen kaum gedämpft werden. Ein Signal mit der Resonanzfrequenz wird exakt ausgelöscht, d. h., die Ausgangsspannung des Filters ist dann genau null.

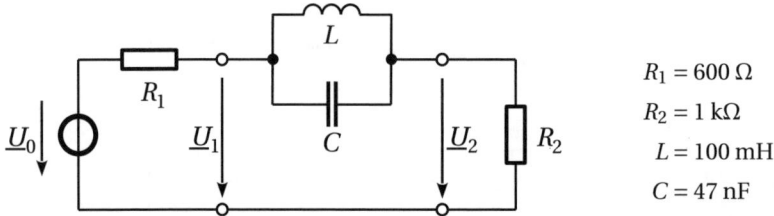

$R_1 = 600 \,\Omega$

$R_2 = 1 \,\text{k}\Omega$

$L = 100 \,\text{mH}$

$C = 47 \,\text{nF}$

Bild 4.16 Bandsperrfilter 2. Ordnung

Die Übertragungsfunktion des Bandsperrfilters in Bild 4.16 lautet

$$\underline{H}(j\omega) = \frac{\underline{U}_2(j\omega)}{\underline{U}_1(j\omega)} = \frac{R_2}{R_2 + \dfrac{j\omega L}{1 - \omega^2 LC}} = \frac{1}{1 + \dfrac{j\omega L}{R_2\left(1 - \omega^2 LC\right)}} . \tag{4.37}$$

Wir können aus (4.37) sofort die Grenzfrequenzen ermitteln, indem wir die Gleichung

$$\frac{j\omega L}{R_2\left(1 - \omega^2 LC\right)} = \pm 1 \tag{4.38}$$

lösen. Der Betrag der Übertragungsfunktion nimmt bei den Frequenzen

$$f_{gu} = \frac{1}{2\pi}\left(-\frac{1}{2R_2C} + \sqrt{\frac{1}{LC} + \left(\frac{1}{2R_2C}\right)^2}\right) = 1{,}180\text{ kHz}$$

und

$$f_{go} = \frac{1}{2\pi}\left(\frac{1}{2R_2C} + \sqrt{\frac{1}{LC} + \left(\frac{1}{2R_2C}\right)^2}\right) = 4{,}567\text{ kHz}$$

den Wert $1/\sqrt{2}$ an und die Phase beträgt $-45°$ bzw. $+45°$.

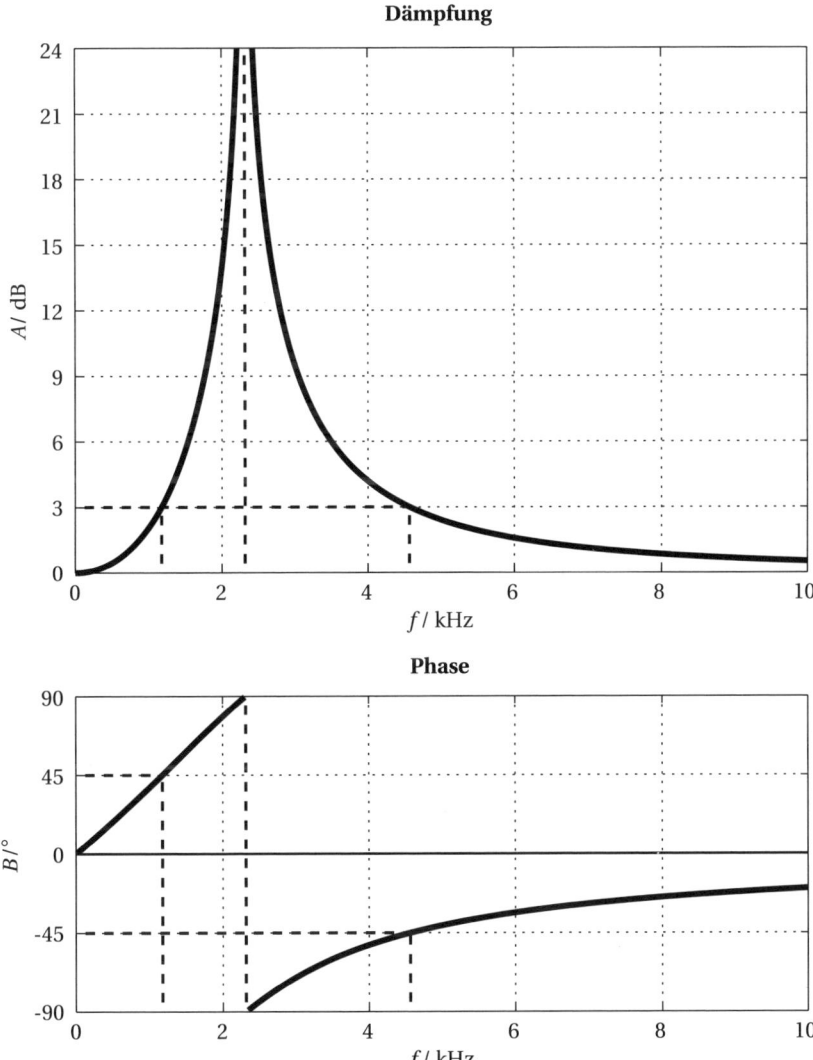

Bild 4.17 Dämpfung und Phase des Bandsperrfilters 2. Ordnung

In Bild 4.17 sind Dämpfung und Phase des Bandsperrfilters dargestellt. Das Filter weist die Bandbreite

$$B = f_{go} - f_{gu} = 3{,}387 \text{ kHz}$$

auf. Die Dämpfung steigt im Bereich der Resonanzfrequenz stark an und weist dort einen *Dämpfungspol* auf. Ein Dämpfungspol tritt bei einer Nullstelle der Übertragungsfunktion aud und darf nicht mit einer Polstelle (z. B. in einer gebrochen rationalen Funktion) verwechselt werden.

Die Phase steigt monoton an. Bei der Resonanzfrequenz existiert keine Phase, da die Ausgangsspannung des Filters verschwindet. Die Phase läuft kontinuierlich bis fast $+90°$ und setzt sich bei fast $-90°$ fort. Dazwischen tritt ein Phasensprung um $-180°$ auf. In der Nachrichtentechnik wird die Phase immer als monoton steigende Kurve dargestellt, auch wenn sie über den üblichen Darstellungsbereich von $-180°$ bis $+180°$ hinausgeht. Bei jeder Nullstelle der Übertragungsfunktion bzw. jedem Dämpfungspol tritt ein Phasensprung auf, der als negative Flanke dargestellt wird.

Betrachtet man die Zeitsignale, so eilt die Ausgangsspannung der Eingangsspannung bei einer Frequenz knapp unter der Resonanzfrequenz um $90°$ nach. Wird dann die Frequenz kontinuierlich erhöht, so verschwindet das Ausgangssignal bei der Resonanzfrequenz vollständig und tritt bei weiterer Frequenzerhöhung mit um $180°$ veränderter Phasenlage wieder auf. Jetzt eilt die Ausgangsspannung der Eingangsspannung um $90°$ voraus. Genau dieses Sprungverhalten weist auch der Blindwiderstand des Parallelschwingkreises auf. Bei Frequenzen unterhalb der Resonanzfrequenz überwiegt der Einfluss der Induktivität und der Blindwiderstand ist positiv. Exakt bei der Resonanzfrequenz wächst der Blindwiderstand über alle Grenzen und oberhalb der Resonanzfrequenz überwiegt der kapazitive Einfluss, sodass der Blindwiderstand negativ wird.

■ 4.4 Filteranalyse mit Octave

In der Herleitung zu (4.20) ist bereits angedeutet, wie die Darstellung des Übertragungsverhaltens eines Filters ohne großen Aufwand mit Octave realisiert werden kann. Die Übertragungsfunktion muss dabei gar nicht in geschlossener Form vorliegen. Wir berechnen die Impedanzen separat und wenden für die weiteren Berechnungen das Ohm'sche Gesetz sowie die Kirchhoff'schen Regeln an. Dabei werden wir in den meisten Fällen mit den Gesetzen zur Reihen- und Parallelschaltung von Impedanzen sowie der Spannungsteiler-Regel auskommen.

Das auf Seite 147 aufgeführte Skript zeigt exemplarisch die Berechnung von Dämpfung und Phase des Tiefpassfilters 2. Ordnung aus Abschnitt 4.3.1. Auf die Feinheiten der grafischen Darstellung sowie die Beschriftung der Achsen wollen wir an dieser Stelle nicht eingehen. Zum besseren Ablesen blenden wir lediglich ein Gitter ein.

Die Erzeugung des Vektors der Frequenzstützstellen ist hier in allgemeiner Form gezeigt. Dabei sind lediglich die Bereichsgrenzen (Minimum und Maximum) sowie die Anzahl der Stützstellen vorzugeben. Es kann dabei ein beliebiger Frequenzbereich ausgewählt werden.

Bei der Darstellung der Kurven wird die Frequenzachse linear skaliert und die Frequenz in Kilohertz angegeben. Wir erreichen dies durch die Division des Frequenzvektors durch 1000. Die Beschriftung der Achse erfolgt dann automatisch.

```
% Skriptdatei zur Darstellung von Dämpfung und Phase
% eines LC-Tiefpassfilters 2. Ordnung über der linear skalierten Frequenz

% Eingangsgrößen
R2 = 1000;        % Ohm
L  = 100*10^(-3); % Henry
C  = 47*10^(-9);  % Farrad

% Frequenzbereich
fmin  = 0;        % Hz
fmax  = 10*10^3;  % Hz

% Anzahl der Stützstellen
K = 512;
k = 0:K-1;

% Frequenzachse
f = fmin+k*(fmax-fmin)/(K-1);  % f in Hz
w = 2*pi*f;                    % w (omega) in 1/s

% Impedanzen und Übertragungsfunktion
Za = j*w*L;
Zb = R2./(1+j*w*R2*C);
H = Zb./(Za+Zb);

% Dämpfung (in dB) und Phase (in Grad)
A = -20*log10(abs(H));
B = -angle(H)*180/pi;

% Darstellung der Dämpfung über der Frequenz in kHz
figure();
plot(f/1000,A);
grid on;

% Darstellung der Phase über der Frequenz in kHz
figure();
plot(f/1000,B);
grid on;
```

Bei der Darstellung des Bode-Diagramms ist die Frequenzachse logarithmisch skaliert. Es reicht jedoch nicht aus, den Befehl plot() durch semilogx() zu ersetzen. Wir müssen auch die Grenzen der Frequenzachse anpassen. Es können nur positive Frequenzen berücksichtigt werden, d. h., die Frequenzachse darf nicht bei $f = 0$ beginnen. Außerdem sind Amplitudengang und Phasengang gegenüber Dämpfung und Phase mit invertiertem Vorzeichen definiert. Wir demonstrieren das Prinzip mit dem Skript auf Seite 148.

```
% Skriptdatei zur Darstellung des Bode-Diagramms
% eines LC-Tiefpassfilters 2. Ordnung

% Eingangsgrößen
R2 = 1000;        % Ohm
L  = 100*10^(-3); % Henry
C  = 47*10^(-9);  % Farrad

% Frequenzbereich
fmin  = 1;        % Hz
fmax  = 100*10^3; % Hz

% Anzahl der Stützstellen
K = 512;
k = 0:K-1;

% Frequenzachse mit logarithmischem Abstand der Stützstellen
flmin = log10(fmin);
flmax = log10(fmax);
f = 10.^(flmin+k*(flmax-flmin)/(K-1)); % f in Hz
w = 2*pi*f;                            % w (omega) in 1/s

% Impedanzen und Übertragungsfunktion
Za = j*w*L;
Zb = R2./(1+j*w*R2*C);
H = Zb./(Za+Zb);

% Amplitudengang (in dB) und Phasengang (in Grad)
HdB = 20*log10(abs(H));
phi = angle(H)*180/pi;

% Darstellung des Amplitudengangs
figure();
semilogx(f,HdB);
grid on;

% Darstellung des Phasengangs
figure();
semilogx(f,phi);
grid on;
```

Aufgrund der Verzerrung der Frequenzachse verringert sich in der Darstellung der Abstand der Stützstellen mit steigender Frequenz. Um bei niedrigen Frequenzen einen glatten Kurvenverlauf zu erhalten, muss die Anzahl der Stützstellen überproportional erhöht werden. Es liegt daher nahe, diese Verzerrung bereits bei der Erstellung des Vektors der Frequenzstützstellen zu berücksichtigen. Damit erreichen wir, dass die Anzahl der Stützstellen in jeder Dekade gleich groß ist. Bei niedrigen Frequenzen liegen die Stützstellen enger beisammen und bei höheren Frequenzen weiter auseinander. Dazu generieren wir den Vektor der Frequenzstützstellen bezüglich der logarithmierten Frequenzen linear und entlogarithmieren den so erstellten Vektor anschließend wieder.

Im Nyquist-Diragramm wird der Imaginärteil der Übertragungsfunktion über dem Realteil aufgetragen. Auch hier erweist sich die logarithmische Staffelung der Frequenzstützstellen als sinnvoll, da ein großer Frequenzbereich abgedeckt werden muss. Um eine aussagekräftige Darstellung zu erhalten, sind beide Achsen gleichförmig zu skalieren. Dazu müssen die Grenzen für beide Achsen manuelle gesetzt sowie eine quadratische Darstellung des Diagramms erzwungen werden.

```
% Skriptdatei zur Darstellung des Nyquist-Diagramms
% eines LC-Tiefpassfilters 2. Ordnung

% Eingangsgrößen
R2 = 1000;        % Ohm
L  = 100*10^(-3); % Henry
C  = 47*10^(-9);  % Farrad

% Frequenzbereich
fmin  = 1;        % Hz
fmax  = 100*10^3; % Hz

% Anzahl der Stützstellen
K = 512;
k = 0:K-1;

% Frequenzachse mit logarithmischem Abstand der Stützstellen
flmin = log10(fmin);
flmax = log10(fmax);
f = 10.^(flmin+k*(flmax-flmin)/(K-1)); % f in Hz
w = 2*pi*f;                            % w (omega) in 1/s

% Impedanzen und Übertragungsfunktion
Za = j*w*L;
Zb = R2./(1+j*w*R2*C);
H = Zb./(Za+Zb);

% Darstellung des Nyquist-Diagramms
figure();
plot(real(H),imag(H));
grid on;
axis([-1,1,-1,1]);
axis square;
```

■ 4.5 Übungsaufgaben

Übung 4.1 Bode- und Nyquist-Diagramm (Tiefpassfilter 1. Ordnung)

Das Übertragungsverhalten des in Bild 4.6 dargestellten Tiefpassfilters 1. Ordnung soll im Frequenzbereich $1\,\text{Hz} \le f \le 100\,\text{kHz}$ dargestellt werden. Die Übertragungsfunktion ist durch

$$\underline{H}(\text{j}\omega) = \frac{\underline{U}_2(\text{j}\omega)}{\underline{U}_1(\text{j}\omega)} = \frac{R_2}{R_2 + \text{j}\omega L}$$

gegeben.

a) Erzeugen Sie den Vektor der Frequenzstützstellen. Ordnen Sie dabei die Stützstellen logarithmisch mit 50 Werten pro Dekade an.
b) Stellen Sie die Übertragungsfunktion in einem Nyquist-Diagramm dar.
c) Berechnen Sie Amplitudengang und Phasengang und stellen Sie diese in einem Bode-Diagramm dar.
d) Ermitteln Sie anhand des Amplitudengangs den Abfall der Amplitude pro Dekade im Sperrbereich.

Übung 4.2 Bode- und Nyquist-Diagramm (Tiefpassfilter 2. Ordnung)

Das Übertragungsverhalten des in Bild 4.8 dargestellten Tiefpassfilters 2. Ordnung soll im Frequenzbereich $1\,\text{Hz} \le f \le 100\,\text{kHz}$ dargestellt werden. Die Übertragungsfunktion ist durch

$$\underline{H}(\text{j}\omega) = \frac{\underline{U}_2(\text{j}\omega)}{\underline{U}_1(\text{j}\omega)} = \frac{R_2}{R_2\left(1 - \omega^2 LC\right) + \text{j}\omega L}$$

gegeben.

a) Erzeugen Sie den Vektor der Frequenzstützstellen. Ordnen Sie dabei die Stützstellen logarithmisch mit 50 Werten pro Dekade an.
b) Stellen Sie die Übertragungsfunktion in einem Nyquist-Diagramm dar.
c) Berechnen Sie Amplitudengang und Phasengang und stellen Sie diese in einem Bode-Diagramm dar.
d) Ermitteln Sie anhand des Amplitudengangs den Abfall der Amplitude pro Dekade im Sperrbereich und vergleichen Sie diesen Wert mit dem Ergebnis der Übung 4.1.

Übung 4.3 Übertragungsfunktion (Hochpassfilter 1. Ordnung)

Das Übertragungsverhalten des in Bild 4.10 dargestellten Hochpassfilters 1. Ordnung soll in Bezug auf die Quellspannung U_0 untersucht werden.

a) Bestimmen Sie die Übertragungsfunktion $\underline{H}_0(\text{j}\omega) = \underline{U}_2(\text{j}\omega)/\underline{U}_0(\text{j}\omega)$.
b) Geben Sie $\underline{H}_0(0)$ und $\underline{H}_0(\infty)$ an.
c) Berechnen Sie die Grenzfrequenz des Filters. Wie groß ist die Dämpfung und wie groß ist die Phase bei der Grenzfrequenz?
d) Wie ist hier der Begriff „3-dB-Grenzfrequenz" zu interpretieren?
e) Stellen Sie Dämpfung und Phase im Frequenzbereich $0 \le f \le 10\,\text{kHz}$ dar. (Die Frequenzachse soll linear skaliert werden.)

Übung 4.4 Bandpassfilter

Das abgebildete Bandpassfilter soll analysiert werden.

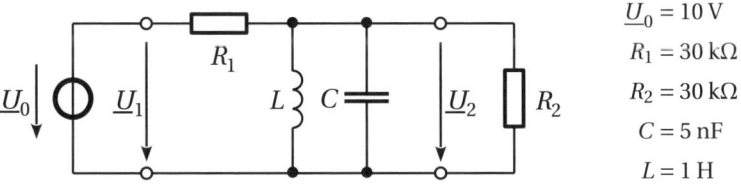

$\underline{U}_0 = 10\,\text{V}$
$R_1 = 30\,\text{k}\Omega$
$R_2 = 30\,\text{k}\Omega$
$C = 5\,\text{nF}$
$L = 1\,\text{H}$

a) Bestimmen Sie die Übertragungsfunktion $\underline{H}(j\omega) = \underline{U}_2(j\omega)/\underline{U}_1(j\omega)$.
b) Bei welcher Frequenz wird $|\underline{H}(j\omega)|$ maximal?
c) Ermitteln Sie die Grenzfrequenzen und die Bandbreite des Filters.
d) Stellen Sie Dämpfung und Phase im Frequenzbereich $0 \le f \le 10\,\text{kHz}$ dar.
e) Stellen Sie das Bode-Diagramm im Frequenzbereich $1\,\text{Hz} \le f \le 100\,\text{kHz}$ dar.
f) Stellen Sie das Nyquist-Diagramm dar.

Übung 4.5 Bandsperrfilter

Das abgebildete Bandsperrfilter soll analysiert werden.

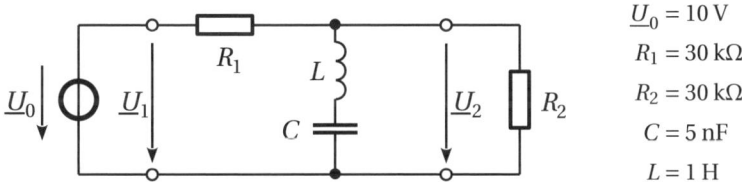

$\underline{U}_0 = 10\,\text{V}$
$R_1 = 30\,\text{k}\Omega$
$R_2 = 30\,\text{k}\Omega$
$C = 5\,\text{nF}$
$L = 1\,\text{H}$

a) Bestimmen Sie die Übertragungsfunktion $\underline{H}(j\omega) = \underline{U}_2(j\omega)/\underline{U}_1(j\omega)$.
b) Bei welcher Frequenz wird $|\underline{H}(j\omega)| = 0$?
c) Ermitteln Sie die Grenzfrequenzen und die Bandbreite des Filters.
d) Stellen Sie Dämpfung und Phase im Frequenzbereich $0 \le f \le 10\,\text{kHz}$ dar.
e) Stellen Sie das Bode-Diagramm im Frequenzbereich $1\,\text{Hz} \le f \le 100\,\text{kHz}$ dar.
f) Stellen Sie das Nyquist-Diagramm dar.

Übung 4.6 Allpassfilter

Im Bild ist die Schaltung eines Allpassfilters dargestellt. Die Amplitude der Ausgangsspannung $|\underline{U}_2|$ ist konstant. Lediglich die Phasenlage ändert sich mit der Frequenz.

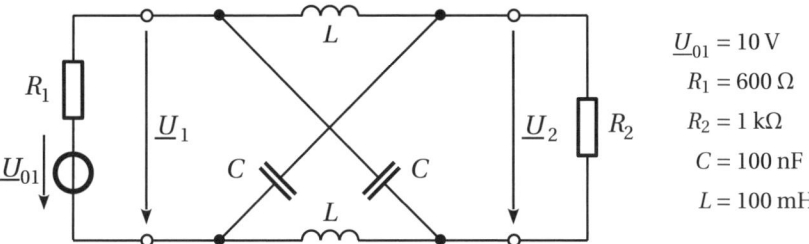

$\underline{U}_{01} = 10\,\text{V}$
$R_1 = 600\,\Omega$
$R_2 = 1\,\text{k}\Omega$
$C = 100\,\text{nF}$
$L = 100\,\text{mH}$

a) Bestimmen Sie die Übertragungsfunktion $\underline{H}(j\omega) = \underline{U}_2(j\omega)/\underline{U}_1(j\omega)$.
b) Zeigen Sie, dass mit den angegebenen Werten $|\underline{H}(j\omega)| = 1\,\forall\omega$ ist.
c) Stellen Sie die Phase im Frequenzbereich $0 \le f \le 10\,\text{kHz}$ dar.

5 Leistung und Arbeit

Die elektrische Leistung ist durch das Produkt von Spannung und Strom gegeben . Die elektrische Arbeit bzw. die elektrische Energie ist die über einen bestimmten Zeitraum aufgebrachte Leistung. In einem ohmschen Widerstand wird dem Stromkreis elektrische Energie entzogen und in eine andere Energieform, z. B. Wärme oder Bewegungsenergie, umgesetzt. Unter nichtohmschen Widerständen verstehen wir unter anderem Blindwiderstände, in denen keine Leistung umgesetzt wird, obwohl eine Spannung anliegt und ein Strom fließt. Hier wird elektrische Energie in einem Bauelement kurzzeitig gespeichert und wieder in den elektrischen Kreis eingespeist.

■ 5.1 Leistungsbetrachtung im Gleich- und Wechselstromkreis

Wir wollen zunächst einen linearen ohmschen Widerstand R betrachten, an dem eine Gleichspannung U anliegt. Durch den Widerstand fließt dann der Strom $I = U/R$. Im Widerstand wird somit die *Leistung*

$$P = U I = \frac{U^2}{I} = I^2 R \tag{5.1}$$

umgesetzt. Spannung und Strom gehen also quadratisch in die Leistung ein, damit führt eine Verdoppelung der Spannung an einem Widerstand zu einer Vervierfachung der umgesetzten Leistung.

Bei nichtlinearen Widerständen besteht kein linearer Zusammenhang zwischen Spannung und Strom, d. h., eine Verdoppelung der Spannung führt nicht zu einer Verdoppelung des Stromes. Die Leistung, die in einem derartigen Bauelement umgesetzt wird, kann also ausschließlich über das Produkt von Spannung und Strom bestimmt werden.

Die Maßeinheit der Leistung ist das *Watt*.[1]

$$1\,\text{W} = 1\,\text{V} \cdot 1\,\text{A} = 1\,\frac{\text{N} \cdot \text{m}}{\text{s}} = 1\,\frac{\text{kg} \cdot \text{m}^2}{\text{s}^3}$$

Die Einheit Watt verwenden wir nur für jene Leistung, die dem elektrischen Stromkreis entzogen wird. Mit der Einheit Voltampere (VA) drücken wir aus, dass zumindest ein Teil der Leistung im Stromkreis verbleibt. Leistungen, die an reaktiven Bauelementen umgesetzt werden, erhalten die Einheit Voltampere Reaktiv (var).

---

[1] James Watt, englischer Ingenieur, 1736–1819.

Die elektrische *Arbeit* bzw. elektrische *Energie* ist die über einen bestimmten Zeitraum τ aufgebrachte Leistung, d. h.,

$$W = P \cdot \tau \,. \tag{5.2}$$

Da Energie weder verbraucht noch erzeugt werden kann, sind sowohl Quellen *(Erzeuger)* als auch Senken *(Verbraucher)* lediglich Energiewandler. In Quellen wird beispielsweise mechanische (Dynamo, Generator) oder chemische (Batterie, Akkumulator) Energie in elektrische Energie umgeformt. In einer Senke, z. B. einem Widerstand, wird elektrische Energie in Wärme umgewandelt.

5.1.1 Augenblicksleistung

Sind Spannung und Strom zeitabhängig, also durch Funktionen $u(t)$ und $i(t)$ gegeben, so ist auch die Leistung

$$p(t) = u(t) \cdot i(t) \tag{5.3}$$

eine Funktion der Zeit. Das Produkt von Spannung und Strom in (5.3) wird als *Augenblicksleistung* bezeichnet. Die Augenblicksleistung $p(t)$ ist in der Regel von untergeordneter Bedeutung. Stattdessen wird eine Mittelwertbetrachtung durchgeführt. Wir wollen hier nur periodische Vorgänge betrachten. Die mittlere Leistung ist dann durch

$$\bar{p} = \frac{1}{T'} \int_0^{T'} p(t)\,\mathrm{d}t \tag{5.4}$$

gegeben, wobei T' die Periode der Augenblicksleistung $p(t)$ ist.
Wir betrachten nun monofrequente Wechselvorgänge, d. h., Spannung und Strom sind durch

$$u(t) = \hat{u}\cos(\omega t + \varphi_u)$$

und

$$i(t) = \hat{i}\cos(\omega t + \varphi_i)$$

gegeben. Damit ergibt sich für die Augenblicksleistung

$$p(t) = \hat{u} \cdot \hat{i} \cdot \cos(\omega t + \varphi_u) \cdot \cos(\omega t + \varphi_i) \,. \tag{5.5}$$

Wenden wir das Additionstheorem

$$\cos\alpha \cdot \cos\beta = \frac{1}{2}\Big[\cos(\alpha + \beta) + \cos(\alpha - \beta)\Big]$$

auf (5.5) an, so erhalten wir

$$p(t) = \frac{\hat{u} \cdot \hat{i}}{2}\Big[\underbrace{\cos(2\omega t + \varphi_u + \varphi_i)}_{\text{zeitabhängig}} + \underbrace{\cos(\varphi_u - \varphi_i)}_{\text{konstant}}\Big] \,. \tag{5.6}$$

Der linke Kosinusterm in (5.6) stellt den zeitabhängigen Teil der Augenblicksleistung dar. Die Frequenz entspricht der doppelten Frequenz von Spannung bzw. Strom. Damit oszilliert die

Augenblicksleistung mit der halben Periodendauer der Signale. Dieser linke Term ist gleichanteilfrei. Der Mittelwert $\bar{p}$ der Augenblicksleistung ist durch den rechten Kosinusterm gegeben, d. h.,

$$\bar{p} = \frac{\hat{u} \cdot \hat{i}}{2} \cos(\varphi_u - \varphi_i) = U I \cos\varphi \,, \tag{5.7}$$

wobei $U = \hat{u}/\sqrt{2}$ und $I = \hat{i}/\sqrt{2}$ die Effektivwerte darstellen. Die mittlere Leistung $\bar{p}$ hängt nur von der Phasenverschiebung $\varphi = \varphi_u - \varphi_i$ zwischen Spannung und Strom ab. Der Ausdruck $\cos\varphi$ wird daher auch als *Leistungsfaktor* bezeichnet.

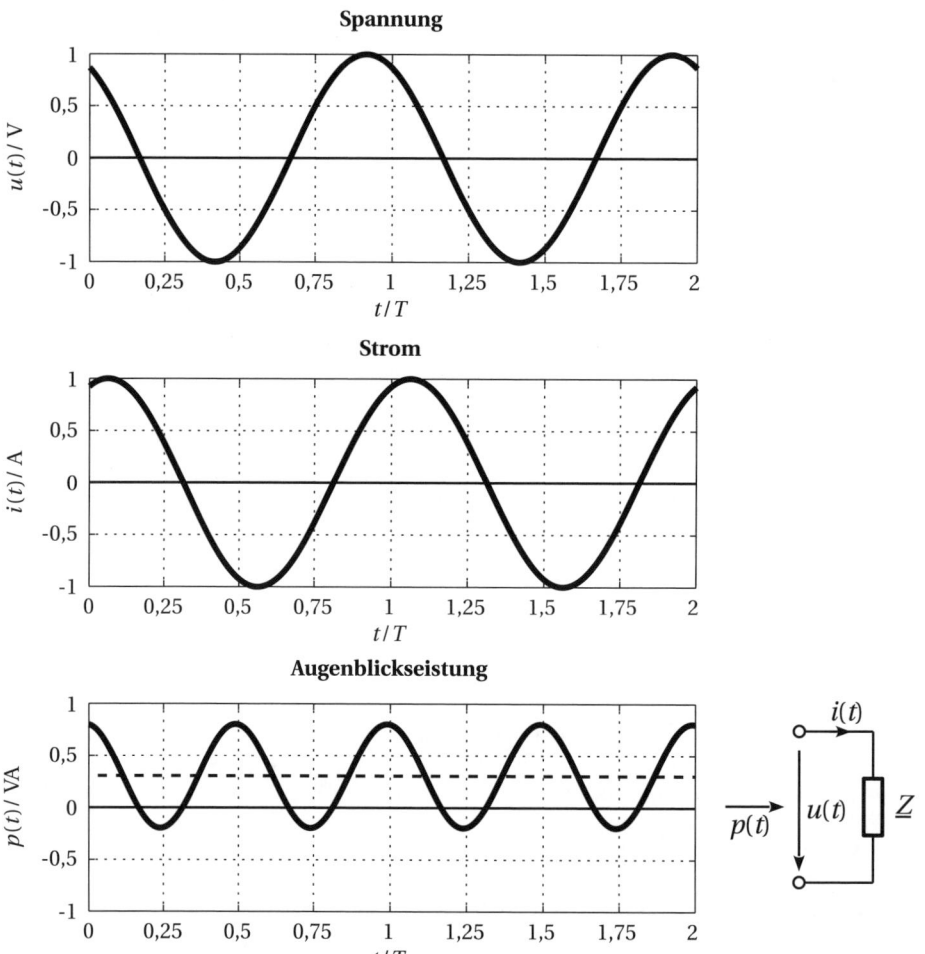

Bild 5.1 An die Impedanz $\underline{Z}$ wird die periodisch zeitabhängige Leistung $p(t)$ abgegeben. Je nach Phasenverschiebung zwischen Spannung und Strom kann die Augenblicksleistung $p(t)$ auch negative Werte annehmen. Der Mittelwert $\bar{p}$ ist jedoch niemals negativ, da passive Impedanzen immer einen nichtnegativen Realteil besitzen.

In Bild 5.1 ist der Verlauf der Augenblicksleistung gemäß (5.6) an einer passiven Impedanz $\underline{Z}$ dargestellt, an die eine kosinusförmige Wechselspannung $u(t)$ angelegt wird. Der Realteil der

Impedanz, also der Wirkwiderstand, ist nicht negativ und somit liegt die Phasenverschiebung zwischen Spannung und Strom im Bereich $-90° \leq \varphi \leq +90°$. Damit kann der Mittelwert $\bar{p}$ der Augenblicksleistung $p(t)$ niemals negativ werden. Zu bestimmten Zeiten ist jedoch $p(t)$ negativ und dann gibt $\underline{Z}$ Leistung ab. Diese Leistung ist im reaktiven Teil (Kapazität bzw. Induktivität) der Impedanz gespeichert. Der ohmsche Anteil der Impedanz nimmt immer Leistung auf.

 Augenblicksleistung an Impedanzen

$p(t) > 0 \quad \Rightarrow \quad \underline{Z}$ nimmt Leistung auf.

$p(t) < 0 \quad \Rightarrow \quad \underline{Z}$ gibt Leistung ab.

Tabelle 5.1 Sonderfälle der Lastimpedanz

rein ohmsche Last	$\varphi = 0°$	$\bar{p} = UI$	$p(t) \geq 0 \; \forall \; t$
rein kapazitive Last	$\varphi = -90°$	$\bar{p} = 0$	
rein induktive Last	$\varphi = 90°$	$\bar{p} = 0$	

Je nach dem, wie sich die Impedanz $\underline{Z}$ zusammensetzt, wird mehr oder weniger der aufgenommenen Energie für eine halbe Periode von Spannung bzw. Strom gespeichert und in der folgenden halben Periode wieder abgegeben. Der ohmsche Anteil der Impedanz (Wirkwiderstand) nimmt stets Leistung auf, diese wird als *Wirkleistung* bezeichnet. Die vom reaktiven Anteil der Impedanz aufgenommene und anschließend wieder abgegebene Leistung wird als *Blindleistung* bezeichnet. Nur die Wirkleistung kann zur Energieumsetzung, beispielsweise in Wärme oder Bewegungsenergie, verwendet werden. Wirk- und Blindleistung lassen sich aus den Effektivwerten von Spannung und Strom sowie dem Phasenwinkel bestimmen.

$$\text{Wirkleistung} \quad P \quad = \quad UI\cos\varphi$$
$$\text{Blindleistung} \quad Q \quad = \quad UI\sin\varphi$$

5.1.2 Wirk-, Blind- und Scheinleistung

Wir wollen nun die Berechnung der Leistung mit komplexen Amplituden durchführen. Dazu stellen wir Spannung und Strom in der Form

$$u(t) = \hat{u}\cos(\omega t + \varphi_u) = \text{Re}\{\underline{\hat{U}}e^{j\omega t}\} \text{ mit } \underline{\hat{U}} = \hat{u}e^{j\varphi_u}$$

und

$$i(t) = \hat{i}\cos(\omega t + \varphi_i) = \text{Re}\{\underline{\hat{I}}e^{j\omega t}\} \text{ mit } \underline{\hat{I}} = \hat{i}e^{j\varphi_i}$$

bzw. mit den entsprechenden (komplexen) Effektivwerten $\underline{U} = \underline{\hat{U}}/\sqrt{2}$ und $\underline{I} = \underline{\hat{I}}/\sqrt{2}$ dar und definieren die *komplexe Leistung*

$$\underline{S} = \underline{U}\,\underline{I}^* = \frac{1}{2}\cdot\underline{\hat{U}}\,\underline{\hat{I}}^* = \frac{\hat{u}\,\hat{i}}{2}e^{j(\varphi_u - \varphi_i)} = \frac{\hat{u}\,\hat{i}}{2}\cos\varphi + j\frac{\hat{u}\,\hat{i}}{2}\sin\varphi \quad \text{mit } \varphi = \varphi_u - \varphi_i\,. \tag{5.8}$$

Drücken wir (5.8) durch die Effektivwerte $U = \hat{u}/\sqrt{2}$ und $I = \hat{i}/\sqrt{2}$ aus, so erhalten wir mit

$$\underline{S} = UI\cos\varphi + j\,UI\sin\varphi = P + jQ \tag{5.9}$$

einen Ausdruck, dessen Realteil der mittleren Leistung $\bar{p}$ aus (5.7) entspricht.

Die komplexe Leistung $\underline{S}$ setzt sich, genau wie eine Impedanz, aus einem Wirkanteil und einem Blindanteil zusammen. Entsprechend wird $P = \mathrm{Re}\,\underline{S}$ als *Wirkleistung* und $Q = \mathrm{Im}\,\underline{S}$ als *Blindleistung* bezeichnet. Der Betrag $S = |\underline{S}|$ heißt *Scheinleistung*. Die Scheinleistung gibt die scheinbar von der Lastimpedanz aufgenommene Leistung an und ist das Produkt aus Effektivspannung und Effektivstrom. Wirk-, Blind- und Scheinleistung werden, ähnlich wie Impedanzen, auch durch Zeigerdiagramme wie in Bild 5.2 dargestellt.

Tabelle 5.2 Leistung im Wechselstromkreis

komplexe Leistung		$\underline{S} = P + \mathrm{j}\,Q = \underline{U}\,\underline{I}^*$
Scheinleistung		$S = |\underline{S}| = \sqrt{P^2 + Q^2}$
Wirkleistung		$P = \mathrm{Re}\{\underline{S}\} = \mathrm{Re}\{\underline{U}\,\underline{I}^*\} = S\cos\varphi$
Blindleistung		$Q = \mathrm{Im}\{\underline{S}\} = \mathrm{Im}\{\underline{U}\,\underline{I}^*\} = S\sin\varphi$
induktiv	$Q > 0$	
kapazitiv	$Q < 0$	

Der Faktor $\cos\varphi = P/S$ heißt *Leistungsfaktor* bzw. *Wirkfaktor*. In der Energietechnik wird durch Kompensationen versucht, die Blindleistung zu reduzieren. Vielfach verhalten sich Verbraucher induktiv, beispielsweise Motoren. Bei einer vollständigen Kompensation durch entsprechende Kapazitäten heben sich der induktive und der kapazitive Anteil auf, d. h., es kommt zu einer Resonanz. Um die damit verbundenen Spannungsüberhöhungen zu vermeiden, wird ein Leistungsfaktor von $\cos\varphi \approx 0{,}95$ angestrebt.

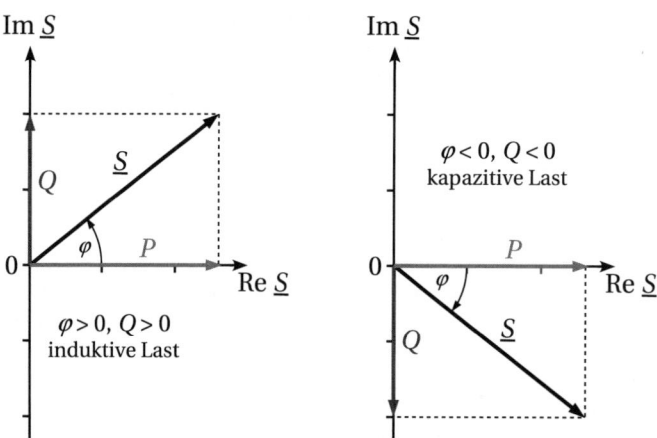

Bild 5.2 Die Aufteilung der Leistung in Wirk- und Blindanteil kann ebenfalls durch ein Zeigerdiagramm dargestellt werden. Leistung, die an einer induktiven Last umgesetzt wird, weist einen positiven Blindanteil auf. An einer kapazitiven Last weist die Leistung einen negativen Blindanteil auf.

Die Einheit der Leistung ist das Watt. Da die Blindleistung keine Umsetzung der elektrischen Energie in eine andere Energieform erlaubt, also auch keine Arbeit leisten kann, verwendet man die Einheit Watt nur für die Wirkleistung. Für die Blindleistung verwendet man die Einheit var (Voltampere Reaktiv) und für die Scheinleistung VA (Voltampere). Durch die verschiedenen Einheiten wird zum Ausdruck gebracht, welche elektrische Leistung tatsächlich zur Verrichtung von Arbeit zur Verfügung steht.

Wirk-, Blind- und Scheinleistung

Einheit der Wirkleistung	$[P] = \mathrm{W}$	(Watt)
Einheit der Blindleistung	$[Q] = \mathrm{var}$	(Voltampere Reaktiv)
Einheit der Scheinleistung	$[S] = \mathrm{VA}$	(Voltampere)

■ 5.2 Leistungsanpassung und Wirkungsgrad

Wir wollen nun untersuchen, unter welchen Bedingungen eine reale Spannungsquelle die maximale Leistung an einen Verbraucher abgeben kann. Dazu betrachten wir zunächst den Gleichstromfall. In Bild 5.3 ist eine durch einen ohmschen Widerstand R_L belastete reale Gleichspannungsquelle dargestellt. Wir fragen uns nun, welche Leistung die Quelle maximal an den Lastwiderstand R_L abgeben kann.

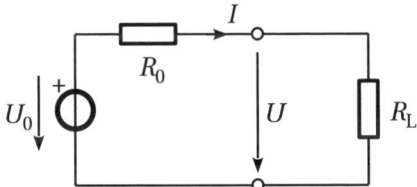

Bild 5.3 Die Gleichspannungsquelle mit dem Innenwiderstand R_0 ist durch einen Verbraucher R_L belastet. Die im Verbraucher umgesetzte Leistung wird genau dann maximal, wenn der Lastwiderstand dem Innenwiderstand der Quelle entspricht.

Die Spannung U am Lastwiderstand ist gegeben durch

$$U = U_0 - R_0 I = R_L I \,. \tag{5.10}$$

Im Lastwiderstand wird die Leistung

$$P = UI = \frac{R_L}{R_L + R_0} U_0 \cdot \frac{U_0}{R_L + R_0} = \frac{R_L}{(R_L + R_0)^2} U_0^2 = \frac{R_L/R_0}{(R_L/R_0 + 1)^2} \cdot \frac{U_0^2}{R_0} \tag{5.11}$$

umgesetzt. Mit $P_0 = U_0^2/R_0$ ergibt sich die normierte Form

$$\frac{P}{P_0} = \frac{R_L/R_0}{(R_L/R_0 + 1)^2} \,. \tag{5.12}$$

Der Ausdruck (5.12) nimmt an der Stelle $R_L/R_0 = 1$ das Maximum $P/P_0 = 1/4$ an. Die maximal von der Quelle abgebbare Leistung beträgt also

$$P_{\max} = \frac{U_0^2}{4 R_0} \,. \tag{5.13}$$

Wenn Lastwiderstand und Innenwiderstand der Quelle gleich groß sind, d. h., wenn $R_L = R_0$ ist, dann gibt die Quelle die maximal mögliche Leistung an den Verbraucher ab. Dieser Betriebszustand wird *Leistungsanpassung* genannt. Ist $R_L \gg R_0$, so sprechen wir von einer *Spannungsanpassung*. Die Spannung an den Klemmen entspricht nahezu der Quellspannung, also dem Maximalwert, und ist praktisch lastunabhängig. Bei der *Stromanpassung* ist $R_L \ll R_0$. Der Strom durch den Verbraucher entspricht dann nahezu dem Kurzschlussstrom der Quelle. (Der Kurzschlussstrom ist der maximale Strom, den die Quelle liefern kann.)

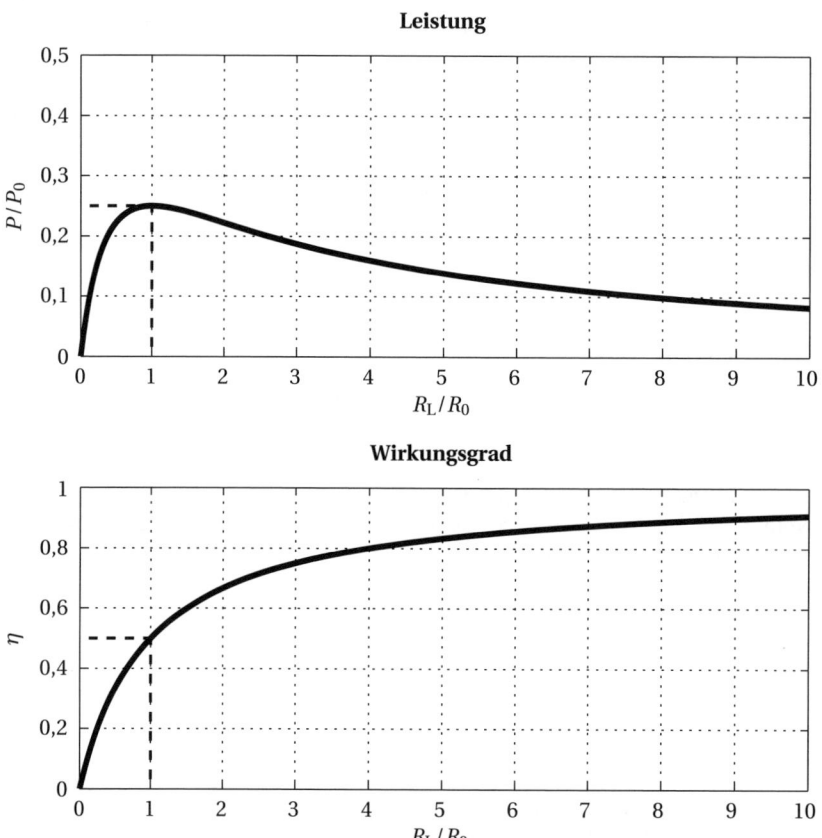

Bild 5.4 Die an den Widerstand R_L abgegebene Leistung nimmt das Maximum an, wenn $R_L = R_0$ ist. Dieser Betriebszustand heißt Leistungsanpassung. Der Wirkungsgrad nimmt mit wachsendem R_L zu und strebt gegen 100 %. Für $R_L \gg R_0$ liegt Spannungsanpassung vor.

Nun wollen wir den *Wirkungsgrad* der Schaltung bestimmen. Dazu setzen wir die im Lastwiderstand umgesetzte Leistung ins Verhältnis zur gesamten (an Last- und Innenwiderstand) abgegebenen Leistung

$$P_{ges} = \frac{U_0^2}{R_0 + R_L} \,. \tag{5.14}$$

Der Wirkungsgrad P/P_{ges} beträgt dann

$$\eta = \frac{R_L}{(R_L + R_0)^2} \, U_0^2 \Bigg/ \frac{1}{R_L + R_0} \, U_0^2 = \frac{R_L}{R_L + R_0} \tag{5.15}$$

Auch den Wirkungsgrad geben wir in der normierten Form

$$\eta = \frac{R_L / R_0}{1 + R_L / R_0} \tag{5.16}$$

an. In den Diagrammen in Bild 5.4 sind die normierte Leistung und der Wirkungsgrad über dem auf den Innenwiderstand der Quelle normierten Lastwiderstand aufgetragen. Das Maximum der Leistungsabgabe finden wir an der Stelle $R_L = R_0$ (Leistungsanpassung), wobei der Wirkungsgrad aber nur 50 % beträgt. Für $R_L \gg R_0$, also für Spannungsanpassung, strebt der Wirkungsgrad gegen seinen Maximalwert von 100 %.

Wir können also drei Betriebszustände unterscheiden. Je nach Zielsetzung und Anforderung einer technischen Realisierung wird einer dieser drei Betriebszustände angestrebt.

- Leistungsanpassung: $R_L = R_0$
  In der Nachrichtentechnik wird in der Regel eine Leistungsanpassung von Sender und Empfänger vorgenommen. Gefordert ist hier die Übertragung maximaler Leistung vom Sender zum Empfänger. Damit werden die Einflüsse additiver Störungen minimiert. Bei der Nachrichtenübertragung spielt der Wirkungsgrad eine untergeordnete Rolle.

- Spannungsanpassung: $R_L \gg R_0$
  In der Energietechnik soll der Wirkungsgrad möglichst hoch und die Spannung lastunabhängig sein. Daher wird die Spannungsanpassung verwendet. Alle Verbraucher sind parallel geschaltet. Das Abschalten eines einzelnen Verbrauchers geschieht durch Trennung von der Spannungsquelle. Kritischer Fehlerfall ist der Kurzschluss in einem Verbraucher. Hier muss eine Notabschaltung vorgenommen werden, um das Zusammenbrechen der Spannung und einen übergroßen Stromfluss zu vermeiden.

- Stromanpassung: $R_L \ll R_0$
  Die Stromanpassung wird nur in wenigen Sonderfällen angewendet. Im Prinzip ist sie ebenfalls zur Energieversorgung geeignet, weist aber einige entscheidende Nachteile auf. Zunächst einmal muss eine Stromquelle verwendet werden. Der Wirkungsgrad ist dabei, wie man leicht nachrechnen kann, durch

$$\eta = \frac{1}{1 + R_L / R_0}$$

gegeben. Somit wächst der Wirkungsgrad bei Verringerung des Lastwiderstandes. Alle Verbraucher müssen zur Energieversorgung in Reihe geschaltet werden. Der Strom ist nahezu lastunabhängig, aber er muss durch alle Verbraucher geleitet werden. Das ist nicht nur unpraktisch, sondern auch mit hohen Verlusten behaftet. Das Abschalten eines einzelnen Verbrauchers geschieht durch Kurzschließen. Fehlerfall ist hier die Unterbrechung in einem Verbraucher. Im Fehlerfall ist der gesamte Stromkreis unterbrochen. Die Anwendungsgebiete sind sehr eingeschränkt. Beispiele sind hier Lichterketten (statt einer Doppelader muss nur eine einzelne Litze verwendet werden) oder Brandschutztüren, die über Elektromagnete offen gehalten werden.

5.2.1 Wirkleistungsanpassung

Nun dehnen wir unsere Überlegungen auf die Wechselstromtechnik aus. Dazu betrachten wir die in Bild 5.5 dargestellte Quelle mit der Innenimpedanz $\underline{Z}_0 = R_0 + j\, X_0$. Jetzt wollen wir durch

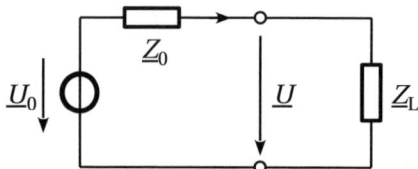

Bild 5.5 Von einer Wechselspannungsquelle mit der Innenimpedanz $\underline{Z}_0$ wird die maximale Wirkleistung abgegeben, wenn die Lastimpedanz $\underline{Z}_L = \underline{Z}_0^*$ beträgt. In diesem Fall liegt Wirkleistungsanpassung vor.

eine geeignete Wahl der angeschlossenen Lastimpedanz $\underline{Z}_L = R_L + j\,X_L$ die darin umgesetzte Wirkleistung maximieren.

Wir bestimmen zunächst die in der Impedanz $\underline{Z}_L$ umgesetzte Wirkleistung

$$P = \mathrm{Re}\{\underline{S}\} = \mathrm{Re}\{\underline{U}\,\underline{I}^*\} = \mathrm{Re}\{\underline{I}\,\underline{I}^*\,\underline{Z}_L\} = |\underline{I}|^2 R_L \,. \tag{5.17}$$

Der Strom durch die Lastimpedanz beträgt $\underline{I} = \underline{U}_0 / (\underline{Z}_0 + \underline{Z}_L)$. Damit ergibt sich die Wirkleistung aus (5.17) zu

$$P = |\underline{U}_0|^2 \frac{R_L}{|\underline{Z}_0 + \underline{Z}_L|^2} = |\underline{U}_0|^2 \frac{R_L}{(R_0 + R_L)^2 + (X_0 + X_L)^2} \,. \tag{5.18}$$

Der Ausdruck (5.18) wird maximal, wenn die Bedingungen

$$\frac{\partial}{\partial R_L}P = 0 \quad \text{und} \quad \frac{\partial}{\partial X_L}P = 0$$

erfüllt sind. Das Maximum lässt sich aber auch ohne Bildung der partiellen Ableitungen bestimmen. Dazu variieren wir zunächst den Blindanteil X_L der Lastimpedanz, sodass der Nenner von (5.18) minimal wird. Da Blindwiderstände sowohl positiv als auch negativ sein können, ist dies bei $X_L = -X_0$ der Fall, d. h., $(X_0 + X_L)^2 = 0$. Damit haben wir die gleiche Situation wie in (5.11). Wir können die Argumentation aus der Gleichstromtechnik unmittelbar übernehmen. Das Maximum der Wirkleistung stellt sich bei $R_L = R_0$ ein. *Wirkleistungsanpassung* liegt also genau dann vor, wenn die Lastimpedanz der konjugiert komplexen Innenimpedanz entspricht.

$$\underline{Z}_L = \underline{Z}_0^* \quad \Leftrightarrow \quad \begin{cases} R_L &=& R_0 \\ X_L &=& -X_0 \end{cases} \tag{5.19}$$

Die maximal von der Wechselspannungsquelle abgebbare Wirkleistung ist damit

$$P_{\max} = \frac{1}{4}\frac{|\underline{U}_0|^2}{R_0} \,. \tag{5.20}$$

Zu beachten ist hierbei, dass im Falle der Wirkleistungsanpassung *Resonanz* vorliegt. Dabei können selbstverständlich auch Spannungsüberhöhungen auftreten. In bestimmten Fällen ist es daher nicht unbedingt sinnvoll, eine exakte Wirkleistungsanpassung anzustreben.

5.2.2 Scheinleistungsanpassung

Wir wollen jetzt die an die Lastimpedanz abgegebene Scheinleistung maximieren. Auch dazu betrachten wir die in Bild 5.5 dargestellte Quelle mit der angeschlossenen Lastimpedanz. Die aufgenommene Scheinleistung beträgt

$$S = |\underline{S}| = |\underline{U}\,\underline{I}^*| = |\underline{I}\,\underline{I}^*\,\underline{Z}_L| = |\underline{I}|^2 \cdot |\underline{Z}_L| \,. \tag{5.21}$$

Nun setzen wir den Strom $\underline{I} = \underline{U}_0 / (\underline{Z}_0 + \underline{Z}_L)$ in (5.21) ein und erhalten

$$S = |\underline{U}_0|^2 \frac{|\underline{Z}_L|}{|\underline{Z}_0 + \underline{Z}_L|^2} \,. \tag{5.22}$$

Durch partielle Ableitung bzw. einer analogen Betrachtung der Leistungsanpassung in der Gleichstromtechnik finden wir das Maximum bei Gleichheit von Lastimpedanz und Innenimpedanz.

$$\underline{Z}_L = \underline{Z}_0 \quad \Leftrightarrow \quad \left\{ \begin{array}{rcl} R_L & = & R_0 \\ X_L & = & X_0 \end{array} \right. \tag{5.23}$$

Die von der Quelle maximal abgebbare Scheinleistung ist damit

$$S_{max} = \frac{1}{4} \frac{|\underline{U}_0|^2}{|\underline{Z}_0|} \,. \tag{5.24}$$

Im Gegensatz zur Wirkleistungsanpassung ist die *Scheinleistungsanpassung* über einen großen Frequenzbereich zu erreichen. Die Scheinleistungsanpassung wird auch als *Wellenanpassung* bezeichnet.

5.2.3 Reflexionsfaktor

Wir stellen uns nun vor, die Quelle gebe gemäß (5.24) stets die maximale Scheinleistung an die Lastimpedanz ab. Ein Teil dieser Leistung wird jedoch, wie in Bild 5.6 dargestellt, von der Lastimpedanz in die Quelle zurück reflektiert. [2]

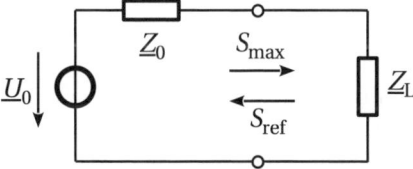

Bild 5.6 Die Quelle gibt stets die maximale Scheinleistung S_{max} an die Lastimpedanz ab. Ein Teil dieser Leistung, nämlich S_{ref}, wird reflektiert. Die von der Lastimpedanz aufgenommene Scheinleistung entspricht der Differenz $S_{max} - S_{ref}$.

---

[2]   Die hinlaufende sowie die reflektierte Leistung lässt sich mithilfe von Richtkopplern sogar messen. In der Hochfrequenztechnik verwendet man dazu sogenannte Stehwellenmessgeräte.

Die Differenz von (5.24) und (5.22) ist die von der Lastimpedanz reflektierte Scheinleistung

$$S_{\text{ref}} = S_{\text{max}} - S = \frac{1}{4} \frac{|\underline{U}_0|^2}{|\underline{Z}_0|} - |\underline{U}_0|^2 \frac{|\underline{Z}_L|}{|\underline{Z}_0 + \underline{Z}_L|^2} \ . \tag{5.25}$$

Der Ausdruck

$$r = \frac{\underline{Z}_0 - \underline{Z}_L}{\underline{Z}_0 + \underline{Z}_L} \tag{5.26}$$

wird als *Reflexionsfaktor* bezeichnet. Dessen Betragsquadrat stellt das Verhältnis von maximal abgegebener Leistung S_{max} und reflektierter Leistung S_{ref} dar, d. h.,

$$S_{\text{ref}} = |r|^2 \, S_{\text{max}} \ . \tag{5.27}$$

S_{max} und S_{ref} werden auch als hinlaufende bzw. reflektierte Welle bezeichnet. Bei Wellenanpassung verschwindet der Reflexionsfaktor und bei Wirkleistungsanpassung ist er rein imaginär.

Tabelle 5.3 Reflexionsfaktor bei Wellen- und Wirkleistungsanpassung

Wellenanpassung	$\underline{Z}_L = \underline{Z}_0$	$r = 0$
Wirkleistungsanpassung	$\underline{Z}_L = \underline{Z}_0^*$	$r = j \dfrac{\text{Im}\{\underline{Z}_0\}}{\text{Re}\{\underline{Z}_0\}}$

■ 5.3 Logarithmische Kenngrößen

In der Elektrotechnik werden sehr große Wertebereiche abgedeckt, die mehrere Zehnerpotenzen umfassen. Spannungen können in technischen Anwendungen im Bereich von wenigen Mikrovolt bis zu einigen Tausend Volt liegen. Als Beispiel sei hier ein Sendeempfänger genannt, bei dem ein derart großer Bereich sogar in einem einzigen Gerät abgedeckt sein kann.

In der Regel ist es nicht erforderlich, alle Spannungen in einem System mit gleich hoher absoluter Genauigkeit zu kennen. Meist reicht eine relative Genauigkeit von 0,1 % bis 1 % aus, d. h., für die Darstellung der Werte sind vier Dezimalstellen ausreichend. Der entsprechende Wertebereich wird durch den Präfix zur Einheit klassifiziert.

Die logarithmische Darstellung bietet den Vorteil, dass mit wenigen Ziffern ein großer linearer Bereich mit einer gleichbleibenden relativen Genauigkeit abgedeckt werden kann. Allerdings kann die Logarithmus-Funktion nicht auf Größen mit Einheiten angewendet werden. Es ist daher die Normierung auf eine Referenzgröße erforderlich. Den Logarithmus dieser Verhältniszahl nennen wir dann *Pegel* und wir verwenden die bereits aus Abschnitt 4.1 bekannte Pseudoeinheit Bel (B). In der Praxis wird eigentlich immer die Einheit Dezibel (dB) verwendet, da die Zahlenwerte dann in fast allen Anwendungsbereichen zwischen -100 und $+100$ liegen und die Angabe einer einzigen Nachkommastelle völlig ausreichend ist.

5.3.1 Leistungspegel

Der *Leistungspegel* L_p ist durch

$$L_p = 10 \cdot \lg\left(\frac{P}{P_{ref}}\right) \tag{5.28}$$

definiert und bezieht sich auf die *Referenzleistung* $P_{ref} = 1$ mW. Als Pseudoeinheit wird die Bezeichnung dB-Milliwatt (dBm) verwendet. Wie sich leicht nachvollziehen lässt, entspricht der Leistung $P = 1$ W der Pegel $L_p = 30$ dBm.

$$P = 1\,\text{W} \quad \Leftrightarrow \quad L_p = 10 \cdot \lg\left(\frac{P}{P_{ref}}\right) = 10 \cdot \lg\left(\frac{1\,\text{W}}{1\,\text{mW}}\right) = 10 \cdot \lg(10^3) = 30\,\text{dBm}$$

Bei einer Verdopplung der Leistung erhöht sich der Pegel um 3 dB, d. h.,

$$P = 2\,\text{W} \quad \Leftrightarrow \quad L_p = 10 \cdot \lg\left(\frac{2\,\text{W}}{1\,\text{mW}}\right) = 10 \cdot \lg(2 \cdot 10^3) = 33\,\text{dBm}\,.$$

5.3.2 Spannungspegel

Der *Spannungspegel* ist durch

$$L_u = 20 \cdot \lg\left(\frac{U}{U_{ref}}\right) \tag{5.29}$$

definiert. Im Gegensatz zu (5.28) tritt hier der Faktor 20 auf. Der Grund hierfür liegt darin, dass die Spannung quadratisch in die Leistung eingeht. Verdoppelt sich die Spannung, so vervierfacht sich die Leistung und sowohl Spannungs- als auch Leistungspegel erhöhen sich um 6 dB. Als *Referenzspannung* wird häufig $U_{ref} = 1\,\mu$V verwendet. Der Spannungspegel wird dann durch die Pseudoeinheit dB-Mikrovolt (dBµ) gekennzeichnet. Einer Spannung von $U = 1$ V entspricht somit der Spannungspegel $L_p = 120$ dBµ.

$$U = 1\,\text{V} \quad \Leftrightarrow \quad L_u = 20 \cdot \lg\left(\frac{U}{U_{ref}}\right) = 20 \cdot \lg\left(\frac{1\,\text{V}}{1\,\mu\text{V}}\right) = 20 \cdot \lg(10^6) = 120\,\text{dBµ}$$

Die Einheit dBµ wird meist nur in der Hochfrequenztechnik bei Empfängerschaltungen angewendet, in denen naturgemäß nur sehr kleine Spannungen auftreten.

5.3.3 Bezugssysteme

Um den Zusammenhang zwischen Leistung und Spannung herzustellen, wird ein *Referenzwiderstand* R_{ref} definiert. In diesem Widerstand wird die *Referenzleistung* P_{ref} umgesetzt, wenn die *Referenzspannung* U_{ref} anliegt, d. h.,

$$U_{ref} = \sqrt{P_{ref} \cdot R_{ref}} \quad \text{bzw.} \quad P_{ref} = \frac{U_{ref}^2}{R_{ref}}\,. \tag{5.30}$$

Häufig werden die Referenzwiderstände $R_{ref} = 600\,\Omega$ in der Audiotechnik und $R_{ref} = 50\,\Omega$ in der Hochfrequenztechnik festgelegt. Wir verwenden in diesem Zusammenhang den Begriff *Bezugssystem*. Der Leistungspegel

$$L_p = 10 \cdot \lg\left(\frac{P}{P_{ref}}\right) = 20 \cdot \lg\left(\frac{U}{\sqrt{P_{ref} \cdot R_{ref}}}\right) \tag{5.31}$$

lässt sich dann aus der Spannung und der Spannungspegel

$$L_u = 20 \cdot \lg\left(\frac{U}{U_{ref}}\right) = 10 \cdot \lg\left(\frac{P}{U_{ref}^2 / R_{ref}}\right) \tag{5.32}$$

auch aus der Leistung berechnen. In den Tabellen 5.4 und 5.5 sind einige Zahlenwerte der genannten Bezugssysteme aufgelistet.

Tabelle 5.4 Referenzwerte im 600-Ω-Bezugssystem

Leistung P	Spannung U	Leistungspegel L_p	Spannungspegel L_u
1 mW	775 mV	0 dBm	117,8 dBμ
2 mW	1,095 V	3 dBm	120,8 dBμ
4 mW	1,549 V	6 dBm	123,8 dBμ
1,667 fW	1 μV	−117,8 dBm	0 dBμ
3,333 fW	1,414 μV	−114,8 dBm	3 dBμ
6,667 fW	2 μV	−111,8 dBm	6 dBμ

Tabelle 5.5 Referenzwerte im 50-Ω-Bezugssystem

Leistung P	Spannung U	Leistungspegel L_p	Spannungspegel L_u
1 mW	223,6 mV	0 dBm	107 dBμ
2 mW	316,2 mV	3 dBm	110 dBμ
4 mW	447,2 mV	6 dBm	113 dBμ
20 fW	1 μV	−107 dBm	0 dBμ
80 fW	1,414 μV	−104 dBm	3 dBμ
320 fW	2 μV	−101 dBm	6 dBμ

5.3.4 Referenzpegel

In vielen Anwendungen wird ein allgemeiner *Referenzpegel* definiert. Dies kann eine Spannung oder eine Leistung sein, die an einer bestimmten Stelle in einem System auftritt. Alle Pegel im System werden dann durch die Pseudoeinheit dBr gekennzeichnet und beziehen sich auf den Referenzpegel. Über den Referenzwiderstand wird dann der Zusammenhang zwischen Spannung und Leistung hergestellt.

Referenzpegel werden häufig in Telekommunikationssystemen verwendet. Ein weiteres Anwendungsgebiet sind digitale Systeme, in denen nur Zahlenwerte, jedoch keine echten Spannungen oder Leistungen auftreten.

■ 5.4 Übungsaufgaben

Übung 5.1 Belasteter Spannungsteiler

Zwei parallel geschaltete 6-V-Kontrolllampen unterschiedlicher Leistung werden von einer 12-V-Gleichspannungsquelle über einen Spannungsteiler gespeist.

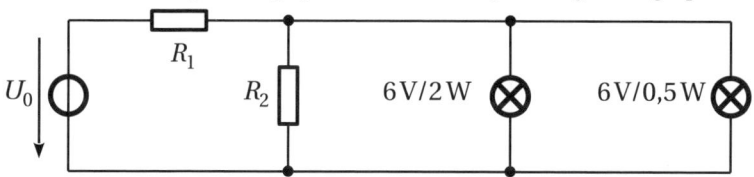

Die Widerstände R_1 und R_2 des Spannungsteilers sind so zu dimensionieren, dass die Spannung an den Lampen im störungsfreien Betrieb 6 V beträgt und beim Ausfall einer Lampe auf maximal 8 V ansteigt.

a) Der Ausfall welcher der beiden Lampen führt zum kritischeren Betriebszustand? (Was ist der kritischere Betriebszustand?)

b) Berechnen Sie die Widerstände R_1 und R_2 unter den oben angegebenen Rahmenbedingungen.

c) Wie groß wird die Spannung an den Lampen im etwas weniger kritischen Betriebszustand, also wenn die andere Lampe ausfällt?

d) Wie groß ist die Spannung an den Lampen, wenn beide ausfallen?

e) In welchem Verhältnis steht die in den Lampen umgesetzte Leistung zur Leistung, die in den Widerständen umgesetzt wird?

Übung 5.2 Leistung und Energie

Eine Gleichspannung von 230 V soll dauerhaft überwacht werden. Dazu steht neben einer Lampe (230 V/15 W) auch eine kleine Kontrollleuchte (6 V/0,5 W) zur Verfügung. Nun sollen die Leistungsaufnahme der Überwachungsschaltung sowie der Jahresenergieverbrauch ermittelt werden.

a) Berechnen Sie den Jahresenergieverbrauch, wenn die 230-V-Lampe eingesetzt wird.

b) Zum Betrieb der Kontrollleuchte muss ein Vorwiderstand in Reihe geschaltet werden. Dimensionieren Sie diesen Widerstand (Widerstandswert und Leistung). Wie groß sind der Wirkungsgrad und der Jahresenergieverbrauch dieser Schaltung?

c) Als Alternative soll eine Leuchtdiode verwendet werden, an der bei einem Strom von 10 mA eine Spannung von 2,6 V abfällt. Dimensionieren Sie auch hier den erforderlichen Vorwiderstand und ermitteln Sie Wirkungsgrad und Jahresenergieverbrauch.

Übung 5.3 Leistungs- und Spannungspegel

An einem rein ohmschen Widerstand mit dem Wert $R = 2,7\ \text{k}\Omega$ beträgt der gemessene Leistungspegel $L_p = 15\ \text{dBm}$.

a) Welche Spannung fällt am Widerstand ab?

b) Wie groß ist der Spannungspegel?

c) Wie ändern sich Leistungs- und Spannungspegel, wenn die Spannung am Widerstand verdoppelt wird?

Übung 5.4 Ersatzspannungsquelle

An das im Bild grau unterlegte Netzwerk mit der Gleichstromquelle $I_q = 120\,\text{mA}$ und den Widerständen $R_1 = R_2 = 1\,\text{k}\Omega$ sowie $R_3 = 2\,\text{k}\Omega$ ist ein Potenziometer $0 \le R_L \le \infty$ angeschlossen. An den Klemmen stellen sich die Spannung U und der Strom I ein.

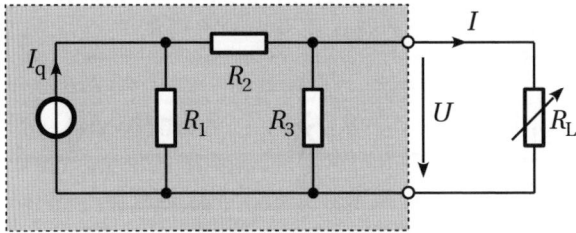

a) Ermitteln Sie die Leerlaufspannung $U_L = U|_{R_L=\infty}$ an den Klemmen und den Kurzschlussstrom $I_K = I|_{R_L=0}$.

b) Das grau unterlegte Netzwerk soll nun durch eine Ersatzspannungsquelle mit der Quellspannung U_0 und dem Innenwiderstand R_0 ersetzt werden. Bestimmen Sie U_0 und R_0. Skizzieren Sie die vollständige Schaltung mit Spannungsquelle, Innenwiderstand und Lastwiderstand. Tragen Sie auch die Zählpfeile für die Spannung U und den Strom I ein.

c) Stellen Sie die Verläufe der Spannung U, des Stromes I und der Leistung $P = U \cdot I$ in Abhängigkeit vom Widerstand R_L im Bereich $0 \le R_L \le 5\,R_0$ in jeweils einem Diagramm dar.

d) Wie groß ist die maximal von der Quelle abgebbare Leistung $P_{\max}$?

e) Berechnen Sie die im Widerstand R_L umgesetzte Leistung P für die Fälle $R_L = R_0/2$, $R_L = R_0$ und $R_L = 2\,R_0$.

f) Die im Lastwiderstand umgesetzte Leistung wird maximal für $R_L = R_0$. Wie groß ist in diesem Fall die Spannung U?

Übung 5.5 Leistung im Wechselstromkreis

Eine Reihenschaltung aus zwei Impedanzen $\underline{Z}_1 = 100\,\Omega \cdot e^{j\,30°}$ und $\underline{Z}_2 = 200\,\Omega \cdot e^{-j\,45°}$ ist an eine Spannungsquelle angeschlossen. Die Spannung ist durch $u_0(t) = \hat{u}_0 \cos(2\pi f\,t)$ mit $\hat{u}_0 = 12\,\text{V}$ und $f = 1\,\text{kHz}$ gegeben.

a) Die Impedanzen $\underline{Z}_1$ und $\underline{Z}_2$ sind als RL- bzw. als RC-Reihenschaltungen realisiert. Skizzieren Sie die Schaltungen und geben Sie die Bauteilwerte an.

b) Berechnen Sie die Spannung $u(t)$, den Strom $i(t)$ sowie die Augenblicksleistung $p(t)$ und stellen Sie diese in drei Diagrammen für $0 \le t \le 1/f$ dar.

c) Bestimmen Sie die von $\underline{Z}_2$ aufgenommene Wirk-, Blind- und Scheinleistung.

d) Nun betrage $\underline{Z}_2 = 100\,\Omega \cdot e^{j\varphi}$, wobei φ zwischen $-90°$ und $90°$ variiert wird. Tragen Sie in einem Diagramm die Wirk-, Blind- und Scheinleistung über dem Winkel φ auf.

e) Jetzt wird $R_2 = \text{Re}\,\underline{Z}_2$ zwischen $0\,\Omega$ und $500\,\Omega$ variiert. Der Blindwiderstand sei konstant und betrage $X_2 = \text{Im}\,\underline{Z}_2 = -50\,\Omega$. Stellen Sie die Wirk-, Blind- und Scheinleistung in Abhängigkeit vom Wirkwiderstand R_2 in einem Diagramm dar.

Übung 5.6 Leistung am Lastwiderstand

Im Diagramm ist die von einer realen Gleichspannungsquelle an einen Lastwiderstand abgegebene Leistung grafisch über dem Lastwiderstand R_L dargestellt. Der Lastwiderstand wird dabei im Bereich $0 \leq R_L \leq 5\ \text{k}\Omega$ variiert.

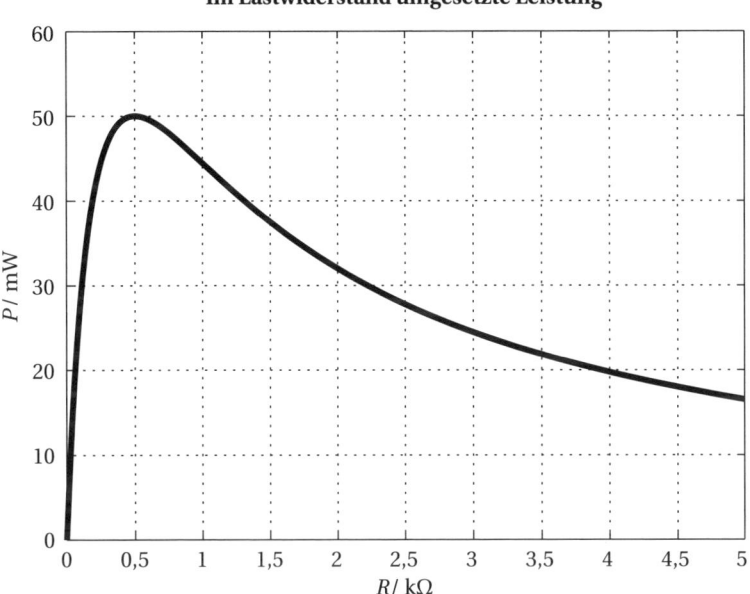

a) Entnehmen Sie dem Diagramm die maximal von der Quelle abgebbare Leistung P_{max} sowie den Innenwiderstand R_0 und bestimmen Sie daraus die Leerlaufspannung U_L sowie den Kurzschlussstrom I_K.
b) Skizzieren Sie die Schaltung mit Spannungsquelle, Innenwiderstand und Lastwiderstand. Tragen Sie auch die Zählpfeile für die Spannung U und den Strom I ein.
c) Stellen Sie in einem Diagramm den Verlauf der Spannung U in Abhängigkeit vom Lastwiderstand R_L im Bereich $0 \leq R_L \leq 5\ \text{k}\Omega$ dar.
d) Stellen Sie in einem Diagramm den Verlauf des Stromes I in Abhängigkeit vom Lastwiderstand R_L im Bereich $0 \leq R_L \leq 5\ \text{k}\Omega$ dar.

Übung 5.7 Belastete Wechselspannungsquelle

Eine reale Wechselspannungsquelle mit einer sinusförmigen Quellspannung der Frequenz $f = 800\ \text{Hz}$ wird zunächst unbelastet betrieben. Dabei stellt sich an den Klemmen die komplexe Spannungsamplitude $\underline{U} = 10\ \text{V} \cdot e^{j0°}$ ein.
Anschließend wird die Quelle mit der Impedanz $\underline{Z} = 600\ \Omega \cdot e^{-j60°}$ belastet. Nun fließt der Strom $\underline{I} = 11{,}785\ \text{mA} \cdot e^{j15°}$ durch die Impedanz $\underline{Z}$.

a) Berechnen Sie die Innenimpedanz $\underline{Z}_0$ der realen Quelle.
b) Geben Sie eine mögliche Realisierung der Impedanz $\underline{Z}$ an (Schaltskizze) und berechnen Sie die Nennwerte der verwendeten Bauelemente.
c) Bestimmen Sie die Wirkleistung P, die Blindleistung Q sowie die Scheinleistung S, die in der Impedanz $\underline{Z}$ umgesetzt werden.
d) Wie groß ist die von der Quelle maximal abgebbare Wirkleistung P_{max}?

Übung 5.8 Leistungsumsetzung in einer Impedanz

In einer Impedanz mit dem Wert $\underline{Z} = 100\,\Omega \cdot e^{-j60°}$ wird die Wirkleistung $P = 4\,\text{W}$ umgesetzt. Die Impedanz ist realisiert durch eine Parallelschaltung eines Widerstandes R und einer Kapazität C. Die Spannung an der Impedanz ist durch $u(t) = \hat{u}\cos(2\pi f_0 t)$ gegeben, wobei die Frequenz $f_0 = 50\,\text{Hz}$ beträgt.

a) Ermitteln Sie die Nennwerte des Widerstandes R und der Kapazität C.

b) Berechnen Sie den Spitzenwert $\hat{u}$ der Spannung $u(t)$ an der Impedanz sowie den Strom $i_R(t)$, der durch den reellen Widerstand R fließt.

c) Wie groß ist die in der Impedanz $\underline{Z}$ umgesetzte komplexe Leistung $\underline{S}$? Geben Sie auch die Blind- und die Scheinleistung an.

d) Bestimmen Sie den durch die Impedanz $\underline{Z}$ fließenden Strom $i(t)$.

Übung 5.9 Belastete Wechselspannungsquelle

Die Impedanz mit dem Wert $\underline{Z} = 1\,\text{k}\Omega \cdot e^{j30°}$ wird an eine Wechselspannungsquelle mit der Quellspannung $\underline{U}_0 = 10\,\text{V}$ und der Innenimpedanz $\underline{Z}_0 = 600\,\Omega$ angeschlossen.

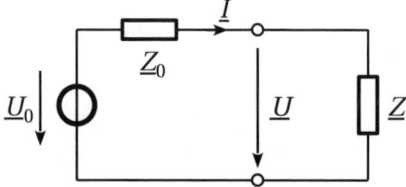

a) Berechnen Sie die Spannung $\underline{U}$ sowie den Strom $\underline{I}$.

b) Welche Schein-, Wirk- und Blindleistung nimmt $\underline{Z}$ auf?

c) Wie muss $\underline{Z}_0$ gewählt werden, damit die in $\underline{Z}$ umgesetzte Wirkleistung maximal wird? Geben Sie eine mögliche Realisierung für $\underline{Z}_0$ an (Schaltskizze).

Übung 5.10 Quelle mit induktiver Innenimpedanz

Eine Spannungsquelle mit induktiver Innenimpedanz wird mit einer kapazitiven Impedanz belastet. Der zeitliche Verlauf der Quellspannung ist durch $u_0(t) = \hat{u}\cos(2\pi f t)$ gegeben. Die Amplitude der Spannung beträgt $\hat{u} = 10\,\text{V}$, die Frequenz f ist variabel.

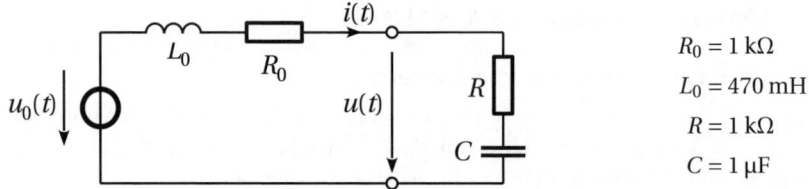

$$R_0 = 1\,\text{k}\Omega$$
$$L_0 = 470\,\text{mH}$$
$$R = 1\,\text{k}\Omega$$
$$C = 1\,\mu\text{F}$$

a) Berechnen Sie die im Widerstand R umgesetzte Wirkleistung P in Abhängigkeit von der Frequenz f und stellen Sie diese in einem Diagramm dar.

b) Berechnen Sie die in der Kapazität C umgesetzte Blindleistung Q in Abhängigkeit von der Frequenz f und stellen Sie diese in einem Diagramm dar.

c) Bei welcher Frequenz f_0 liegt Wirkleistungsanpassung vor?

d) Berechnen Sie die Spannung $u(t)$ und den Strom $i(t)$ bei Wirkleistungsanpassung.

6 Lineare elektrische Netzwerke

Wir wollen uns nun der systematischen Analyse beliebiger linearer elektrischer Netzwerke widmen. Durch die Einschränkung „linear" lässt sich bei unseren Betrachtungen immer eine eindeutige analytische Lösung des Problems finden. Sind auch nichtlineare Bauelemente im Netzwerk vorhanden, so kann die Lösung in der Regel nur mithilfe iterativer Methoden gefunden werden.

■ 6.1 Definition linearer Netzwerke

Wir betrachten ein lineares elektrisches *Netzwerk*, bestehend aus der Zusammenschaltung von zweipoligen linearen Bauelementen. Ziel der Analyse ist die Bestimmung aller Ströme und Spannungen im Netzwerk. Die möglichen Bauelemente eines linearen Netzwerks sind demnach

- Widerstände (Leitwerte),
- Kapazitäten (ideale Kondensatoren),
- Induktivitäten (ideale Spulen),
- Stromquellen und
- Spannungsquellen.

Diese Bauelemente können gemäß Bild 6.1 zu einem einzigen *Zweipolelement* zusammengefasst werden. Das elektrische Verhalten des Widerstandes, der Kapazität, der Induktivität oder einer Zusammenschaltung dieser drei Bauelemente drücken wir durch die Impedanz $\underline{Z}_v$ bzw. die Admittanz $\underline{Y}_v$ aus. Somit können wir das Zweipolelement durch

$$\underline{U}_v = \underline{Z}_v \left(\underline{I}_v - \underline{I}_{0v} \right) + \underline{U}_{0v} \tag{6.1}$$

bzw. mit $\underline{Y}_v = 1/\underline{Z}_v$ durch

$$\underline{I}_v = \underline{Y}_v \left(\underline{U}_v - \underline{U}_{0v} \right) + \underline{I}_{0v} \tag{6.2}$$

beschreiben. Diesen Zusammenhang bezeichnen wir als *Zweipolgleichung*. Ferner gelten im Netzwerk die Kirchhoff'schen Regeln, d. h., für jeden Knoten gilt

$$\sum_v \underline{I}_v = 0$$

und in jeder Masche gilt

$$\sum_v \underline{U}_v = 0 \,.$$

Sämtliche Gleichungen lassen sich zu einem analytisch eindeutig lösbaren Gleichungssystem zusammenfassen.

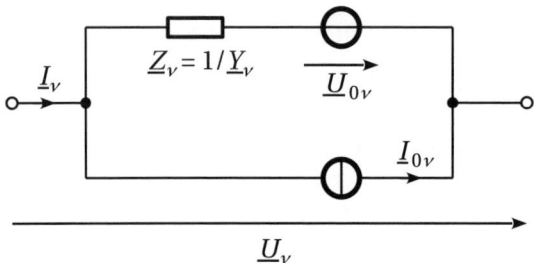

Bild 6.1 Allgemeines zweipoliges Bauelement in einem beliebigen linearen Netzwerk.

Wir wollen davon ausgehen, dass alle Impedanzen $\underline{Z}_v$ im Netzwerk sowie die Quellspannungen $\underline{U}_{0v}$ und die Quellströme $\underline{I}_{0v}$ bekannt sind. Des Weiteren wird die Zählpfeilrichtung in Bild 6.1 für die Zweipolelemente verbindlich festgelegt.

■ 6.2 Netzwerkdarstellung durch Grafen

Wir wollen nun als Beispiel das Netzwerk in Bild 6.2 analysieren. Dieses Netzwerk besteht aus mehreren Impedanzen, einer Spannungsquelle und einer Stromquelle. Bei einer konventionellen Vorgehensweise müssten wir zunächst die Schaltung vereinfachen, z. B. indem wir als Erstes die in Reihe geschalteten Impedanzen $\underline{Z}_3$ und $\underline{Z}_6$ zusammenfassen und anschließend die Parallelschaltung mit $\underline{Z}_5$ auflösen. Dabei werden wir jedoch auf Lösungen stoßen, die die einzelnen Spannungen an den Bauelementen und die entsprechenden Ströme nicht mehr enthalten. Sämtliche Vereinfachungen müssten dann schrittweise wieder rückgängig gemacht werden. Unser Ziel muss es also sein, ein System von Gleichungen aufzustellen, das genau dieses vorliegende Netzwerk beschreibt.

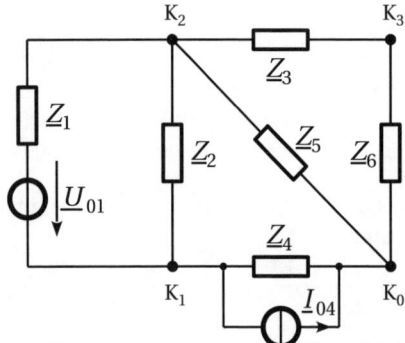

Bild 6.2 Das dargestellte Netzwerk enthält neben Impedanzen auch eine Spannungsquelle und eine Stromquelle. Alle Impedanzen sowie Quellspannungen und Quellströme seien bekannt.

Da alle Bauelemente eines linearen Netzwerks durch eine einheitliche Darstellungsweise beschrieben werden, lässt sich die Struktur des Netzwerks symbolisch darstellen. Diese Darstellung ist der *Graf* des Netzwerks und besteht aus den Knoten sowie *Zweigen*, die die Verbindungen zwischen den Knoten symbolisieren. In der grafischen Darstellung werden die Bauelemente durch Zweige ersetzt. Hierbei ist auf zwei Besonderheiten hinzuweisen. Die Stromquelle $\underline{I}_{04}$ und die Impedanz $\underline{Z}_4$ sind parallel geschaltet. Die Verbindungspunkte sind jedoch keine Knoten, da es sich um ein Zweipolelement handelt. Diese Struktur ist bereits durch die zugehörige Zweipolgleichung beschrieben. Die Impedanzen $\underline{Z}_3$ und $\underline{Z}_6$ sind in Reihe geschaltet. Am Verbindungspunkt gibt es keine Verzweigung. Dennoch handelt es sich um einen Knoten, da hier zwei Zweipolelemente miteinander verbunden sind.

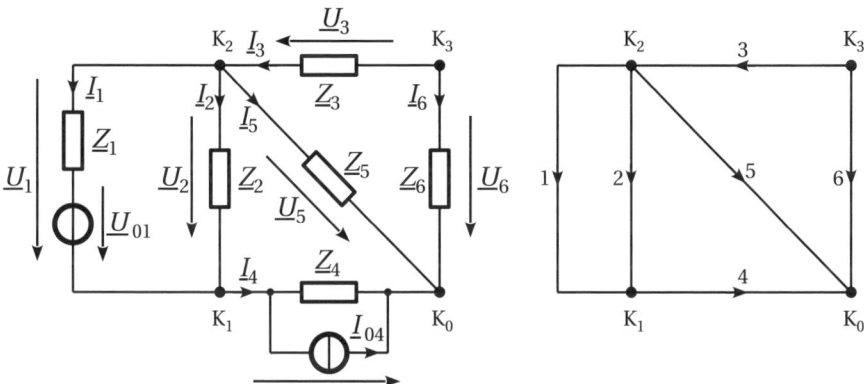

Bild 6.3 Der gerichtete Graf (rechts) gibt die Struktur des Netzwerks (links) wider. Jedem Zweig wird eine Richtung zugeordnet, sodass die Zählpfeilrichtung der Spannungen und Ströme durch die Richtung des zugehörigen Zweiges eindeutig bestimmt ist.

Den Bauelementen werden nun Zählpfeile für Spannung und Strom zugeordnet. Die Richtung der Zählpfeile ist zwar prinzipiell frei wählbar, hat jedoch Konsequenzen für das resultierende Gleichungssystem. Es wird daher das Verbraucherzählpfeilsystem verwendet, d. h., Spannung und Strom weisen die gleiche Richtung auf. Somit kann diese Richtung eindeutig auf die Zweige des Grafen übertragen werden. Diese Darstellung wird als Graf mit gerichteten Zweigen bzw. als *gerichteter Graf* bezeichnet. Die Richtung der Zählpfeile kann immer an die äußeren Gegebenheiten angepasst werden, indem die entsprechenden Variablen negiert werden.

Das in Bild 6.3 dargestellte Netzwerk enthält $z = 6$ Zweige und $k = 4$ Knoten. Um alle sechs Zweigspannungen $\underline{U}_\nu$ und alle sechs Zweigströme $\underline{I}_\nu$ zu bestimmen sind also $2 \cdot z = 12$ Gleichungen erforderlich. Hierbei ist zu beachten, dass diese Gleichungen linear unabhängig sein müssen.

Wir wollen nun alle Gleichungen aufstellen, die das Netzwerk in Bild 6.3 beschreiben.

a) 6 Zweipolgleichungen (Ohm'sches Gesetz)

$$\underline{U}_1 = \underline{Z}_1 \underline{I}_1 + \underline{U}_{01}$$
$$\underline{U}_2 = \underline{Z}_2 \underline{I}_2$$
$$\underline{U}_3 = \underline{Z}_3 \underline{I}_3$$
$$\underline{U}_4 = \underline{Z}_4 (\underline{I}_4 - \underline{I}_{04})$$
$$\underline{U}_5 = \underline{Z}_5 \underline{I}_5$$
$$\underline{U}_6 = \underline{Z}_6 \underline{I}_6$$

b) 4 Knotengleichungen (Kirchhoff'sche Knotenregel)

$$\underline{I}_1 + \underline{I}_2 - \underline{I}_4 = 0$$
$$\underline{I}_1 + \underline{I}_2 - \underline{I}_3 + \underline{I}_5 = 0$$
$$\underline{I}_3 + \underline{I}_6 = 0$$
$$\underline{I}_4 + \underline{I}_5 + \underline{I}_6 = 0$$

c) 6 Maschengleichungen (Kirchhoff'sche Maschenregel)

$$\underline{U}_1 - \underline{U}_2 = 0$$
$$\underline{U}_1 + \underline{U}_4 - \underline{U}_5 = 0$$
$$\underline{U}_1 + \underline{U}_4 - \underline{U}_6 + \underline{U}_3 = 0$$
$$\underline{U}_2 + \underline{U}_4 - \underline{U}_5 = 0$$
$$\underline{U}_2 + \underline{U}_4 - \underline{U}_6 + \underline{U}_3 = 0$$
$$\underline{U}_5 - \underline{U}_6 + \underline{U}_3 = 0$$

Wir haben also 16 Gleichungen für 12 Unbekannte gefunden. Aber welche dieser 16 Gleichungen sind linear unabhängig?

Betrachten wir dazu nun die drei Gleichungsgruppen. Die $z = 6$ Zweipolgleichungen sind mit Sicherheit unabhängig voneinander, da in jeder Gleichung nur ein unbekanntes Paar $\underline{U}_v, \underline{I}_v$ vorkommt. Aus den Kirchhoff'schen Regeln müssen nun also noch die restlichen $z = 6$ linear unabhängigen Gleichungen gewonnen werden.

Das Netzwerk hat $k = 4$ Knoten. Diese liefern aber nur $k - 1 = 3$ linear unabhängige Gleichungen. Dies lässt sich folgendermaßen erklären: Jede Knotengleichung, bis auf die letzte, enthält mindestens einen Strom, der bisher noch nicht vorgekommen ist. Die letzte Knotengleichung ergibt sich aus der Zusammenfassung aller anderen Knotengleichungen, d. h., der letzte Knoten (K_0) wird aus dem Netzwerk herausgezogen. Das Restnetz, bestehend aus den Knoten K_1, K_2 und K_3, liefert dann genau die Gleichung, die sich für Knoten K_0 ergibt.

Insgesamt haben wir nun also $z + k - 1 = 9$ linear unabhängige Gleichungen. Die Maschenregel muss nun die übrigen $z - k + 1 = 3$ Gleichungen liefern. Bei einem komplizierten Netzwerk ist es nicht ohne Weiteres möglich, zu erkennen, ob Maschengleichungen linear unabhängig sind. Die Gleichungen werden aber mit Sicherheit dann linear unabhängig, wenn bei jedem Spannungsumlauf mindestens ein Zweig durchlaufen wird, der bisher noch nicht berührt wurde.

Bei der Aufstellung der Maschengleichungen ist es erforderlich, dass jeder Zweig mindestens einmal durchlaufen wird. Dann liefern die Maschengleichungen genau die Anzahl der noch benötigten linear unabhängigen Gleichungen.

Das vollständige Gleichungssystem eines Netzwerks mit k Knoten und z Zweigen besteht also aus $2 \cdot z$ Gleichungen. Diese werden gebildet aus

- z Zweipolgleichungen,
- $k - 1$ Knotengleichungen und
- $z - k + 1$ Maschengleichungen.

In unserem Beispiel ergibt sich ein vollständiges linear unabhängiges Gleichungssystem durch die sechs Zweipolgleichungen, die ersten drei Knotengleichungen sowie die ersten drei Maschengleichungen. Dieses System ist nur eine von mehreren Kombinationsmöglichkeiten. Es lässt sich durch sukzessives Eliminieren der Variablen lösen. Diese Prozedur ist sehr aufwendig und für jedes Gleichungssystem in unterschiedlichen Variationen durchzuführen. Es liegt daher nahe, die Systematik zu erweitern, um ein einheitliches Lösungsschema anwenden zu können.

■ 6.3   Netzwerktopologie

Wie wir gesehen haben liefert, die Knotenregel $k - 1$ linear unabhängige Gleichungen. Weitere $z - k + 1$ linear unabhängige Gleichungen erhalten wir durch Anwendung der Maschenregel. Wir können die Maschen aber nicht willkürlich wählen, da wir sonst die lineare Unabhängigkeit nicht sicherstellen können. Die Problematik der *Maschenwahl* wird durch eine weitere Systematisierung der Netzwerkstruktur gelöst.

6.3.1   Der vollständige Baum

Wir wählen aus dem Grafen des Netzwerks nun einen Streckenkomplex aus, der alle Knoten berührt, wobei jeweils zwei Knoten aber nur über einen einzigen Zweig verbunden sind. Die übrigen Zweige werden entfernt. Diese Darstellung heißt *vollständiger Baum*. Der vollständige Baum besteht aus k Knoten, die über $k - 1$ *Baumzweige* miteinander verbunden sind. Die restlichen $z - k + 1$ Zweige werden *Verbindungs-* oder *Maschenzweige* genannt und bilden den sogenannten *Komplementärbaum*.

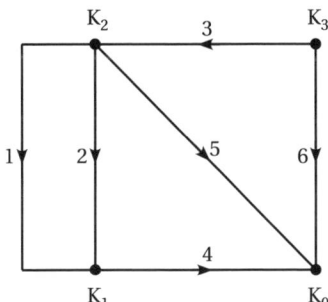 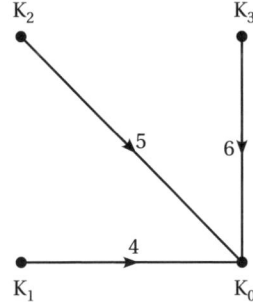

Bild 6.4 Der vollständige Baum (rechts) des Netzwerks, das hier durch den Grafen (links) repräsentiert wird, besteht aus $k - 1$ Baumzweigen, die alle k Knoten berühren. Geschlossene Maschen treten im Baum nicht auf.

Bild 6.4 zeigt den Grafen eines Netzwerks und einen möglichen Baum. Für jedes Netzwerk können unterschiedliche Bäume aufgestellt werden. Ein Linienzug aus Zweigen stellt genau dann einen vollständiger Baum dar, wenn die im Folgenden aufgeführten Bedingungen erfüllt sind.

Vollständiger Baum

- Alle Knoten sind direkt oder indirekt miteinander verbunden.
- Zwei Knoten sind nur durch einen Zweig (Baumzweig) miteinander verbunden.
- Es treten keine geschlossenen Maschen auf.

Jede Masche kann aus Baumzweigen durch Hinzunehmen eines einzigen Maschenzweiges gebildet werden. Wir müssen also lediglich für die $z - k + 1$ Maschenzweige jeweils einen Umlauf über die Baumzweige schließen, um die linear unabhängigen Maschengleichungen zu erhalten. Die linear unabhängigen Knotengleichungen lassen sich ja ohne Probleme an $k - 1$ willkürlich ausgewählten Knoten aufstellen.

6.3.2 Abhängige und unabhängige Variablen

Wir teilen nun die Spannungen und Ströme in abhängige und unabhängige Variablen ein. Natürlich ist diese Einteilung nicht eindeutig. Es geht vielmehr darum, eine abhängige Variable mithilfe einer einfachen Beziehung (einer einzigen Knoten- oder Maschengleichung) durch unabhängige Variablen auszudrücken.

Betrachten wir Bild 6.4 und wählen die $k - 1$ Baumzweigspannungen ($\underline{U}_4, \underline{U}_5$ und $\underline{U}_6$) als unabhängige Spannungen, so sind alle anderen Spannungen im Netzwerk sofort bestimmt. Die Spannungen der Baumzweige bilden ein vollständiges System unabhängiger Spannungsvariablen. Die $z - k + 1$ Ströme des Komplementärbaumes ($\underline{I}_1, \underline{I}_2$ und $\underline{I}_3$) wählen wir sodann als unabhängige Stromvariablen. Diese bilden ein vollständiges System von unabhängigen Zweigstromvariablen.

Wir verringern nun die Anzahl der zu bestimmenden Variablen bei der Aufstellung des Gleichungssystems, indem wir die abhängigen Variablen sofort durch die unabhängigen Variablen ersetzen. Diese Vereinfachung ist sehr leicht durchzuführen, da die Abhängigkeiten durch einfache Gleichungen gegeben sind. Die Komplexität des Gleichungssystems wird dadurch um den Faktor zwei verringert, d. h., es treten nur noch z unbekannte Variablen (Ströme und Spannungen) auf. Sind nur einige Ströme bzw. Spannungen im Netzwerk zu berechnen, so sollte dies bei der Aufstellung des Baumes berücksichtigt werden. Die Zweige des Baumes sollten nach Möglichkeit die gesuchten Spannungen enthalten, während die zu bestimmenden Ströme möglichst durch Maschenzweige fließen sollten. Natürlich ist das nicht immer zu erreichen. Aber je weiter man sich dem Ideal nähern kann, desto geringer ist der Rechenaufwand.

Mit dem vollständigen Baum nach Bild 6.4 ergibt sich damit folgende Situation.

Abhängige Spannungen   Abhängige Ströme

$$\underline{U}_1 = \underline{U}_5 - \underline{U}_4 \qquad\qquad \underline{I}_4 = \underline{I}_1 + \underline{I}_2$$

$$\underline{U}_2 = \underline{U}_5 - \underline{U}_4 \qquad\qquad \underline{I}_5 = \underline{I}_3 - \underline{I}_1 - \underline{I}_2$$

$$\underline{U}_3 = \underline{U}_6 - \underline{U}_5 \qquad\qquad \underline{I}_6 = -\underline{I}_3$$

Diese Abhängigkeiten werden nun in die Zweipolgleichungen eingesetzt.

$$\underline{U}_5 - \underline{U}_4 = \underline{Z}_1 \underline{I}_1 + \underline{U}_{01}$$

$$\underline{U}_5 - \underline{U}_4 = \underline{Z}_2 \underline{I}_2$$

$$\underline{U}_6 - \underline{U}_5 = \underline{Z}_3 \underline{I}_3$$

$$\underline{U}_4 = \underline{Z}_4 (\underline{I}_1 + \underline{I}_2 - \underline{I}_{04})$$

$$\underline{U}_5 = \underline{Z}_5 (\underline{I}_3 - \underline{I}_1 - \underline{I}_2)$$

$$\underline{U}_6 = -\underline{Z}_6 \underline{I}_3$$

Wir erhalten nun ein Gleichungssystem, bestehend aus sechs Gleichungen mit sechs Unbekannten ($\underline{I}_1, \underline{I}_2, \underline{I}_3, \underline{U}_4, \underline{U}_5$ und $\underline{U}_6$). Es ist mit Sicherheit linear unabhängig und damit eindeutig lösbar.

Nachteilig hierbei ist allerdings die Mischung der Variablentypen Spannung und Strom. Eine weitere Systematisierung wird dadurch erschwert. Wir werden deshalb jetzt zwei Verfahren kennenlernen, die ein noch weiter reduziertes Gleichungssystem liefern. Als Variablen verwenden wir entweder nur die unabhängigen Ströme oder nur die unabhängigen Spannungen. Dies wird erreicht, indem die Zweipolgleichungen in die Maschen- bzw. Knotengleichungen eingebracht werden. In einem weiteren Schritt werden die abhängigen Variablen durch die unabhängigen ausgedrückt.

Bei diesen Verfahren handelt es sich um das *Maschenstromverfahren* und um das *Knotenpotenzialverfahren*. Beide Verfahren erlauben eine Reduzierung der Komplexität auf ein System mit $z - k + 1$ bzw. $k - 1$ Gleichungen.

Das Maschenstromverfahren liefert ein Gleichungssystem mit $z - k + 1$ Gleichungen für entsprechend viele unabhängige Ströme in den Maschenzweigen. Das Knotenpotenzialverfahren hingegen liefert ein Gleichungssystem mit $k - 1$ Gleichungen für die $k - 1$ unabhängigen Spannungen in den Baumzweigen.

In der Regel sollte das Verfahren bevorzugt werden, das das kleinste Gleichungssystem liefert. In bestimmten Fällen kann es aber auch sinnvoll sein, sich nicht für das Verfahren mit dem kleinsten Gleichungssystem zu entscheiden. Dies ist beispielsweise der Fall, wenn nur einige Ströme oder nur einige Spannungen zu berechnen sind und eine günstige Aufstellung des Baumes möglich ist.

◼ 6.4   Das Maschenstromverfahren

Die Anwendung des Maschenstromverfahrens liefert ein Gleichungssystem für die $z - k + 1$ unabhängigen Ströme. Zunächst wird der vollständige Baum aufgestellt. Sind nur einige Ströme gesucht, so ist der Baum möglichst so aufzustellen, dass diese in den Maschenzweigen fließen. Durch eine systematische Verknüpfung der Maschen- und Knotengleichungen mit den Zweipolgleichungen wird dann ein Gleichungssystem für die Maschenzweigströme aufgestellt.

6.4.1   Das Gleichungssystem der Maschenzweigströme

Zunächst werden die Maschengleichungen aufgestellt. Bei den entsprechenden Umläufen wird der jeweilige Maschenzweig in Zählpfeilrichtung durchlaufen und die Masche über die

Baumzweige geschlossen. Damit sind alle $z - k + 1$ Maschen eindeutig festgelegt. Das Netzwerk aus Bild 6.3 mit dem Baum in Bild 6.4 liefert damit die folgenden Gleichungen:

$$\underline{U}_1 + \underline{U}_4 - \underline{U}_5 = 0$$
$$\underline{U}_2 + \underline{U}_4 - \underline{U}_5 = 0$$
$$\underline{U}_3 + \underline{U}_5 - \underline{U}_6 = 0$$

Nun drücken wir die Spannungen durch die Zweipolgleichungen aus.

$$\begin{aligned}
\underline{Z}_1 \underline{I}_1 + \underline{U}_{01} + \underline{Z}_4(\underline{I}_4 - \underline{I}_{04}) - \underline{Z}_5 \underline{I}_5 &= 0 \\
\underline{Z}_2 \underline{I}_2 \qquad\;\; + \underline{Z}_4(\underline{I}_4 - \underline{I}_{04}) - \underline{Z}_5 \underline{I}_5 &= 0 \\
\underline{Z}_3 \underline{I}_3 \qquad\;\; + \underline{Z}_5 \underline{I}_5 \qquad\; - \underline{Z}_6 \underline{I}_6 &= 0
\end{aligned} \tag{6.3}$$

Als nächstes werden die abhängigen Ströme anhand der Knotengleichungen durch die unabhängigen Ströme ausgedrückt. Die abhängigen Ströme

$$\underline{I}_4 = \underline{I}_1 + \underline{I}_2$$
$$\underline{I}_5 = \underline{I}_3 - \underline{I}_1 - \underline{I}_2$$
$$\underline{I}_6 = -\underline{I}_3$$

werden nun in das Gleichungssystem (6.3) eingesetzt.

$$\begin{aligned}
\underline{Z}_1 \underline{I}_1 + \underline{U}_{01} + \underline{Z}_4(\underline{I}_1 + \underline{I}_2 - \underline{I}_{04}) + \underline{Z}_5(\underline{I}_1 + \underline{I}_2 - \underline{I}_3) &= 0 \\
\underline{Z}_2 \underline{I}_2 \qquad\;\; + \underline{Z}_4(\underline{I}_1 + \underline{I}_2 - \underline{I}_{04}) + \underline{Z}_5(\underline{I}_1 + \underline{I}_2 - \underline{I}_3) &= 0 \\
\underline{Z}_3 \underline{I}_3 \qquad\;\; + \underline{Z}_5(\underline{I}_3 - \underline{I}_1 - \underline{I}_2) + \underline{Z}_6 \underline{I}_3 \qquad\qquad &= 0
\end{aligned} \tag{6.4}$$

Jetzt sortieren wir die Koeffizienten in (6.4)) und erhalten dann ein systematisches Gleichungssystem für die unabhängigen Ströme.

$$\begin{aligned}
(\underline{Z}_1 + \underline{Z}_4 + \underline{Z}_5)\underline{I}_1 \qquad\; + (\underline{Z}_4 + \underline{Z}_5)\underline{I}_2 \qquad\qquad - \underline{Z}_5 \underline{I}_3 &= \underline{Z}_4 \underline{I}_{04} - \underline{U}_{01} \\
(\underline{Z}_4 + \underline{Z}_5)\underline{I}_1 + (\underline{Z}_2 + \underline{Z}_4 + \underline{Z}_5)\underline{I}_2 \qquad\qquad - \underline{Z}_5 \underline{I}_3 &= \underline{Z}_4 \underline{I}_{04} \\
-\underline{Z}_5 \underline{I}_1 \qquad\qquad\; - \underline{Z}_5 \underline{I}_2 + (\underline{Z}_3 + \underline{Z}_5 + \underline{Z}_6)\underline{I}_3 &= 0
\end{aligned} \tag{6.5}$$

Dieses Gleichungssystem lässt sich aufgrund seiner Systematik mit entsprechenden mathematischen Verfahren (Cramer'sche Regel oder Gauss-Elimination) lösen.
Die systematische Darstellung (6.5) lässt sich auch in der Matrizenschreibweise durch

$$\underline{Z}_{\text{M}} \cdot \underline{I} = \underline{U}_0 \tag{6.6}$$

mit der *Maschenimpedanzmatrix*

$$\underline{Z}_{\text{M}} = \begin{pmatrix} \underline{Z}_1 + \underline{Z}_4 + \underline{Z}_5 & \underline{Z}_4 + \underline{Z}_5 & -\underline{Z}_5 \\ \underline{Z}_4 + \underline{Z}_5 & \underline{Z}_2 + \underline{Z}_4 + \underline{Z}_5 & -\underline{Z}_5 \\ -\underline{Z}_5 & -\underline{Z}_5 & \underline{Z}_3 + \underline{Z}_5 + \underline{Z}_6 \end{pmatrix}$$

und den Vektoren

$$\underline{I} = \begin{pmatrix} \underline{I}_1 \\ \underline{I}_2 \\ \underline{I}_3 \end{pmatrix} \quad \text{sowie} \quad \underline{U}_0 = \begin{pmatrix} \underline{Z}_4 \underline{I}_{04} - \underline{U}_{01} \\ \underline{Z}_4 \underline{I}_{04} \\ 0 \end{pmatrix}$$

ausdrücken. Die $n \times n$-Maschenimpedanzmatrix $\underline{Z}_M$ mit $n = z - k + 1$ ist symmetrisch, d. h., $\underline{Z}_{M\nu\mu} = \underline{Z}_{M\mu\nu}$ für $\nu \neq \mu$. Diese Eigenschaft wird auch durch die Beziehung $\underline{Z}_M = \underline{Z}_M^T$ ausgedrückt. Ferner sind die Elemente der Hauptdiagonale von $\underline{Z}_M$ immer positiv. (Bei Gleichstromnetzen verwendet man den Begriff *Maschenwiderstandsmatrix* und bezeichnet diese oft mit W_M.) Die Matrizengleichung (6.6) stellt eine verallgemeinerte Form des Ohm'schen Gesetzes mit der Lösung

$$\underline{I} = \underline{Z}_M^{-1} \cdot \underline{U}_0 \qquad (6.7)$$

dar. Die Berechnung des Netzwerks ist damit auf eine Matrixinversion in (6.7) reduziert worden. Diese Operation kann numerisch oder analytisch mit entsprechenden Programmen leicht durchgeführt werden.

6.4.2 Direktes Aufstellen des Gleichungssystems

Das direkte Aufstellen des Gleichungssystems ist nur möglich, wenn einige Voraussetzungen erfüllt sind und bestimmte Vorgehensweisen streng eingehalten werden.

Voraussetzungen zur direkten Aufstellung des Gleichungssystems

- Die Zählpfeile aller Zweipole sind gemäß Bild 6.1 definiert, sodass die Gleichung (6.1) diese beschreibt.
- Der Baum ist so aufzustellen, dass alle unabhängigen Ströme in Maschenzweigen fließen.
- Die Maschen bestehen aus Baumzweigen, die nur über einen einzigen Maschenzweig geschlossen werden. Die Umlaufrichtung der Masche entspricht der Zählpfeilrichtung des zugehörigen Maschenzweiges.
- Das Netzwerk darf keine idealen Stromquellen enthalten.

Werden diese Regeln eingehalten, so erfolgt der Aufbau der Maschenimpedanzmatrix $\underline{Z}_M$ sowie der Vektoren $\underline{I}$ und $\underline{U}_0$ gemäß der nachfolgend dargestellten Systematik.

Direktes Aufstellen des Gleichungssystems

- Die Elemente der Hauptdiagonale von $\underline{Z}_M$ werden durch die Summe aller Impedanzen gebildet, die in der entsprechenden Masche vorkommen.
- Die übrigen Elemente (Koppelelemente) von $\underline{Z}_M$ enthalten die Summe aller Impedanzen, die in den beiden zugehörigen Umläufen gemeinsam vorkommen. Durchlaufen beide Maschen eine gemeinsame Impedanz in der gleichen Richtung, so wird diese positiv gezählt. Ist die Umlaufrichtung entgegengesetzt, so erscheint diese Impedanz mit negativem Vorzeichen.
- Koppelelemente von Maschenpaaren, die keine gemeinsamen Impedanzen aufweisen, werden null.
- Die Elemente des Vektors $\underline{I}$ sind durch die unabhängigen Ströme gegeben, wobei jedes Element dem Strom im Maschenzweig des jeweiligen Umlaufs entspricht.
- Die Elemente des Vektors $\underline{U}_0$ bestehen aus der Summe der negativen Quellspannungen und der mit den zugehörigen Impedanzen multiplizierten Quellströmen des entsprechenden Umlaufs.

Eine Vereinfachung wird erreicht, indem alle Stromquellen vor der Analyse des Netzwerks in Spannungsquellen umgewandelt werden. Dann besteht der *Quellspannungsvektor* $\underline{\boldsymbol{U}}_0$ in der Tat nur aus Quellspannungen. Zur Quellenumwandlung schreiben wir (6.1) in der Form

$$\underline{U}_v = \underline{Z}_v \underline{I}_v + \underline{U}_{0v} - \underline{Z}_v \underline{I}_{0v} = \underline{Z}_v \underline{I}_v + \underline{U}'_{0v} \qquad \text{mit} \quad \underline{U}'_{0v} = \underline{U}_{0v} - \underline{Z}_v \underline{I}_{0v} \;.$$

In Bild 6.1 verschwindet die Stromquelle und die Quellspannung $\underline{U}_{0v}$ wird ersetzt durch $\underline{U}'_{0v}$. Ein Problem ergibt sich bei der Anwendung des Maschenstromverfahrens, wenn ideale Stromquellen, d. h. Stromquellen mit der Innenimpedanz $\underline{Z}_v = \infty$ auftreten. Diese lassen sich auch nicht in Spannungsquellen umwandeln. Ideale Spannungsquellen, also Spannungsquellen mit der Innenimpedanz $\underline{Z}_v = 0$, bereiten beim Maschenstromverfahren keinerlei Probleme.

6.4.3 Berücksichtigung idealer Stromquellen

Das Maschenstromverfahren darf nicht angewendet werden, wenn im Netzwerk ideale Stromquellen enthalten sind. Zur Lösung des Problems wird die ideale Stromquelle so durch andere Stromquellen ersetzt, dass diese parallel zu einer Impedanz liegen und sich die Strombilanz in allen betroffenen Knoten nicht ändert. In Bild 6.5 ist beispielhaft die Vorgehensweise dargestellt.

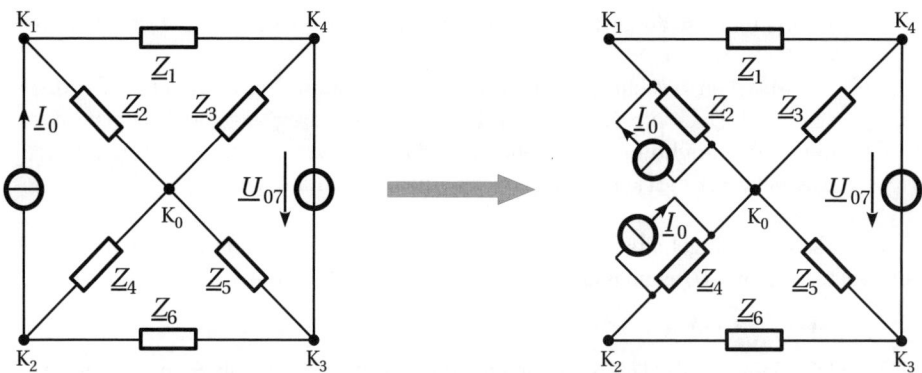

Bild 6.5 Die ideale Stromquelle im linken Zweig des Netzwerks wird durch zwei reale Stromquellen in den Zweigen 2 und 4 ersetzt. Im Knoten K_0 kompensieren sich die zu- bzw. abfließenden Quellströme $+\underline{I}_0$ und $-\underline{I}_0$.

Das rechte Netzwerk in Bild 6.5 enthält nun keine idealen Stromquellen mehr und kann mit dem Maschenstromverfahren analysiert werden. Es enthält $z = 7$ Zweige und $k = 5$ Knoten. Der Zweig mit der idealen Stromquelle ist entfallen. Somit erhalten wir $n = z - k + 1 = 3$ Gleichungen.

Unter Verwendung des in Bild 6.6 dargestellten Baumes erhalten wir sodann das nachfolgend angegebene Gleichungssystem.

$$\begin{pmatrix} \underline{Z}_1 + \underline{Z}_2 + \underline{Z}_3 & 0 & -\underline{Z}_3 \\ 0 & \underline{Z}_4 + \underline{Z}_5 + \underline{Z}_6 & -\underline{Z}_5 \\ -\underline{Z}_3 & -\underline{Z}_5 & \underline{Z}_3 + \underline{Z}_5 \end{pmatrix} \cdot \begin{pmatrix} \underline{I}_1 \\ \underline{I}_6 \\ \underline{I}_7 \end{pmatrix} = \begin{pmatrix} \underline{Z}_2 \underline{I}_0 \\ \underline{Z}_4 \underline{I}_0 \\ -\underline{U}_{07} \end{pmatrix} \qquad (6.8)$$

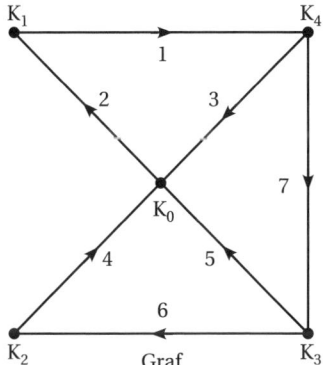
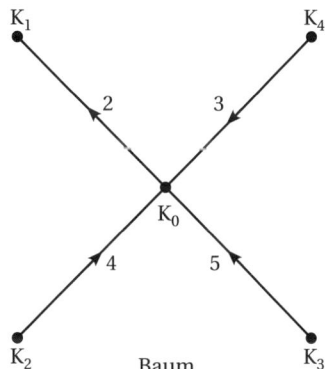

Bild 6.6 Zur Netzwerkanalyse verwenden wir den willkürlich ausgewählten Baum mit den Zweigen 2, 3, 4 und 5. (Der Baum muss hier aber nicht unbedingt sternförmig sein.)

Zu beachten ist hierbei, dass die Impedanz im Zweig 7 den Wert null besitzt. Die dritte Masche wird also über den Zweig mit der idealen Spannungsquelle $\underline{U}_{07}$ geschlossen. Im Quellspannungsvektor tritt daher das Element $-\underline{U}_{07}$ auf.

■ 6.5   Das Knotenpotenzialverfahren

Das Knotenpotenzialverfahren liefert uns ein Gleichungssystem für die $k-1$ unabhängigen Spannungen in den Baumzweigen. Zunächst wird der vollständige Baum aufgestellt. Der Baum muss unbedingt sternförmig sein. Der *Sternpunkt* dient als *Bezugsknoten*, gegen den alle Spannungen der Baumzweige gemessen werden. Sofern nur einige Spannungen gesucht sind, ist der Baum möglichst so aufzustellen, dass diese in den Baumzweigen liegen. Das ist allerdings nicht immer erreichbar. Eine systematische Verknüpfung der Maschen- und Knotengleichungen mit den Zweipolgleichungen liefert uns dann ein Gleichungssystem für die Baumzweigspannungen.

6.5.1   Das Gleichungssystem der Baumzweigspannungen

Der Baum in Bild 6.4 ist sternförmig aufgebaut und der Knoten K_0 bildet den Sternpunkt. Für die anderen $k-1$ Knoten stellen wir nun die Knotengleichungen auf.

$$\underline{I}_1 + \underline{I}_2 - \underline{I}_4 = 0$$
$$\underline{I}_1 + \underline{I}_2 - \underline{I}_3 + \underline{I}_5 = 0$$
$$\underline{I}_3 + \underline{I}_6 = 0$$

Nun drücken wir die Ströme durch die Zweipolgleichungen nach (6.2) aus, d. h., wir verwenden anstatt der Impedanzen $\underline{Z}_\nu$ die Admittanzen $\underline{Y}_\nu$.

$$
\begin{aligned}
\underline{Y}_1(\underline{U}_1 - \underline{U}_{01}) + \underline{Y}_2\underline{U}_2 - \underline{Y}_4\underline{U}_4 - \underline{I}_{04} &= 0 \\
\underline{Y}_1(\underline{U}_1 - \underline{U}_{01}) + \underline{Y}_2\underline{U}_2 - \underline{Y}_3\underline{U}_3 \quad + \underline{Y}_5\underline{U}_5 &= 0 \\
\underline{Y}_3\underline{U}_3 \quad + \underline{Y}_6\underline{U}_6 &= 0
\end{aligned}
\tag{6.9}
$$

Als Nächstes werden die abhängigen Spannungen anhand der Maschengleichungen durch die unabhängigen Spannungen ausgedrückt. Die abhängigen Spannungen

$$
\begin{aligned}
\underline{U}_1 &= \underline{U}_5 - \underline{U}_4 \\
\underline{U}_2 &= \underline{U}_5 - \underline{U}_4 \\
\underline{U}_3 &= \underline{U}_6 - \underline{U}_5
\end{aligned}
$$

werden nun in das Gleichungssystem (6.9) eingesetzt.

$$
\begin{aligned}
\underline{Y}_1(\underline{U}_5 - \underline{U}_4 - \underline{U}_{01}) + \underline{Y}_2(\underline{U}_5 - \underline{U}_4) - \underline{Y}_4\underline{U}_4 - \underline{I}_{04} &= 0 \\
\underline{Y}_1(\underline{U}_5 - \underline{U}_4 - \underline{U}_{01}) + \underline{Y}_2(\underline{U}_5 - \underline{U}_4) - \underline{Y}_3(\underline{U}_6 - \underline{U}_5) + \underline{Y}_5\underline{U}_5 &= 0 \\
\underline{Y}_3(\underline{U}_6 - \underline{U}_5) \quad + \underline{Y}_6\underline{U}_6 &= 0
\end{aligned}
\tag{6.10}
$$

Jetzt sortieren wir die Koeffizienten in (6.10) und erhalten dann ein systematisches Gleichungssystem für die unabhängigen Spannungen.

$$
\begin{aligned}
(\underline{Y}_1 + \underline{Y}_2 + \underline{Y}_4)\underline{U}_4 \quad - (\underline{Y}_1 + \underline{Y}_2)\underline{U}_5 \qquad\qquad &= -\underline{Y}_1\underline{U}_{01} - \underline{I}_{04} \\
-(\underline{Y}_1 + \underline{Y}_2)\underline{U}_4 \quad + (\underline{Y}_1 + \underline{Y}_2 + \underline{Y}_3 + \underline{Y}_5)\underline{U}_5 \quad - \underline{Y}_3\underline{U}_6 &= \underline{Y}_1\underline{U}_{01} \\
- \underline{Y}_3\underline{U}_5 \quad + (\underline{Y}_3 + \underline{Y}_6)\underline{U}_6 &= 0
\end{aligned}
\tag{6.11}
$$

Analog zu (6.5) lässt sich das Gleichungssystem (6.11) mit den entsprechenden mathematischen Werkzeugen lösen.

Auch die systematische Darstellung (6.11) lässt sich wieder als verallgemeinerte Form des Ohm'schen Gesetzes in der Matrizenschreibweise durch

$$
\underline{Y}_K \cdot \underline{U} = \underline{I}_0
\tag{6.12}
$$

mit der *Knotenadmittanzmatrix*

$$
\underline{Y}_K = \begin{pmatrix}
\underline{Y}_1 + \underline{Y}_2 + \underline{Y}_4 & -\underline{Y}_1 - \underline{Y}_2 & 0 \\
-\underline{Y}_1 - \underline{Y}_2 & \underline{Y}_1 + \underline{Y}_2 + \underline{Y}_3 + \underline{Y}_5 & -\underline{Y}_3 \\
0 & -\underline{Y}_3 & \underline{Y}_3 + \underline{Y}_6
\end{pmatrix}
$$

und den Vektoren

$$
\underline{U} = \begin{pmatrix} \underline{U}_4 \\ \underline{U}_5 \\ \underline{U}_6 \end{pmatrix} \quad \text{sowie} \quad \underline{I}_0 = \begin{pmatrix} -\underline{Y}_1\underline{U}_{01} - \underline{I}_{04} \\ \underline{Y}_1\underline{U}_{01} \\ 0 \end{pmatrix}
$$

ausdrücken. Auch die $n \times n$-Knotenadmittanzmatrix $\underline{Y}_K$ mit $n = k-1$ ist symmetrisch, d. h., $\underline{Y}_{K\nu\mu} = \underline{Y}_{K\mu\nu}$ für $\nu \neq \mu$. Dies wird durch die Beziehung $\underline{Y}_K = \underline{Y}_K^T$ ausgedrückt. Die Admittanzen der Hauptdiagonale von $\underline{Y}_K$ treten mit einem positiven Vorzeichen auf, alle übrigen Elemente erhalten ein negatives Vorzeichen oder sind null. (Bei Gleichstromnetzen verwendet man den Begriff *Knotenleitwertmatrix* und bezeichnet diese oft mit $\boldsymbol{W}_B$.)

Die Lösung der Matrizengleichung (6.12) ist durch

$$\underline{U} = \underline{Y}_K^{-1} \cdot \underline{I}_0 \tag{6.13}$$

gegeben. Die Berechnung des Netzwerks nach dem Knotenpotenzialverfahren kann damit ebenfalls auf eine Matrixinversion reduziert werden.

6.5.2 Direktes Aufstellen des Gleichungssystems

Auch für das direkte Aufstellen des Gleichungssystems des Knotenpotenzialverfahrens sind einige Voraussetzungen zu erfüllen. Ferner müssen auch hier bestimmte Vorgehensweisen streng eingehalten werden.

Voraussetzungen zur direkten Aufstellung des Gleichungssystems

- Die Zählpfeile aller Zweipole sind gemäß Bild 6.1 definiert, sodass die Gleichung (6.2) diese beschreibt.
- Der Baum ist so aufzustellen, dass alle unabhängigen Spannungen in den Baumzweigen liegen.
- Der Baum muss sternförmig aufgebaut sein, d. h., alle Knoten müssen über einen Baumzweig direkt mit dem Bezugsknoten verbunden sein. Durch Einfügen zusätzlicher Zweige mit den Admittanzen $\underline{Y}_\nu = 0$ ist es immer möglich, einen sternförmigen Baum zu bilden.
- Alle Baumzweigspannungen werden in Richtung zum Bezugsknoten gezählt.
- Das Netzwerk darf keine idealen Spannungsquellen enthalten.

Die Knotenadmittanzmatrix $\underline{Y}_K$ sowie die Vektoren $\underline{U}$ und $\underline{I}_0$ werden durch Betrachtung aller $k-1$ Einzelknoten gebildet. Der Bezugsknoten (Sternpunkt) bleibt dabei unberücksichtigt.

Direktes Aufstellen des Gleichungssystems

- Die Elemente der Hauptdiagonale von $\underline{Y}_K$ werden durch die Summe aller Admittanzen gebildet, die mit dem entsprechenden Knoten verbunden sind. Alle Admittanzen der Hauptdiagonale erhalten ein positives Vorzeichen.
- Die übrigen Elemente (Koppelelemente) von $\underline{Y}_K$ enthalten die negative Summe aller Admittanzen, über die die beiden zugehörigen Knoten miteinander direkt verbunden sind. Alle Koppelelemente treten mit einem negativen Vorzeichen auf oder sind null.
- Koppelelemente von Knotenpaaren, die nicht direkt über Admittanzen verbunden sind, werden null.
- Die Elemente des Vektors $\underline{U}$ sind durch die unabhängigen Spannungen zwischen dem jeweiligen Knoten und dem Bezugsknoten gegeben.
- Die Elemente des Vektors $\underline{I}_0$ bestehen aus der Summe der Quellströme und der mit der zugehörigen Admittanz multiplizierten Quellspannungen im jeweiligen Knoten. Zufließende Quellströme haben ein positives und abfließende Quellströme ein negatives Vorzeichen. Eine Spannungsquelle, die mit dem Minuspol (Zählpfeilspitze) am entsprechenden Knoten angeschlossen ist, erzeugt einen abfließenden Strom. Entsprechend erzeugt eine Spannungsquelle, die mit dem Pluspol an dem Knoten angeschlossen ist, einen zufließenden Strom.

Auch beim Knotenpotenzialverfahren wird eine Vereinfachung erreicht, wenn alle Spannungsquellen zuvor in Stromquellen umgewandelt werden. Dann besteht der *Quellstromvektor* $\underline{\boldsymbol{I}}_0$ in der Tat nur aus Quellströmen. Zur Quellenumwandlung schreiben wir (6.2) in der Form

$$\underline{I}_v = \underline{Y}_v \underline{U}_v + \underline{I}_{0v} - \underline{Y}_v \underline{U}_{0v} = \underline{Y}_v \underline{U}_v + \underline{I}'_{0v} \quad \text{mit} \quad \underline{I}'_{0v} = \underline{I}_{0v} - \underline{Y}_v \underline{U}_{0v} \,.$$

In Bild 6.1 wird dann die Spannungsquelle durch einen Kurzschluss und der Quellstrom $\underline{I}_{0v}$ durch $\underline{I}'_{0v}$ ersetzt.

Beim Knotenpotenzialverfahren ergibt sich ein Problem, wenn ideale Spannungsquellen, d. h. Spannungsquellen mit der Innenadmittanz $\underline{Y}_v = \infty$, auftreten. Diese lassen sich auch nicht in Stromquellen umwandeln. Da die Innenimpedanz einer idealen Spannungsquelle verschwindet, werden durch den entsprechenden Zweig zwei Knoten direkt miteinander verbunden. Somit reduziert sich die Anzahl der Knoten und damit auch die Ordnung des Gleichungssystems. Die beschriebene Systematik zur direkten Aufstellung des Gleichungssystems kann dann aber nicht mehr angewendet werden.

Ideale Stromquellen, also Stromquellen mit der Innenadmittanz $\underline{Y}_v = 0$, hingegen bereiten beim Knotenpotenzialverfahren keinerlei Probleme.

6.5.3 Berücksichtigung idealer Spannungsquellen

Das Knotenpotenzialverfahren darf nicht angewendet werden, wenn im Netzwerk ideale Spannungsquellen vorhanden sind. Zur Lösung des Problems wird die ideale Spannungsquelle so durch andere Spannungsquellen ersetzt, dass diese in Reihe zu einem Widerstand liegen. Dabei muss die durch die ideale Spannungsquelle bedingte Potenzialdifferenz erhalten bleiben. Die Innenimpedanz einer idealen Spannungsquelle ist null. Daher verschmelzen die beiden Knoten, an die die Quelle angeschlossen ist, zu einem einzigen. In Bild 6.7 ist anhand eines Beispiels die Vorgehensweise dargestellt.

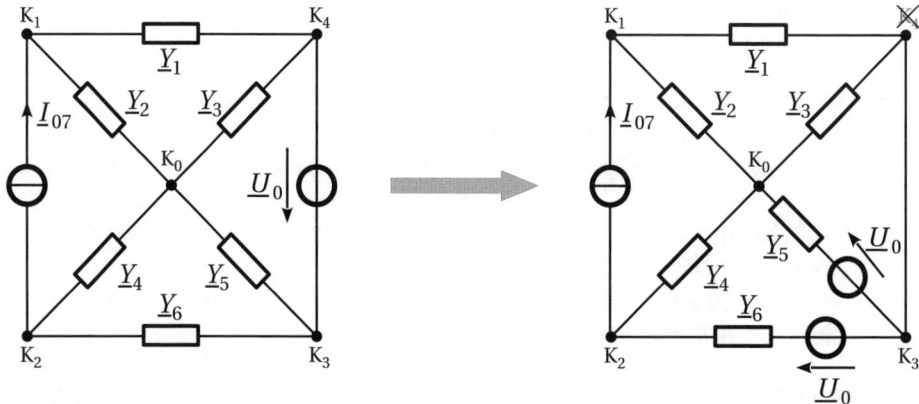

Bild 6.7 Die ideale Spannungsquelle im rechten Zweig des Netzwerks wird durch zwei reale Spannungsquellen in den beiden Zweigen 5 und 6 ersetzt. Die Potenzialdifferenz zwischen den rechten Anschlüssen der Admittanzen $\underline{Y}_5$ und $\underline{Y}_6$ und dem Knoten K_4 bleibt unverändert. Allerdings verschmilzt der Knoten K_4 mit dem Knoten K_3.

Das rechte Netzwerk in Bild 6.7 enthält nun keine idealen Spannungsquellen mehr und kann mit dem Knotenpotenzialverfahren analysiert werden. Da der Knoten K_4 mit dem Knoten K_3 verschmolzen ist, enthält das Netzwerk $k = 4$ Knoten. Somit erhalten wir $n = k - 1 = 3$ Gleichungen.

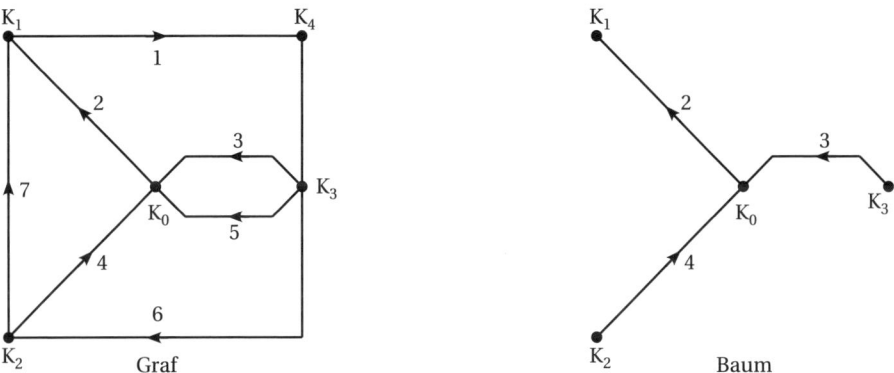

Bild 6.8 Zur Netzwerkanalyse verwenden wir den willkürlich ausgewählten sternförmigen Baum mit den Zweigen 2, 3 und 4 sowie dem Sternpunkt K_0.

Unter Verwendung des in Bild 6.8 dargestellten Baumes erhalten wir sodann das nachfolgend angegebene Gleichungssystem.

$$\begin{pmatrix} \underline{Y}_1 + \underline{Y}_2 & 0 & -\underline{Y}_1 \\ 0 & \underline{Y}_4 + \underline{Y}_6 & -\underline{Y}_6 \\ -\underline{Y}_1 & -\underline{Y}_6 & \underline{Y}_1 + \underline{Y}_3 + \underline{Y}_5 + \underline{Y}_6 \end{pmatrix} \cdot \begin{pmatrix} \underline{U}_2 \\ \underline{U}_3 \\ \underline{U}_4 \end{pmatrix} = \begin{pmatrix} \underline{I}_{07} \\ -\underline{I}_{07} - \underline{Y}_6 \underline{U}_0 \\ \underline{Y}_5 \underline{U}_0 + \underline{Y}_6 \underline{U}_0 \end{pmatrix}$$

Zu beachten ist hierbei, dass die Admittanz im Zweig 7 den Wert null besitzt. Daher verschwinden auch die Elemente $\underline{Y}_{K12}$ und $\underline{Y}_{K21}$ der Knotenadmittanzmatrix. Im Quellstromvektor treten neben dem Quellstrom $\underline{I}_{07}$ auch die von der Spannungsquelle $\underline{U}_0$ hervorgerufenen Quellströme $\underline{Y}_5 \underline{U}_0$ und $\underline{Y}_6 \underline{U}_0$ auf.

■ 6.6 Der Überlagerungssatz

Eine Eigenschaft linearer Systeme ist die Additivität. Werden mehrere Eingangsgrößen additiv überlagert, so macht es keinen Unterschied, ob die Summe der Eingangsgrößen zugeführt wird oder ob jede Eingangsgröße einzeln betrachtet und dann die Summe über die sich ergebenden Ausgangsgrößen gebildet wird.

Auf die Netzwerkanalyse übertragen bedeutet dies, dass alle bis auf eine Quelle abgeschaltet und dann die gesuchten Variablen (Strom und Spannung) berechnet werden. So verfährt man der Reihe nach mit allen Quellen. Schließlich wird die Summe über alle Teilergebnisse gebildet und wir erhalten die gesuchten Werte für das Netzwerk mit eingeschalteten Quellen. Zum Abschalten von Quellen wird eine Spannungsquelle durch einen Kurzschluss (die Potenzialdifferenz verschwindet) und eine Stromquelle durch einen Leerlauf (der Strom verschwindet) ersetzt.

Diese Vorgehensweise soll am Netzwerk in Bild 6.9 verdeutlicht werden. In dieser Schaltung wollen wir die Spannung $\underline{U}_3$ bestimmen.

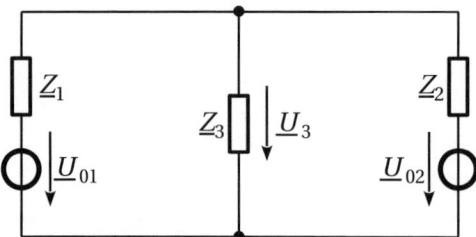

Bild 6.9 Zur Berechnung der Spannung $\underline{U}_3$ werden nacheinander die beiden Quellen abgeschaltet und die jeweilige Spannung an der Impedanz $\underline{Z}_3$ bestimmt. Die Summe der Teilergebnisse ergibt dann die Spannung $\underline{U}_3$, die sich einstellt, wenn beide Quellen aktiv sind.

Zur Berechnung der Spannung $\underline{U}_3$ wird zunächst die Quelle 2 abgeschaltet, d. h., $\underline{U}_{02} = 0$. An der Impedanz $\underline{Z}_3$ fällt dann die Spannung

$$\underline{U}_{31} = \frac{\underline{Z}_2 \| \underline{Z}_3}{\underline{Z}_1 + (\underline{Z}_2 \| \underline{Z}_3)} \underline{U}_{01} = \frac{\underline{Z}_2 \underline{Z}_3}{\underline{Z}_1(\underline{Z}_2 + \underline{Z}_3) + \underline{Z}_2 \underline{Z}_3} \underline{U}_{01} \tag{6.14}$$

ab. Jetzt wird die Quelle 1 ausgeschaltet ($\underline{U}_{01} = 0$) und wir erhalten

$$\underline{U}_{32} = \frac{\underline{Z}_1 \| \underline{Z}_3}{\underline{Z}_2 + (\underline{Z}_1 \| \underline{Z}_3)} \underline{U}_{02} = \frac{\underline{Z}_1 \underline{Z}_3}{\underline{Z}_2(\underline{Z}_1 + \underline{Z}_3) + \underline{Z}_1 \underline{Z}_3} \underline{U}_{02} \; . \tag{6.15}$$

Die Spannung an der Impedanz $\underline{Z}_3$ für den Fall, dass beide Quellen aktiv sind, ergibt sich durch Überlagerung der beiden Teilspannungen aus (6.14)) und (6.15). Somit erhalten wir

$$\underline{U}_3 = \underline{U}_{31} + \underline{U}_{32} = \frac{\underline{Z}_2 \underline{Z}_3 \underline{U}_{01} + \underline{Z}_1 \underline{Z}_3 \underline{U}_{02}}{\underline{Z}_1 \underline{Z}_2 + \underline{Z}_1 \underline{Z}_3 + \underline{Z}_2 \underline{Z}_3} \; . \tag{6.16}$$

Auf diese Weise lassen sich viele Probleme vereinfachen. Die Durchführung einer umfangreichen Netzwerkanalyse ist dann nicht notwendig.

■ 6.7 Netzwerkanalyse mit Octave

Bei der numerischen Analyse eines Netzwerks besteht der wesentliche Rechenaufwand in der Invertierung der Maschenimpedanzmatrix bzw. der Knotenadmittanzmatrix. Die Inversion der Matrix kann softwaretechnisch sehr effizient gelöst werden. Nun liegt es nahe, auch den Aufbau der Matrizen und das Aufstellen der Gleichungssysteme zu automatisieren. Hierfür eignet sich das Knotenpotenzialverfahren hervorragend. Dazu muss das Netzwerk in maschinenverständlicher Form durch eine *Netzliste* beschrieben werden. Zunächst nummerieren wir alle Knoten lückenlos durch, wobei der Sternpunkt mit dem Index null versehen wird. Nun beschreiben wir jeden Zweig des Netzwerks durch einen Eintrag in die Netzliste. Dieser Eintrag enthält die beiden Knoten, die dieser Zweig verbindet, die Zweigadmittanz sowie die Quellspannung und den Quellstrom des Zweipols. Die Netzliste des Netzwerks in Bild 6.2 ist in der

Tabelle 6.1 angegeben. Dabei wird der Baum und die Richtungszuordnung aus Bild 6.4 herangezogen. Die Reihenfolge der beiden Knoten orientiert sich an der Zweigrichtung. Spannungen und Ströme im Zweipol werden immer vom ersten (K+) zum zweiten (K−) eingetragenen Knoten hin gezählt.

Tabelle 6.1 Netzliste des Netzwerks in Bild 6.2

K+	K−	Zweigadmittanz	Quellspannung	Quellstrom
2	1	$1/\underline{Z}_1$	$\underline{U}_{01}$	0
2	1	$1/\underline{Z}_2$	0	0
3	2	$1/\underline{Z}_3$	0	0
1	0	$1/\underline{Z}_4$	0	$\underline{I}_{04}$
2	0	$1/\underline{Z}_5$	0	0
3	0	$1/\underline{Z}_6$	0	0

In Octave wird die Netzliste in Form einer $n \times 5$-Matrix angelegt, wobei n die Anzahl der Zweige bzw. die Länge der Netzliste angibt. Die hier verwendeten Variablen müssen natürlich zuvor mit einem Skalarwert initialisiert werden.

```
% Aufbau der Netzliste in Form einer n x 5-Matrix

net = [ ...
2,1,1/Z1,U01,0;...
2,1,1/Z2,0,0;...
3,2,1/Z3,0,0;...
1,0,1/Z4,0,I04;...
2,0,1/Z5,0,0;...
3,0,1/Z6,0,0 ];
```

Diese Netzliste enthält jetzt alle Informationen über das Netzwerk. Die Knotenadmittanzmatrix und der Quellstromvektor können aus dieser Netzliste ermittelt werden. Die Anwendung des Knotenpotenzialverfahrens setzt stets endliche Admittanzen voraus. Eine unendlich große Admittanz stellt einen Kurzschluss zwischen zwei Knoten dar, d. h., ein Knoten entfällt. Dies entspricht einer abgeänderten Netzwerkstruktur. Aus diesem Grund sind ideale Spannungsquellen auch nicht zulässig. Sobald ein Element der Knotenadmittanzmatrix über alle Größen wächst, beschreibt das Gleichungssystem nicht mehr das Netzwerk. Bei Gleichstromnetzen spielen diese Überlegungen eine untergeordnete Rolle, da schematisch miteinander verbundene Verzweigungspunkte unmittelbar zu einem Knoten zusammengefasst werden. Anders sieht es in Wechselstromnetzen aus. In der Regel sind die Zweigadmittanzen frequenzabhängig. Bei bestimmten Frequenzen können diese über alle Grenzen wachsen. Betrachten wir eine Induktivität bei der Frequenz null, so tritt genau dieser Fall auf. Hingegen ist die Kapazität unkritisch, da das Problem nur bei einer unendlich hohen Frequenz auftritt, die nummerisch ohnehin nicht zu realisieren ist. Fassen wir mehrere Bauelemente zu einer Admittanz zusammen, so wird das Problem natürlich vielschichtiger.

Auf Seite 186 ist eine Octave-Funktion zur Durchführung einer Knotenpotenzialanalyse angegeben. Die Funktion benötigt als Eingabeparameter die oben beschriebene Netzliste und liefert als Ausgabe die Knotenpotenziale sowie alle Zweigspannungen und Zweigströme.

```
function [U,Uz,Iz] = kpv(net)
% kpv: Netzwerkanalyse mittels Knotenpotenzialverfahren
%
% Funktionsaufruf
%   [U,Uz,Iz] = kpv(net)
%
% Eingabe-Parameter
%   net     Netzliste mit Zweipoldaten
%
% Ausgabe-Parameter
%   U       Vektor der unabhängigen Spannungen (Knotenspannungen)
%   Uz      Vektor der Zweigspannungen
%   Iz      Vektor der Zweigströme
%
% Struktur der Netzliste
%   Die Netzliste ist eine n x 5-Matrix. Jede Zeile beschreibt einen Zweipol.
%   net(:,1) Erster Knoten (Pluspol)
%   net(:,2) Zweiter Knoten (Minuspol)
%   net(:,3) Zweigadmittanz
%   net(:,4) Quellspannung (komplexe Amplitude)
%   net(:,5) Quellstrom (komplexe Amplitude)

% Voreinstellung der Rückgabewerte für den Fehlerfall
U = []; Uz = []; Iz = [];

% Test der Netzliste
if size(net,2) ~= 5
  disp("FEHLER: Netzliste hat falsche Spaltenzahl!");
  return;
end
if min(abs([net(:,1)-net(:,2)])) == 0
  disp("FEHLER: Zweipole müssen mit unterschiedlichen Knoten verbunden sein!");
  return;
end
if length(unique([net(:,1);net(:,2)])) ~= max([net(:,1);net(:,2)])+1
  disp("FEHLER: Knoten müssen lückenlos mit 0 beginnend durchnummeriert sein!");
  return;
end
if prod(isfinite(net(:,3))) == 0
  disp("WARNUNG: Admittanzwerte müssen endlich sein!");
end

% Auswertung der Netzliste
L = size(net,1);            % Länge der Netzliste
K = max([net(:,1);net(:,2)]); % Anzahl der Knoten (ohne Bezugsknoten)
```

```octave
% Aufbau der Knotenadmittanzmatrix und des Quellstromvektors
W = zeros(K);
I = zeros(K,1);
for l = 1:L
  i = net(l,1);
  j = net(l,2);
  if i > 0
    W(i,i) = W(i,i)+net(l,3); % Hauptdiagonalelement
    I(i) = I(i)+net(l,4)*net(l,3)-net(l,5); % Quellstromvektorelement
  end
  if j > 0
    W(j,j) = W(j,j)+net(l,3); % Hauptdiagonalelement
    I(j) = I(j)-net(l,4)*net(l,3)+net(l,5); % Quellstromvektorelement
  end
  if i*j > 0
    W(i,j) = W(i,j)-net(l,3); % Koppelelement
    W(j,i) = W(j,i)-net(l,3); % Koppelelement
  end
end

% Berechnung der Knotenspannungen
U = (W^(-1))*I;

% Berechnung aller Spannungen und Ströme
Uz = zeros(L,1);
Iz = zeros(L,1);
for l = 1:L
  i = net(l,1);
  j = net(l,2);
  if i*j > 0
    Uz(l) = U(i)-U(j); % Verbindungszweige
  elseif i > 0
    Uz(l) = U(i); % Baumzweige (zum Bezugsknoten)
  elseif j > 0
    Uz(l) = U(j); % Baumzweige (vom Bezugsknoten)
  end
  if net(l,3) == 0
    Iz(l) = net(l,5); % Ideale Stromquelle
  else
    Iz(l) = (Uz(l)-net(l,4))/net(l,3)+net(l,5);
  endif
end

endfunction
```

Um nun das Übertragungsverhalten eines Netzwerks so wie in Kapitel 4 zu ermitteln, muss das Knotenpotenzialverfahren für jeden Frequenzstützpunkt angewendet werden. Allerdings können wir die Werte einer Admittanz bei den jeweiligen Frequenzstützpunkten jetzt nicht mehr zu einem Vektor zusammenfassen. In der Netzliste darf nur der der auszuwertenden Frequenz zugeordnete Admittanzwert als Skalar auftauchen. Im Beispiel 6.1 ist diese Vorgehensweise anhand des Tiefpassfilters aus Bild 4.8 dargestellt.

Beispiel 6.1 Ermittlung des Übertragungsverhaltens eines Netzwerks

```
% Berechnung des Übertragungsverhaltens eines Tiefpassfilters

% Eingangsgrößen (Bauteilwerte, Quellspannung und Frequenzbereich)
R1 = 600;        % Ohm
R2 = 1000;       % Ohm
L = 100*10^(-3); % Henry
C = 47*10^(-9);  % Farad
U0 = 10;         % Volt
fmin = 0;        % Hertz
fmax = 10000;    % Hertz

% Variation der Frequenz
K = 100; % Anzahl der Frequenzstützpunkte
k = 0:K-1;
f = fmin+k*(fmax-fmin)/(K-1); % f in Hertz

% Aufbau des Vektors der Übertragungsfunktion
H = zeros(K,1);

% Berechnung des Übertragungsverhaltens
for k = 1:K
  w = 2*pi*f(k);

  net = [ ...
    1,0,1/R1,U0,0;...
    1,2,1/(j*w*L),0,0;...
    2,0,j*w*C,0,0;...
    2,0,1/R2,0,0 ];

  % Berechnung der Knotenpotenziale sowie aller Spannungen und Ströme
  [U,Uz,Iz] = kpv(net);

  % Berechnung der Übertragungsfunktion
  H(k) = U(2)/U(1);
endfor
```

Wir legen zunächst die Knoten fest. Die unteren beiden Klemmen bilden den Bezugsknoten K_0, sodass die Spannungen $\underline{U}_1$ und $\underline{U}_2$ zu diesem Knoten hin zeigen. Die obere Eingangsklemme bezeichnen wir mit K_1 und die obere mit K_2. Die Knotenpotenzialanalyse wird in einer Schleife für jeden Frequenzstützpunkt durchgeführt. Aus den vorgegebenen Bauteilwerten berechnen wir dazu die jeweiligen Admittanzen und bauen die Netzliste auf. Bei jedem Schleifendurchlauf berechnen wir die komplexen Amplituden der Spannung $\underline{U}_1$ am linken Klemmenpaar (Eingangsspannung) und der Spannung $\underline{U}_2$ am rechten Klemmenpaar (Ausgangsspannung). Der Quotient dieser beiden Größen ist dann der Wert der Übertragungsfunktion für den betrachteten Frequenzstützpunkt. Die Einzelwerte der Übertragungsfunktion fassen wir, ebenso wie die Frequenzstützstellen, zu jeweils einem Vektor zusammen. Auf die weitere Verarbeitung und die grafische Darstellung wollen wir an dieser Stelle verzichten, da diese sich nicht grundlegend von unseren bisherigen Betrachtungen unterscheiden.

Allerdings wollen wir uns die ersten Werte des Vektors der Übertragungsfunktion genauer ansehen. Wir erwarten hier komplexe Zahlen, deren Beträge etwa bei eins bzw. knapp darunter liegen.

```
H =

      NaN + 0.00000i
  0.99786 - 0.06345i
  0.99141 - 0.12680i
  0.98054 - 0.18993i
  0.96509 - 0.25266i
  0.94485 - 0.31473i
  ...
```

Der erste aufgelistete Wert entspricht der Übertragungsfunktion bei der Frequenz null. An dieser Stelle wächst der Blindleitwert der Induktivität über alle Grenzen. Die Induktivität stellt im Gleichstromfall einen Kurzschluss dar und verbindet die Eingangsklemme direkt mit der Ausgangsklemme. Dann sind $\underline{U}_1$ und $\underline{U}_2$ identisch und die Übertragungsfunktion wird eins. Da das Gleichungssystem nun nicht mehr das Netzwerk beschreibt und daher die Inverse der Knotenleitwertmatrix nicht existiert, liefert Octave hier den Wert NaN (not a number).

Zur Vermeidung dieses Problems müssen wir im Vorfeld alle kritischen Stellen identifizieren und bei der Schleifenverarbeitung gesondert behandeln. Eine Alternative besteht im Hinzufügen eines sehr großen, aber endlichen Leitwertes. In unserem Beispiel können wir die Induktivität durch eine reale Spule mit einem sehr kleinen Serienwiderstand ($1\,\text{m}\Omega$) ersetzen. Dadurch wird sich das Übertragungsverhalten praktisch nicht verändern, aber das numerische Problem vermieden. ∎

■ 6.8 Übungsaufgaben

Übung 6.1 Analyse eines Gleichstromnetzwerks

Das im Bild dargestellte Gleichstromnetzwerk ist zu untersuchen.

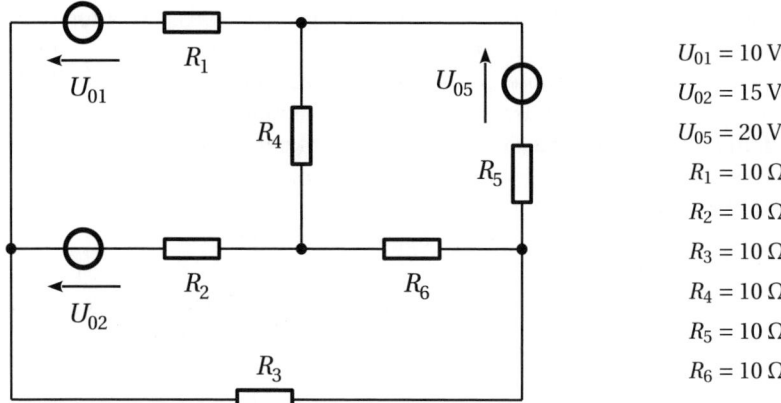

$U_{01} = 10\,\text{V}$

$U_{02} = 15\,\text{V}$

$U_{05} = 20\,\text{V}$

$R_1 = 10\,\Omega$

$R_2 = 10\,\Omega$

$R_3 = 10\,\Omega$

$R_4 = 10\,\Omega$

$R_5 = 10\,\Omega$

$R_6 = 10\,\Omega$

a) Skizzieren Sie den Grafen und einen möglichen Baum. Geben Sie die Anzahl der Knoten k und die Anzahl der Zweige z an.

b) Stellen Sie unter Verwendung des Maschenstromverfahrens das Gleichungssystem für die unabhängigen Ströme auf.

c) Lösen Sie das Gleichungssystem des Maschenstromverfahrens numerisch und geben Sie alle Zweigspannungen und Zweigströme an.

d) Bestimmen Sie ein Gleichungssystem mithilfe der Knotenpotenzialanalyse. Legen Sie dazu unabhängige Spannungen fest und stellen Sie zur Netzwerkanalyse einen geeigneten Baum auf.

e) Lösen Sie das Gleichungssystem des Knotenpotenzialverfahrens numerisch und überprüfen Sie damit Ihre Lösung c).

f) Erstellen Sie eine Netzliste und wenden Sie zur Lösung des Problems die Octave-Funktion kpv (siehe Seite 186) an.

Übung 6.2 Netzwerkanalyse

Ein Netzwerk wird durch das Gleichungssystem

$$\begin{pmatrix} G_1 + G_4 + G_6 & -G_4 & -G_6 \\ -G_4 & G_2 + G_4 + G_5 + G_7 & -G_7 \\ -G_6 & -G_7 & G_3 + G_6 + G_7 \end{pmatrix} \cdot \begin{pmatrix} U_1 \\ U_2 \\ U_3 \end{pmatrix} = \begin{pmatrix} -I_{0A} \\ I_{0A} \\ -I_{0B} \end{pmatrix}$$

beschrieben.

a) Skizzieren Sie das zugehörige Netzwerk.

b) Ersetzen Sie die Stromquellen durch Spannungsquellen.

c) Skizzieren Sie den Grafen und einen möglichen Baum.

d) Führen Sie eine vollständige Maschenstromanalyse durch.

Übung 6.3 Netzwerk mit idealen Quellen

Das dargestellte Netzwerk enthält eine ideale Spannungsquelle mit der Quellspannung $U_0 = 5\,\text{V}$ und eine ideale Stromquelle mit dem Quellstrom $I_0 = 2\,\text{mA}$. Alle Widerstände haben den Wert $1\,\text{k}\Omega$.

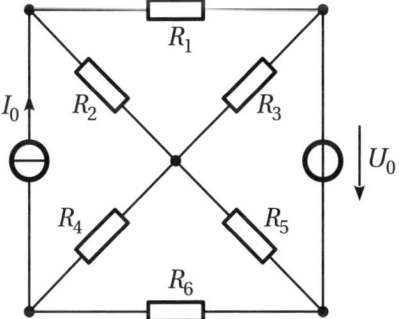

a) Wie viele Knoten und wie viele Zweige enthält das Netzwerk?
b) Welche Probleme treten bei der Anwendung des Knotenpotenzialverfahrens und des Maschenstromverfahrens auf?
c) Geben Sie eine äquivalente Schaltung an, in der nur Spannungsquellen auftauchen.
d) Geben Sie eine äquivalente Schaltung an, in der nur Stromquellen enthalten sind.

Nur die Spannung U_5, die über dem Widerstand R_5 abfällt, soll bestimmt werden.

e) Welches Verfahren setzen Sie ein? Begründen Sie Ihre Entscheidung. Konstruieren Sie einen möglichst gut geeigneten Baum und stellen Sie das zugehörige Gleichungssystem auf.
f) Vereinfachen Sie die Schaltung durch eine geeignete Zusammenfassung von Widerständen und Quellen.
g) Berechnen Sie U_5.

Übung 6.4 Ersatzquelle

Für das Netzwerk, bestehend aus der Spannungsquelle $\underline{U}_{04} = 10\,\text{V}$ mit dem Innenwiderstand $R_4 = 1\,\text{k}\Omega$ und den Impedanzen $\underline{Z}_1 = \underline{Z}_2 = \underline{Z}_5 = \underline{Z}_6 = 1\,\text{k}\Omega \cdot e^{-\text{j}45°}$, soll mittels Knotenpotenzialverfahren eine Ersatzspannungsquelle berechnet werden. Das Netzwerk wird durch den Widerstand $R_3 = 1\,\text{k}\Omega$ belastet.

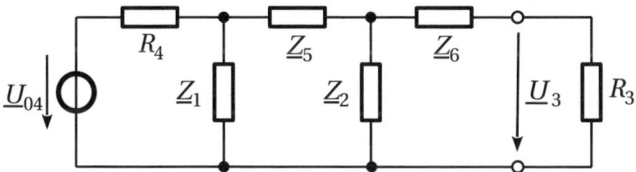

a) Nummerieren Sie die Knoten und erstellen Sie eine Netzliste.
b) Berechnen Sie die Spannung $\underline{U}_3$ und die Leerlaufspannung $\underline{U}_{3L}$ für $R_3 = \infty$.
c) Bestimmen Sie Parameter der Ersatzspannungsquelle, also die Quellspannung $\underline{U}_0$ und die Innenimpedanz $\underline{Z}_0$.
d) Nun wird R_3 durch eine ideale Stromquelle mit dem beliebig zu wählenden Quellstrom $\underline{I}_0$ ersetzt und die Spannungsquelle wird ausgeschaltet. Berechnen Sie $\underline{U}_{3I}$ und überprüfen Sie mit diesem Ergebnis die zuvor ermittelte Innenimpedanz $\underline{Z}_0$.

Übung 6.5 Wien-Robinson-Brücke

Die im Bild dargestellte Brückenschaltung (vgl. Übung 3.12) soll mit dem Knotenpotenzialverfahren analysiert werden. Die Schaltung wird durch eine ideale Stromquelle mit $\underline{I}_0 = 10$ mA gespeist. Der Widerstand R_2 ist durch $R_2 = 2R_1 = 1$ kΩ gegeben. Der Widerstand im Querzweig der Brücke beträgt $R_q = 500$ Ω. Der Abgleich der Brücke ist frequenzabhängig und erfolgt durch Variation des Doppelpotenziometers R.

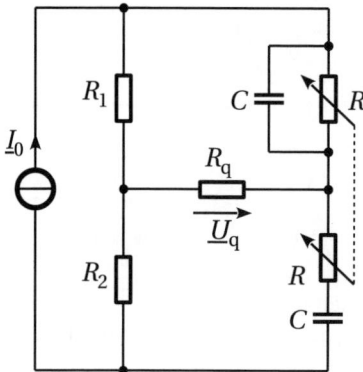

Die Frequenz der Stromquelle beträgt $f = 1$ kHz. Das Potenziometer ist auf den Wert $R = 1592$ Ω eingestellt und außerdem ist $C = 100$ nF. Im Folgenden wird zum einen die Frequenz und zum anderen die Einstellung des Potenziometers variiert.

a) Nummerieren Sie die Knoten und erstellen Sie eine Netzliste.

b) Die Frequenz der Stromquelle wird im Bereich $0 \le f \le 2$ kHz variiert. Berechnen Sie die Spannung $\underline{U}_q$ und tragen Sie $|\underline{U}_q|$ über der Frequenz auf.

c) Das Doppelpotenziometer wird im Bereich $0 \le R \le 2$ kΩ variiert. Berechnen Sie die Spannung $\underline{U}_q$ und tragen Sie $|\underline{U}_q|$ über dem Widerstand auf.

Übung 6.6 Analyse eines Wechselstromnetzwerks

Die Spannung $\underline{U}_1$ im dargestellten Netzwerk soll mit dem Knotenpotenzialverfahren berechnet werden. Der Knoten K_0 ist als Sternpunkt vorgegeben. Die unabhängigen Spannungen fallen über den Impedanzen $\underline{Z}_1$, $\underline{Z}_2$ und $\underline{Z}_3$ ab.

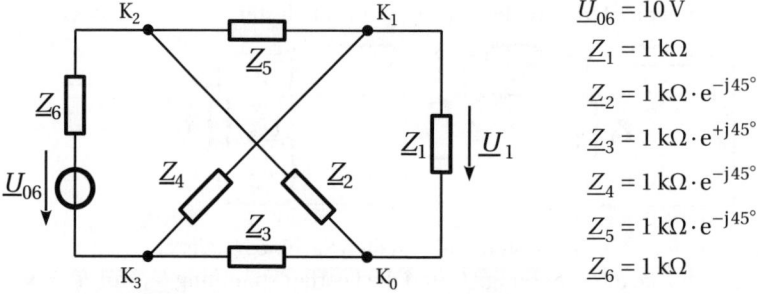

$\underline{U}_{06} = 10$ V

$\underline{Z}_1 = 1$ kΩ

$\underline{Z}_2 = 1$ k$\Omega \cdot e^{-j45°}$

$\underline{Z}_3 = 1$ k$\Omega \cdot e^{+j45°}$

$\underline{Z}_4 = 1$ k$\Omega \cdot e^{-j45°}$

$\underline{Z}_5 = 1$ k$\Omega \cdot e^{-j45°}$

$\underline{Z}_6 = 1$ kΩ

a) Skizzieren Sie den Grafen und den Baum. Geben Sie die Anzahl der Knoten k und die Anzahl der Zweige z an.

b) Stellen Sie das Gleichungssystem für die unabhängigen Spannungen auf.

c) Berechnen Sie die Spannung $\underline{U}_1$.

Übung 6.7 Bandpassfilter

Die Übertragungsfunktion $\underline{H}(\mathrm{j}\omega) = \underline{U}_2(\mathrm{j}\omega)/\underline{U}_1(\mathrm{j}\omega)$ des im Bild dargestellten Bandpass-filters (vgl. Übung 4.4) soll mit dem Knotenpotenzialverfahren berechnet werden. Beachten Sie dabei die ideale Spannungsquelle an den Eingangsklemmen.

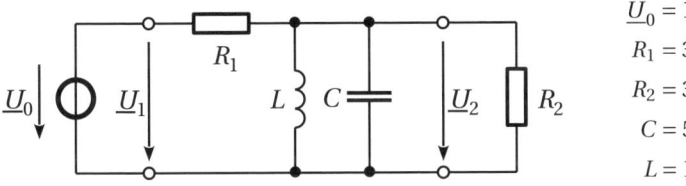

$$\underline{U}_0 = 10\,\mathrm{V}$$
$$R_1 = 30\,\mathrm{k}\Omega$$
$$R_2 = 30\,\mathrm{k}\Omega$$
$$C = 5\,\mathrm{nF}$$
$$L = 1\,\mathrm{H}$$

a) Wie viele Knoten besitzt das Netzwerk?
b) Wie viele unabhängige Spannungen treten auf?
c) Ist $\underline{U}_1$ eine unabhängige Spannung?
d) Nummerieren Sie die Knoten und erstellen Sie eine Netzliste.

Definieren Sie für die folgenden Aufgabenpunkte geeignete Frequenzstützstellen und wenden Sie für jede Stützstelle das Knotenpotenzialverfahren an.

e) Stellen Sie Dämpfung und Phase im Frequenzbereich $0 \leq f \leq 10\,\mathrm{kHz}$ dar.
f) Stellen Sie das Bode-Diagramm im Frequenzbereich $1\,\mathrm{Hz} \leq f \leq 100\,\mathrm{kHz}$ dar.
g) Stellen Sie das Nyquist-Diagramm dar.

Übung 6.8 Bandsperrfilter

Die Übertragungsfunktion $\underline{H}(\mathrm{j}\omega) = \underline{U}_2(\mathrm{j}\omega)/\underline{U}_1(\mathrm{j}\omega)$ des im Bild dargestellten Band-sperrfilters (vgl. Übung 4.5) soll mit dem Knotenpotenzialverfahren berechnet werden. Beachten Sie dabei die ideale Spannungsquelle an den Eingangsklemmen.

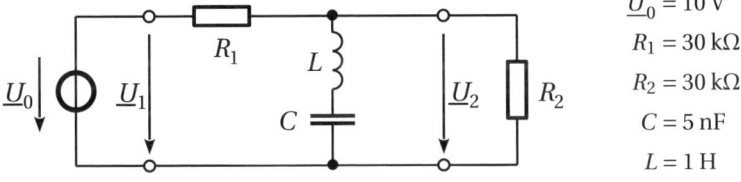

$$\underline{U}_0 = 10\,\mathrm{V}$$
$$R_1 = 30\,\mathrm{k}\Omega$$
$$R_2 = 30\,\mathrm{k}\Omega$$
$$C = 5\,\mathrm{nF}$$
$$L = 1\,\mathrm{H}$$

a) Wie viele Knoten besitzt das Netzwerk?
b) Wie viele unabhängige Spannungen treten auf?
c) Ist $\underline{U}_1$ eine unabhängige Spannung?
d) Nummerieren Sie die Knoten und erstellen Sie eine Netzliste.

Definieren Sie für die folgenden Aufgabenpunkte geeignete Frequenzstützstellen und wenden Sie für jede Stützstelle das Knotenpotenzialverfahren an.

e) Stellen Sie Dämpfung und Phase im Frequenzbereich $0 \leq f \leq 10\,\mathrm{kHz}$ dar.
f) Stellen Sie das Bode-Diagramm im Frequenzbereich $1\,\mathrm{Hz} \leq f \leq 100\,\mathrm{kHz}$ dar.
g) Stellen Sie das Nyquist-Diagramm dar.

Übung 6.9 Allpassfilter

Das abgebildete Allpassfilter (vgl. Übung 4.6) soll mit dem Knotenpotenzialverfahren im Frequenzbereich $0 \leq f \leq 10\,\text{kHz}$ analysiert werden. Insbesondere interessiert hier die Phasenverschiebung zwischen der Quellspannung $\underline{U}_{01}$ und der Spannung $\underline{U}_2$. Verwenden Sie bei der Analyse die vorgegebenen Knotenbezeichnungen. Der Knoten K_0 stellt den Sternpunkt dar.

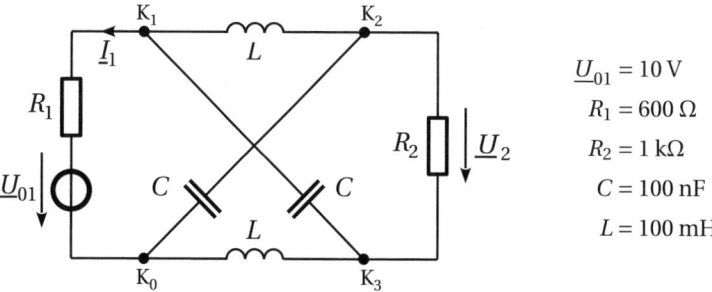

$$\underline{U}_{01} = 10\,\text{V}$$
$$R_1 = 600\,\Omega$$
$$R_2 = 1\,\text{k}\Omega$$
$$C = 100\,\text{nF}$$
$$L = 100\,\text{mH}$$

a) Skizzieren Sie den Baum und bezeichnen Sie die unabhängigen Spannungen.
b) Erstellen Sie eine Netzliste.
c) Berechnen Sie die Spannung $\underline{U}_2$ für die vorab festgelegten Frequenzstützpunkte.
d) Stellen Sie die Phase von $\underline{U}_2$ über der Frequenz dar.
e) Bestimmen Sie $|\underline{U}_2|$. Welche Abhängigkeit von der Frequenz stellen sie fest?
f) Bestimmen Sie $\underline{I}_1$. Welche Abhängigkeit von der Frequenz stellen sie fest und was folgt daraus für die Spannung $\underline{U}_1$ zwischen den Knoten K_1 und K_0?
g) Welche Auswirkung hat eine Änderung von R_1 (z. B. auf $1\,\text{k}\Omega$)?
h) Welche Auswirkung hat eine Änderung von R_2 (z. B. auf $600\,\Omega$)?

Übung 6.10 Überlagerungssatz

Das im Bild dargestellte Gleichstromnetzwerk enthält drei Quellen.

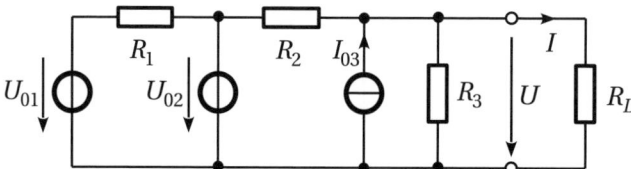

a) Bestimmen Sie U und I mithilfe des Überlagerungssatzes.
b) Stellen Sie die drei Quellen durch eine einzige Ersatzspannungsquelle mit der Quellspannung U_0 und dem Innenwiderstand R_0 dar.
c) Stellen Sie die drei Quellen durch eine einzige Ersatzstromquelle mit dem Quellstrom I_0 und dem Innenwiderstand R_0 dar.

7 Einführung in die Netzwerktheorie

Zur Vereinfachung der Analyse von umfangreichen elektrischen Schaltungen fassen wir diese zu Teilnetzwerken zusammen, die mit der übrigen Schaltung über einige wenige Anschlussklemmen verbunden sind. Die Teilnetzwerke bezeichnen wir als *Mehrpole* (Zweipol, Dreipol, usw.) bzw. als *Mehrtore*, wobei wir jeweils zwei Klemmen zu einem Klemmenpaar, einem sogenannten Tor, zusammenfassen. Eine derartige Vorgehensweise hatten wir schon in Kapitel 6 bei der Maschenstrom- und der Knotenpotenzialanalyse angewendet, indem wir Impedanzen bzw. reale Quellen als Zweipol aufgefasst hatten. Nun wollen wir diese Methode verallgemeinern und das Verhalten der Teilnetzwerke durch geeignete Parameter beschreiben.

■ 7.1 Die Torbedingung

Ein *Klemmenpaar* wird als *Tor* bezeichnet, sofern die Ströme durch beide Klemmen, wie in Bild 7.1 dargestellt, identisch sind. Bei einem *Zweipol* ist das selbstverständlich, da der Strom, der durch eine Klemme fließt, notwendigerweise auch durch die zweite Klemme fließen muss, d. h., jeder Zweipol ist auch ein *Eintor*.

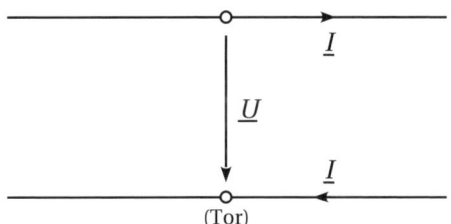

Bild 7.1 Ein Klemmenpaar wird als Tor bezeichnet, wenn die Ströme durch beide Klemmen identisch sind.

Bei Mehrpolen erfüllt im Allgemeinen nicht jede beliebige Zusammenfassung von Klemmenpaaren die *Torbedingung*. Darüber hinaus kann aufgrund der äußeren Beschaltung eines Mehrtors die Torbedingung verletzt werden.

■ 7.2 Lineare Eintore

Ein Netzwerk N mit zwei nach außen geführten Klemmen wird als Eintor[1] bezeichnet.

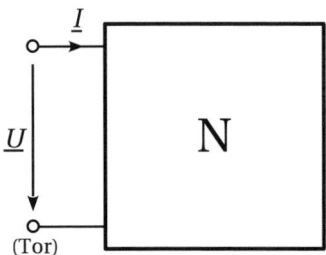

Bild 7.2 Ein lineares (quellenfreies) Eintor lässt sich durch das Verhältnis von Spannung und Strom am Tor, also durch eine Impedanz $\underline{Z}$, beschreiben.

Ein lineares Eintor (Bild 7.2) zeichnet sich durch einen linearen Zusammenhang zwischen Spannung und Strom aus. Quellenlose Eintore werden somit durch die Beziehung

$$\underline{U} = \underline{Z}\,\underline{I} \qquad \text{bzw.} \qquad \underline{I} = \underline{Y}\,\underline{U}$$

beschrieben. Enthält das Eintor Quellen, so erfolgt die Beschreibung durch die Gleichungen (6.1) bzw. (6.2), die wir in Abschnitt 6.1 kennen gelernthatten.

Ein Eintor heißt passiv, wenn die von ihm aufgenommene Wirkleistung $P = \mathrm{Re}\{\underline{U}\,\underline{I}^*\} > 0$ ist. Diese Bedingung ist bei quellenfreien Eintoren genau für $\mathrm{Re}\{\underline{Z}\} > 0$ erfüllt.

■ 7.3 Lineare Zweitore

In der Elektrotechnik werden häufig Baugruppen eingesetzt, die über einen Eingangsanschluss sowie einen Ausgangsanschluss mit jeweils zwei Anschlussklemmen verfügen. In Kapitel 4 haben wir einige typische Filterschaltungen betrachtet, die genau diese Struktur aufweisen. Wir wollen uns hier mit der systematischen Beschreibung solcher Baugruppen befassen, wobei wir uns allerdings auf passive quellenfreie Zweitore beschränken.

7.3.1 Vierpole und Zweitore

Unter einem *Vierpol* verstehen wir ein elektrisches Netzwerk mit vier Anschlussklemmen, wie es in Bild 7.3 dargestellt ist. Unter Berücksichtigung der Kirchhoff'schen Regeln (vgl. Bild 1.1 auf Seite 19) treten am Vierpol drei unabhängige Ströme auf. Von den sechs möglichen Spannungen, die zwischen den Klemmen 1 bis 4 gemessen werden können, sind genau drei unabhängig. Der restliche Strom sowie die übrigen Spannungen lassen sich aus den unabhängigen Größen ableiten. Damit lässt sich das Verhalten des Netzwerks durch drei Gleichungen

---

[1] Häufig werden die Begriffe *Eintor* und *Zweipol* synonym verwendet, da die Torbedingung bei einem Zweipol immer erfüllt ist.

beschreiben. Beispielweise können wir die drei unabhängigen Spannungen durch eine Linearkombination der drei unabhängigen Ströme ausdrücken. In diesem Gleichungssystem treten dann neun Parameter auf, die das Netzwerk charakterisieren.

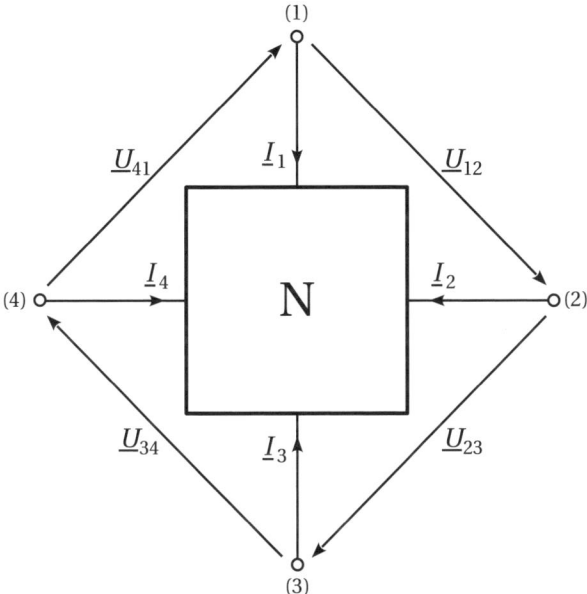

Bild 7.3 Ein Vierpol ist ein elektrisches Netzwerk mit vier Anschlussklemmen.

Bild 7.4 zeigt einen Vierpol, bei dem jeweils zwei Klemmen zu je einem Klemmenpaar zusammengefasst sind. Erfüllen beiden Klemmenpaare jeweils die Torbedingung (Bild 7.1), so sprechen wir von einem *Zweitor*. Wir wollen hier nur passive Zweitore betrachten, die keine inneren Quellen enthalten.

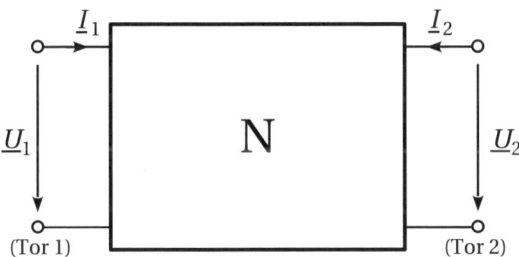

Bild 7.4 Ein Zweitor ist ein Netzwerk mit zwei Klemmenpaaren, die beide die Torbedingung erfüllen.

Aufgrund der Torbedingung treten jetzt nur noch zwei unabhängige Ströme $\underline{I}_1$ und $\underline{I}_2$ auf. In der Regel sind auch nur noch die Spannungen $\underline{U}_1$ und $\underline{U}_2$ an den Toren von Interesse. Die Beschreibung des elektrischen Verhaltens reduziert sich jetzt auf zwei Gleichungen. Drücken wir beispielsweise die Spannungen $\underline{U}_1$ und $\underline{U}_2$ durch Linearkombinationen der Ströme $\underline{I}_1$ und $\underline{I}_2$ aus, so treten vier für das Netzwerk charakteristische Parameter auf.

Eine Vereinfachung der Darstellung ergibt sich durch Zusammenfassung der Spannungen und Ströme an den Toren zu Vektoren. Das Netzwerk kann dann durch Matrizen beschrieben werden, die die charakteristischen Parameter enthalten.

7.3.2 Die Impedanzmatrix

Wir fassen nun die Spannungen $\underline{U}_1$ und $\underline{U}_2$ an den beiden Toren des Zweitors zu einem Vektor $\underline{\boldsymbol{U}}$ sowie die Ströme $\underline{I}_1$ und $\underline{I}_2$ zum Vektor $\underline{\boldsymbol{I}}$ zusammen. Die Beziehungen zwischen den Torspannungen und den Torströmen lassen sich nun durch

$$\underline{\boldsymbol{U}} = \underline{\boldsymbol{Z}} \cdot \underline{\boldsymbol{I}} \tag{7.1}$$

bzw.

$$\begin{pmatrix} \underline{U}_1 \\ \underline{U}_2 \end{pmatrix} = \begin{pmatrix} \underline{Z}_{11} & \underline{Z}_{12} \\ \underline{Z}_{21} & \underline{Z}_{22} \end{pmatrix} \cdot \begin{pmatrix} \underline{I}_1 \\ \underline{I}_2 \end{pmatrix} \tag{7.2}$$

ausdrücken, wobei das Verhalten des Zweitors durch die *Impedanzmatrix*

$$\underline{\boldsymbol{Z}} = \begin{pmatrix} \underline{Z}_{11} & \underline{Z}_{12} \\ \underline{Z}_{21} & \underline{Z}_{22} \end{pmatrix} \tag{7.3}$$

beschrieben wird.

Die Elemente der Impedanzmatrix eines Zweitors lassen sich messtechnisch oder durch Schaltungsanalyse ermitteln An den Toren müssen dazu bestimmte Betriebszustände eingestellt werden.

Bestimmung der Elemente der Impedanzmatrix

Zur Bestimmung der Elemente $\underline{Z}_{ij}$ lassen wir entweder Tor 1 oder Tor 2 des Zweitors unbeschaltet, d. h., wir betreiben entweder Tor 1 oder Tor 2 im Leerlauf.

Eingangsimpedanz von Tor 1 bei Leerlauf von Tor 2: $\qquad \underline{Z}_{11} = \dfrac{\underline{U}_1}{\underline{I}_1}\bigg|_{\underline{I}_2 = 0}$

Ausgangsimpedanz von Tor 2 bei Leerlauf von Tor 1: $\qquad \underline{Z}_{22} = \dfrac{\underline{U}_2}{\underline{I}_2}\bigg|_{\underline{I}_1 = 0}$

Leerlaufkernimpedanz vorwärts (Leerlauf von Tor 2): $\qquad \underline{Z}_{21} = \dfrac{\underline{U}_2}{\underline{I}_1}\bigg|_{\underline{I}_2 = 0}$

Leerlaufkernimpedanz rückwärts (Leerlauf von Tor 1): $\qquad \underline{Z}_{12} = \dfrac{\underline{U}_1}{\underline{I}_2}\bigg|_{\underline{I}_1 = 0}$

Beispiel 7.1 Beispiele zur Impedanzmatrix

Zur Verdeutlichung der Vorgehensweise wollen wir nun die Impedanzmatrizen der in Bild 7.5 dargestellten Zweitore bestimmen. Die Anwendung der Knotenregel liefert uns für das Zweitor 1 zwei Gleichungen.

$$\underline{U}_1 = R(\underline{I}_1 + \underline{I}_2)$$
$$\underline{U}_2 = R(\underline{I}_1 + \underline{I}_2)$$

Zweitor 1   Zweitor 2

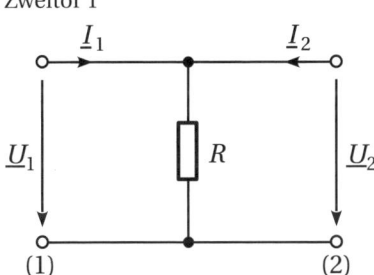 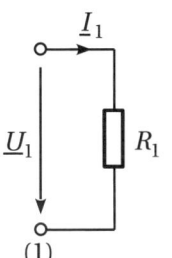 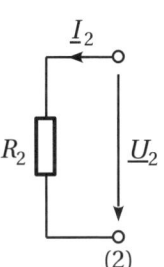

Bild 7.5 Das Zweitor 1 stellt eine Durchverbindung mit einen Querwiderstand R dar. Die Spannungen an beiden Toren sind also identisch. Das Zweitor 2 enthält zwei Widerstände R_1 und R_2. Zwischen den beiden Toren besteht aber keine elektrische Verbindung. Das Zweitor 2 entspricht somit einer Zusammenfassung von zwei Eintoren.

Drücken wir diese Gleichungen in Matrizenschreibweise aus, so erhalten wir sofort die Impedanzmatrix

$$\underline{Z} = \begin{pmatrix} R & R \\ R & R \end{pmatrix}.$$

Für das Zweitor 2 erhalten wir zwei unabhängige Gleichungen.

$$\underline{U}_1 = R_1 \underline{I}_1$$
$$\underline{U}_2 = R_2 \underline{I}_2$$

Die Impedanzmatrix ist somit durch

$$\underline{Z} = \begin{pmatrix} R_1 & 0 \\ 0 & R_2 \end{pmatrix}$$

gegeben.   ◼

Reihenschaltung von Zweitoren

Bei der in Bild 7.6 dargestellten Reihenschaltung von Zweitoren werden jeweils die Tore 1 und 2 der beiden Zweitore N′ und N″ in Reihe geschaltet. Wir wollen nun die Impedanzmatrix des resultierenden Zweitors N bestimmen. Dazu wenden wir die Maschengleichungen

$$\underline{U}_1 = \underline{U}'_1 + \underline{U}''_1 \quad \text{und} \quad \underline{U}_2 = \underline{U}'_2 + \underline{U}''_2$$

sowie die Torbedingungen

$$\underline{I}_1 = \underline{I}'_1 = \underline{I}''_1 \quad \text{und} \quad \underline{I}_2 = \underline{I}'_2 = \underline{I}''_2$$

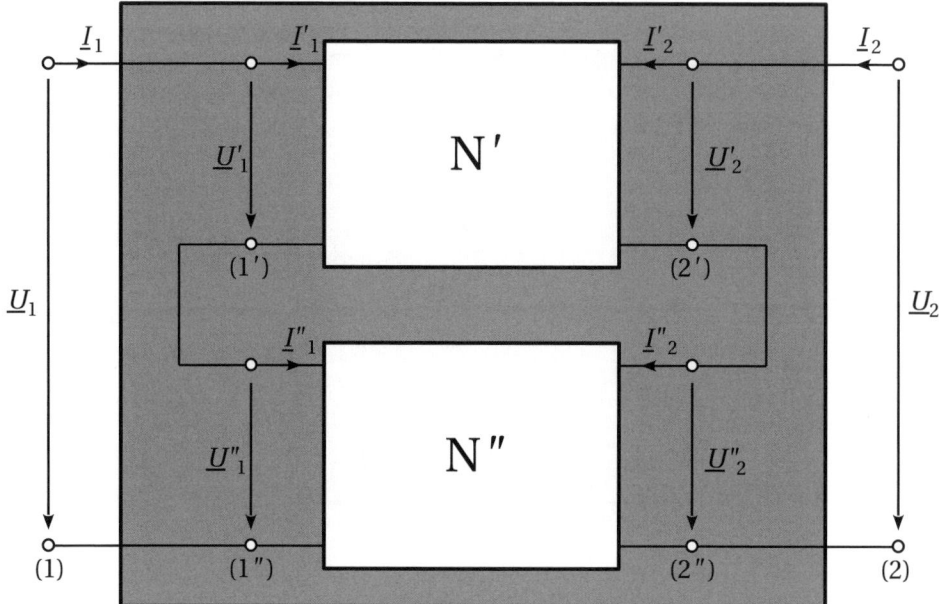

Bild 7.6 Die Impedanzmatrix zweier in Reihe geschalteter Zweitore ist durch die Summe ihrer Impedanzmatrizen gegeben, sofern die Torbedingungen nach der Zusammenschaltung auch weiterhin erfüllt sind.

auf die Beschreibungen der Teilsysteme

$$\begin{pmatrix} \underline{U}'_1 \\ \underline{U}'_2 \end{pmatrix} = \underline{\boldsymbol{Z}}' \cdot \begin{pmatrix} \underline{I}'_1 \\ \underline{I}'_2 \end{pmatrix} \qquad \text{und} \qquad \begin{pmatrix} \underline{U}''_1 \\ \underline{U}''_2 \end{pmatrix} = \underline{\boldsymbol{Z}}'' \cdot \begin{pmatrix} \underline{I}''_1 \\ \underline{I}''_2 \end{pmatrix}$$

an und erhalten sofort

$$\begin{pmatrix} \underline{U}_1 \\ \underline{U}_2 \end{pmatrix} = \begin{pmatrix} \underline{U}'_1 + \underline{U}''_1 \\ \underline{U}'_2 + \underline{U}''_2 \end{pmatrix} = \underbrace{\left(\underline{\boldsymbol{Z}}' + \underline{\boldsymbol{Z}}'' \right)}_{=\underline{\boldsymbol{Z}}} \cdot \begin{pmatrix} \underline{I}_1 \\ \underline{I}_2 \end{pmatrix} .$$

Die Impedanzmatrix des Gesamtsystems ist also durch die Summe der Impedanzmatrizen der Einzelsysteme gegeben.

$$\underline{\boldsymbol{Z}} = \underline{\boldsymbol{Z}}' + \underline{\boldsymbol{Z}}'' \tag{7.4}$$

Voraussetzung für die Gültigkeit von (7.4) ist allerdings, dass nach der Zusammenschaltung die Torbedingungen für jedes der beiden Zweitore N' und N'' weiterhin erfüllt sind.

7.3.3 Die Admittanzmatrix

Wir drücken nun die zu einem Vektor $\underline{\boldsymbol{I}}$ zusammengefassten Ströme $\underline{I}_1$ und $\underline{I}_2$ durch den Spannungsvektor $\underline{\boldsymbol{U}}$, bestehend aus $\underline{U}_1$ und $\underline{U}_2$, aus. Wir erhalten, ebenso wie in Abschnitt 7.3.2, mit

$$\underline{\boldsymbol{I}} = \underline{\boldsymbol{Y}} \cdot \underline{\boldsymbol{U}} \tag{7.5}$$

bzw.

$$\begin{pmatrix} \underline{I}_1 \\ \underline{I}_2 \end{pmatrix} = \begin{pmatrix} \underline{Y}_{11} & \underline{Y}_{12} \\ \underline{Y}_{21} & \underline{Y}_{22} \end{pmatrix} \cdot \begin{pmatrix} \underline{U}_1 \\ \underline{U}_2 \end{pmatrix} \tag{7.6}$$

eine verallgemeinerte Form des Ohm'schen Gesetzes, wobei das Verhalten des Zweitors durch die *Admittanzmatrix*

$$\underline{Y} = \begin{pmatrix} \underline{Y}_{11} & \underline{Y}_{12} \\ \underline{Y}_{21} & \underline{Y}_{22} \end{pmatrix} \tag{7.7}$$

beschrieben wird. Der Zusammenhang zwischen der Impedanz- und der Admittanzmatrix ist durch

$$\underline{Y} = \underline{Z}^{-1} \tag{7.8}$$

gegeben. Auch die Elemente der Admittanzmatrix eines Zweitors lassen sich messtechnisch oder durch Schaltungsanalyse aus dem Zweitor ermitteln.

Bestimmung der Elemente der Admittanzmatrix

Während bei der Ermittlung der Parameter der Impedanzmatrix die Tore bei Leerlauf ($\underline{I}_1 = 0$ bzw. $\underline{I}_2 = 0$) betrachtet werden, müssen wir zur Bestimmung der Elemente $\underline{Y}_{ij}$ jeweils eines der beiden Tore kurz schließen ($\underline{U}_1 = 0$ bzw. $\underline{U}_2 = 0$).

Eingangsadmittanz von Tor 1 bei Kurzschluss von Tor 2: $\quad \underline{Y}_{11} = \dfrac{\underline{I}_1}{\underline{U}_1}\Big|_{\underline{U}_2 = 0}$

Ausgangsadmittanz von Tor 2 bei Kurzschluss von Tor 1: $\quad \underline{Y}_{22} = \dfrac{\underline{I}_2}{\underline{U}_2}\Big|_{\underline{U}_1 = 0}$

Kurzschlusskernadmittanz vorwärts (Kurzschluss von Tor 2): $\quad \underline{Y}_{21} = \dfrac{\underline{I}_2}{\underline{U}_1}\Big|_{\underline{U}_2 = 0}$

Kurzschlusskernadmittanz rückwärts (Kurzschluss von Tor 1): $\quad \underline{Y}_{12} = \dfrac{\underline{I}_1}{\underline{U}_2}\Big|_{\underline{U}_1 = 0}$

Die Y-Parameter sind im Übrigen nicht einfach die Kehrwerte der Z-Parameter. Um die Parameter $\underline{Y}_{11}, \underline{Y}_{12}, \underline{Y}_{21}$ und $\underline{Y}_{22}$ aus der Impedanzmatrix zu ermitteln, ist eine Matrixinversion gemäß (7.8) erforderlich.

Parallelschaltung von Zweitoren

Bei der in Bild 7.7 dargestellten Parallelschaltung von Zweitoren werden jeweils die Tore 1 und 2 der beiden Zweitore N′ und N″ parallel geschaltet. Wir wollen nun die Admittanzmatrix des resultierenden Zweitors N bestimmen. Dazu wenden wir die Knotengleichungen

$$\underline{I}_1 = \underline{I}_1' + \underline{I}_1'' \quad \text{und} \quad \underline{I}_2 = \underline{I}_2' + \underline{I}_2''$$

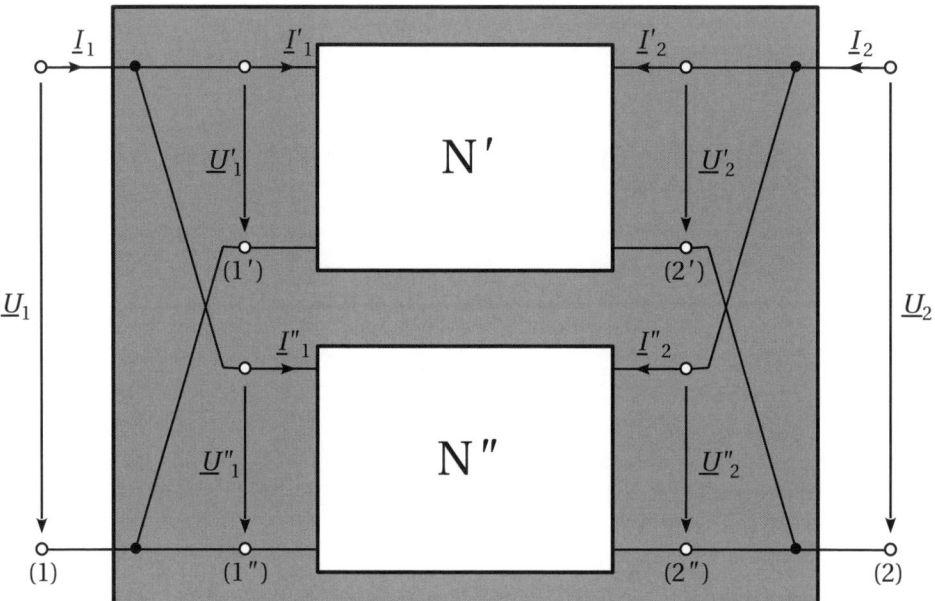

Bild 7.7 Die Admittanzmatrix zweier parallel geschalteter Zweitore ist durch die Summe ihrer Admittanzmatrizen gegeben, sofern die Torbedingungen nach der Zusammenschaltung auch weiterhin erfüllt sind.

sowie die Tatsache

$$\underline{U}_1 = \underline{U}'_1 = \underline{U}''_1 \qquad \text{und} \qquad \underline{U}_2 = \underline{U}'_2 = \underline{U}''_2$$

auf die Beschreibungen der Teilsysteme

$$\begin{pmatrix} \underline{I}'_1 \\ \underline{I}'_2 \end{pmatrix} = \underline{Y}' \cdot \begin{pmatrix} \underline{U}'_1 \\ \underline{U}'_2 \end{pmatrix} \qquad \text{und} \qquad \begin{pmatrix} \underline{I}''_1 \\ \underline{I}''_2 \end{pmatrix} = \underline{Y}'' \cdot \begin{pmatrix} \underline{U}''_1 \\ \underline{U}''_2 \end{pmatrix}$$

an und erhalten sofort

$$\begin{pmatrix} \underline{I}_1 \\ \underline{I}_2 \end{pmatrix} = \begin{pmatrix} \underline{I}'_1 + \underline{I}''_1 \\ \underline{I}'_2 + \underline{I}''_2 \end{pmatrix} = \underbrace{\left(\underline{Y}' + \underline{Y}'' \right)}_{= \underline{Y}} \cdot \begin{pmatrix} \underline{U}_1 \\ \underline{U}_2 \end{pmatrix} .$$

Die Admittanzmatrix des Gesamtsystems ist also durch die Summe der Admittanzmatrizen der Einzelsysteme gegeben.

$$\underline{Y} = \underline{Y}' + \underline{Y}'' \tag{7.9}$$

Voraussetzung für die Gültigkeit von (7.9) ist allerdings, dass nach der Zusammenschaltung die Torbedingungen für jedes der beiden Zweitore N' und N'' weiterhin erfüllt sind.

7.3.4 Die Kettenmatrix

Das Verhalten von linearen Zweitoren wird generell durch zwei lineare Gleichungen beschrieben, die die Spannungen und Ströme an den Toren miteinander verknüpfen. Zur Darstellung mittels einer Matrix werden jeweils zwei der vier Größen $\underline{U}_1$, $\underline{U}_2$, $\underline{I}_1$ und $\underline{I}_2$ zu Vektoren zusammengefasst. Dabei können auch Mischformen, also Vektoren, die eine Spannung und einen Strom enthalten, gebildet werden. Eine der wichtigsten Beschreibungsformen ist die Darstellung durch *Kettenparameter*

$$\begin{pmatrix} \underline{U}_1 \\ \underline{I}_1 \end{pmatrix} = \begin{pmatrix} \underline{A}_{11} & \underline{A}_{12} \\ \underline{A}_{21} & \underline{A}_{22} \end{pmatrix} \cdot \begin{pmatrix} \underline{U}_2 \\ -\underline{I}_2 \end{pmatrix} \tag{7.10}$$

mit der *Kettenmatrix*

$$\underline{A} = \begin{pmatrix} \underline{A}_{11} & \underline{A}_{12} \\ \underline{A}_{21} & \underline{A}_{22} \end{pmatrix} . \tag{7.11}$$

Unter der Verkettung (Kettenschaltung) von Zweitoren versteht man die in Bild 7.8 dargestellte Anordnung. Dabei wird das Ausgangssignal eines Zweitors in den Eingang eines weiteren Zweitors eingespeist. Diese Darstellung ist sehr praxisnah, da viele Systeme über jeweils einen zweipoligen Ein- und Ausgang verfügen und in der dargestellten Form miteinander verbunden werden.

Bestimmung der Elemente der Kettenmatrix

Zur Ermittlung der Parameter der Kettenmatrix müssen wir Tor 2 entweder kurzschließen oder im Leerlauf betreiben.

Spannungsverhältnis bei Leerlauf von Tor 2: $\qquad \underline{A}_{11} = \left. \dfrac{\underline{U}_1}{\underline{U}_2} \right|_{\underline{I}_2 = 0}$

Stromverhältnis bei Kurzschluss von Tor 2: $\qquad \underline{A}_{22} = \left. \dfrac{\underline{I}_1}{-\underline{I}_2} \right|_{\underline{U}_2 = 0}$

Kernadmittanz bei Leerlauf von Tor 2: $\qquad \underline{A}_{21} = \left. \dfrac{\underline{I}_1}{\underline{U}_2} \right|_{\underline{I}_2 = 0}$

Kernimpedanz bei Kurzschluss von Tor 2: $\qquad \underline{A}_{12} = \left. \dfrac{\underline{U}_1}{-\underline{I}_2} \right|_{\underline{U}_2 = 0}$

Die Kettenparameter weisen unterschiedliche Einheiten auf. $\underline{A}_{11}$ und $\underline{A}_{22}$ sind einheitenlose Verhältnisse, während $\underline{A}_{21}$ die Einheit der Admittanz und $\underline{A}_{12}$ die Einheit der Impedanz besitzt.

Kettenschaltung von Zweitoren

Bild 7.8 zeigt die Kettenschaltung von zwei Zweitoren N′ und N″. Wir wollen nun die Kettenmatrix der Gesamtschaltung aus den Kettenmatrizen der Einzelkomponenten bestimmen.

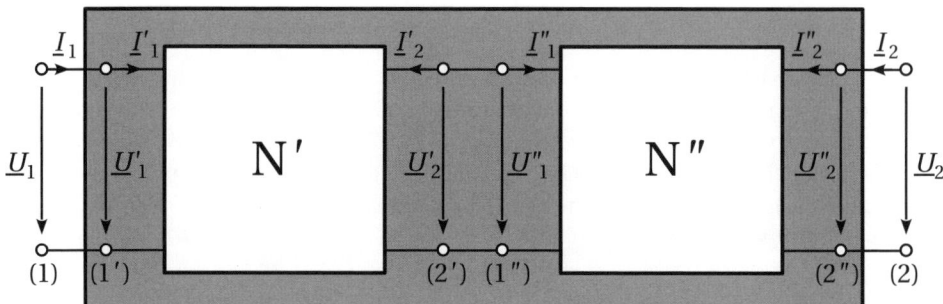

Bild 7.8 Bei der Kettenschaltung wird das Ausgangssignal eines Zweitors in den Eingang eines weiteren Zweitors eingespeist. Die Kettenmatrix zweier verketteter Zweitore ist durch das Produkt ihrer Kettenmatrizen gegeben. Bei der Multiplikation ist auf die Reihenfolge der Matrizen zu achten. Die Torbedingungen sind nach der Zusammenschaltung in jedem Fall auch weiterhin erfüllt.

Aufgrund der Zusammenschaltung gelten die Beziehungen

$$\underline{U}_1 = \underline{U}_1', \qquad \underline{U}_2' = \underline{U}_1'', \qquad \underline{U}_2'' = \underline{U}_2,$$
$$\underline{I}_1 = \underline{I}_1', \qquad \underline{I}_2' = -\underline{I}_1'', \qquad \underline{I}_2'' = \underline{I}_2.$$

Wir können somit

$$\begin{pmatrix} \underline{U}_1 \\ \underline{I}_1 \end{pmatrix} = \begin{pmatrix} \underline{U}_1' \\ \underline{I}_1' \end{pmatrix} = \underline{A}' \cdot \begin{pmatrix} \underline{U}_2' \\ -\underline{I}_2' \end{pmatrix} = \underline{A}' \cdot \begin{pmatrix} \underline{U}_1'' \\ \underline{I}_1'' \end{pmatrix} = \underline{A}' \cdot \underline{A}'' \cdot \begin{pmatrix} \underline{U}_2'' \\ -\underline{I}_2'' \end{pmatrix} = \underbrace{\underline{A}' \cdot \underline{A}''}_{= \underline{A}} \cdot \begin{pmatrix} \underline{U}_2 \\ -\underline{I}_2 \end{pmatrix} = \underline{A} \cdot \begin{pmatrix} \underline{U}_2 \\ -\underline{I}_2 \end{pmatrix} \qquad (7.12)$$

schreiben. Die Torbedingungen können bei dieser Zusammenschaltung niemals verletzt werden, sodass die Kettenmatrix des Gesamtsystems immer durch das Matrixprodukt

$$\underline{A} = \underline{A}' \cdot \underline{A}'' \qquad (7.13)$$

bestimmt ist. Das Kommutativgesetz gilt nicht für die Multiplikation von Matrizen. Die Reihenfolge der Matrizen $\underline{A}'$ und $\underline{A}''$ darf also nicht vertauscht werden.

7.3.5 Die Hybridmatrix

Die *Hybridparameter* sind durch

$$\begin{pmatrix} \underline{U}_1 \\ \underline{I}_2 \end{pmatrix} = \begin{pmatrix} \underline{H}_{11} & \underline{H}_{12} \\ \underline{H}_{21} & \underline{H}_{22} \end{pmatrix} \cdot \begin{pmatrix} \underline{I}_1 \\ \underline{U}_2 \end{pmatrix} \qquad (7.14)$$

mit der *Hybridmatrix*

$$\underline{H} = \begin{pmatrix} \underline{H}_{11} & \underline{H}_{12} \\ \underline{H}_{21} & \underline{H}_{22} \end{pmatrix} \qquad (7.15)$$

definiert.

Bestimmung der Elemente der Hybridmatrix

Zur Bestimmung der Hybridparameter muss entweder Tor 1 im Leerlauf betrieben oder Tor 2 kurzgeschlossen werden.

$$\underline{H}_{11} = \frac{\underline{U}_1}{\underline{I}_1}\Bigg|_{\underline{U}_2=0} \qquad\qquad \underline{H}_{12} = \frac{\underline{U}_1}{\underline{U}_2}\Bigg|_{\underline{I}_1=0}$$

$$\underline{H}_{21} = \frac{\underline{I}_2}{\underline{I}_1}\Bigg|_{\underline{U}_2=0} \qquad\qquad \underline{H}_{22} = \frac{\underline{I}_2}{\underline{U}_2}\Bigg|_{\underline{I}_1=0}$$

Die Elemente der Hybridmatrix weisen unterschiedliche Einheiten auf. Das Element $\underline{H}_{11}$ stellt die Eingangsimpedanz bei Kurzschluss am Ausgang dar. $\underline{H}_{11}$ ist jedoch *nicht* mit $\underline{Z}_{11}$ identisch, da zur Bestimmung der Eingangsimpedanz in Abschnitt 7.3.2 der Ausgang im Leerlauf betrieben wird. Entsprechendes gilt für $\underline{H}_{22}$ und $\underline{Y}_{22}$.

Reihen-Parallel-Schaltung von Zweitoren

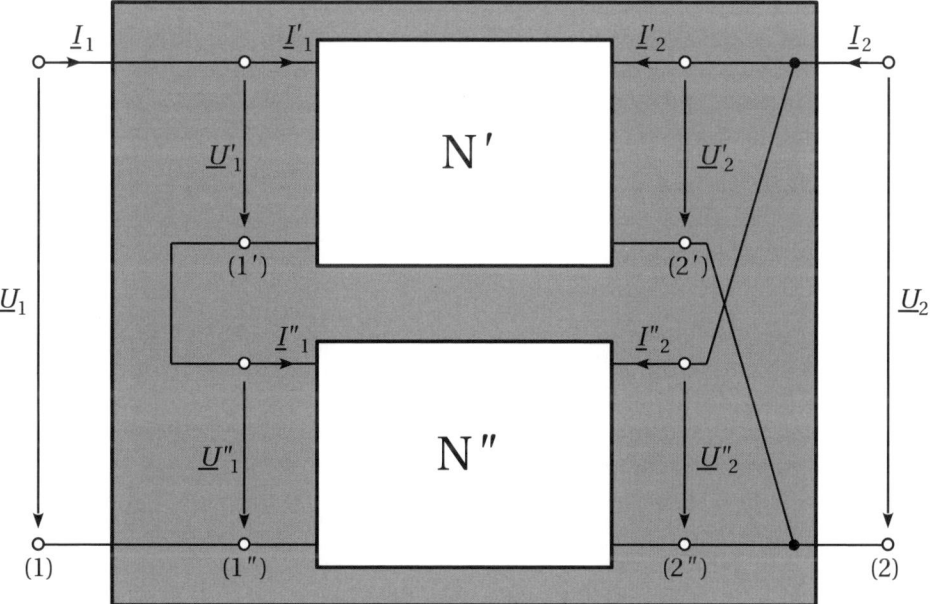

Bild 7.9 Die Hybridmatrix von zwei Zweitoren, die auf der linken Seite in Reihe und auf der rechten Seite parallel geschaltet sind, ist durch die Summe ihrer Hybridmatrizen gegeben, sofern die Torbedingungen nach der Zusammenschaltung auch weiterhin erfüllt sind.

In Bild 7.9 ist die Reihen-Parallel-Schaltung von zwei Zweitoren dargestellt. Die Kirchhoff'schen Gleichungen liefern uns die Beziehungen

$$\underline{I}_1 = \underline{I}'_1 = \underline{I}''_1, \qquad\qquad \underline{U}_1 = \underline{U}'_1 + \underline{U}''_1,$$
$$\underline{U}_2 = \underline{U}'_2 = \underline{U}''_2, \qquad\qquad \underline{I}_2 = \underline{I}'_2 + \underline{I}''_2.$$

Analog zu unserer Vorgehensweise in den Abschnitten 7.3.2 und 7.3.3 stellen wir damit den Zusammenhang

$$\begin{pmatrix} U_1' \\ I_2' \end{pmatrix} + \begin{pmatrix} U_1'' \\ I_2'' \end{pmatrix} = \underline{H}' \cdot \begin{pmatrix} I_1' \\ U_2' \end{pmatrix} + \underline{H}'' \cdot \begin{pmatrix} I_1'' \\ U_2'' \end{pmatrix} = \underline{H}' \cdot \begin{pmatrix} I_1 \\ U_2 \end{pmatrix} + \underline{H}'' \cdot \begin{pmatrix} I_1 \\ U_2 \end{pmatrix}$$

$$\begin{pmatrix} U_1 \\ I_2 \end{pmatrix} = \underbrace{\left(\underline{H}' + \underline{H}'' \right)}_{= \underline{H}} \cdot \begin{pmatrix} I_1 \\ U_2 \end{pmatrix}$$

her und erhalten die Hybridmatrix des resultierenden Gesamtsystems

$$\underline{H} = \underline{H}' + \underline{H}'' . \tag{7.16}$$

Auch hier können die Torbedingungen aufgrund der Zusammenschaltung verletzt werden. Die Gleichung (7.16) ist daher nur dann gültig, wenn keine Verletzung der Torbedingungen auftritt.

7.3.6   Die Parallel-Reihen-Matrix

Das Gleichungssystem der *Parallel-Reihen-Parameter* ist durch

$$\begin{pmatrix} I_1 \\ U_2 \end{pmatrix} = \begin{pmatrix} \underline{P}_{11} & \underline{P}_{12} \\ \underline{P}_{21} & \underline{P}_{22} \end{pmatrix} \cdot \begin{pmatrix} U_1 \\ I_2 \end{pmatrix} \tag{7.17}$$

mit der *Parallel-Reihen-Matrix*

$$\underline{P} = \begin{pmatrix} \underline{P}_{11} & \underline{P}_{12} \\ \underline{P}_{21} & \underline{P}_{22} \end{pmatrix} \tag{7.18}$$

definiert.

Bestimmung der Elemente der Parallel-Reihen-Matrix

Zur Bestimmung der Parameter der Parallel-Reihen-Matrix muss entweder Tor 1 kurzgeschlossen oder Tor 2 im Leerlauf betrieben werden.

$$\underline{P}_{11} = \frac{I_1}{\underline{U}_1}\bigg|_{I_2 = 0} \qquad\qquad \underline{P}_{12} = \frac{I_1}{I_2}\bigg|_{\underline{U}_1 = 0}$$

$$\underline{P}_{21} = \frac{U_2}{\underline{U}_1}\bigg|_{I_2 = 0} \qquad\qquad \underline{P}_{22} = \frac{U_2}{I_2}\bigg|_{\underline{U}_1 = 0}$$

Auch die Elemente der Parallel-Reihen-Matrix weisen, genau wie die der Hybridmatrix, unterschiedliche Einheiten auf. Ebenso wie in Abschnitt 7.3.5 kann hier kein unmittelbarer Zusammenhang mit anderen Parametern hergestellt werden. Zur Umrechnung der Parameter siehe Abschnitt 7.3.8.

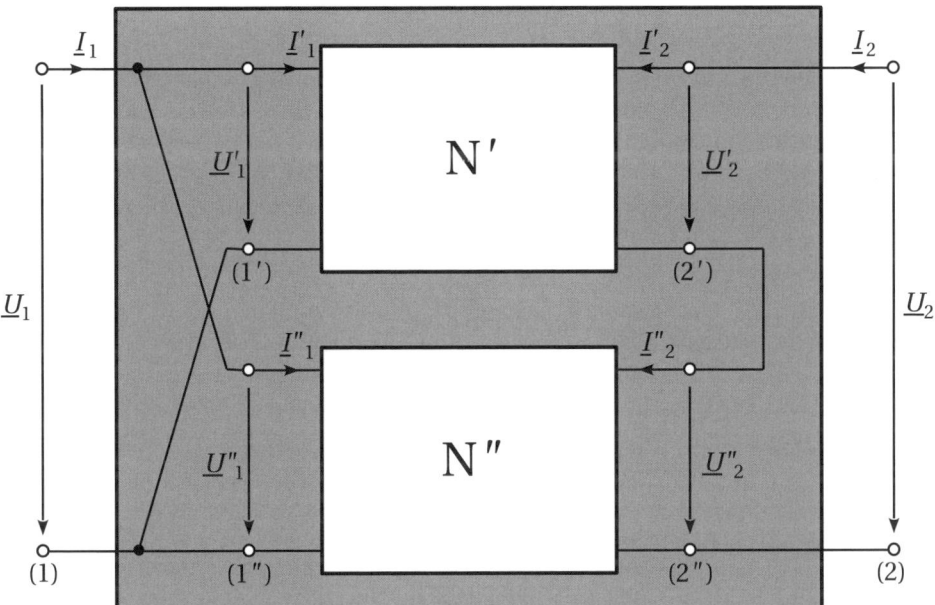

Bild 7.10 Die Parallel-Reihen-Matrix von zwei Zweitoren, die auf der linken Seite parallel und auf der rechten Seite in Reihe geschaltet sind, ist durch die Summe ihrer Parallel-Reihen-Matrizen gegeben, sofern die Torbedingungen nach der Zusammenschaltung auch weiterhin erfüllt sind.

Parallel-Reihen-Schaltung von Zweitoren

In Bild 7.10 ist die Parallel-Reihen-Schaltung von zwei Zweitoren dargestellt. Die Kirchhoff'schen Gleichungen liefern uns die Beziehungen

$$\underline{U}_1 = \underline{U}'_1 = \underline{U}''_1, \qquad\qquad \underline{I}_1 = \underline{I}'_1 + \underline{I}''_1,$$
$$\underline{I}_2 = \underline{I}'_2 = \underline{I}''_2, \qquad\qquad \underline{U}_2 = \underline{U}'_2 + \underline{U}''_2.$$

Genau wie in Abschnitt 7.3.5 können wir damit den Zusammenhang

$$\begin{pmatrix} \underline{I}'_1 \\ \underline{U}'_2 \end{pmatrix} + \begin{pmatrix} \underline{I}''_1 \\ \underline{U}''_2 \end{pmatrix} = \underline{P}' \cdot \begin{pmatrix} \underline{U}'_1 \\ \underline{I}'_2 \end{pmatrix} + \underline{P}'' \cdot \begin{pmatrix} \underline{U}''_1 \\ \underline{I}''_2 \end{pmatrix} = \underline{P}' \cdot \begin{pmatrix} \underline{U}_1 \\ \underline{I}_2 \end{pmatrix} + \underline{P}'' \cdot \begin{pmatrix} \underline{U}_1 \\ \underline{I}_2 \end{pmatrix}$$

$$\begin{pmatrix} \underline{I}_1 \\ \underline{U}_2 \end{pmatrix} = \underbrace{\left(\underline{P}' + \underline{P}'' \right)}_{= \underline{P}} \cdot \begin{pmatrix} \underline{U}_1 \\ \underline{I}_2 \end{pmatrix}$$

herstellen und erhalten die Parallel-Reihen-Matrix des resultierenden Gesamtsystems

$$\underline{P} = \underline{P}' + \underline{P}'' . \tag{7.19}$$

Selbstverständlich gilt auch die Gleichung (7.19) nur dann, wenn die Torbedingungen durch die Zusammenschaltung nicht verletzt werden.

7.3.7 Symmetrien

Zweitore können gewisse Symmetrien aufweisen, die sich in den Eigenschaften der das Zweitor beschreibenden Matrizen widerspiegeln. Es ist sofort ersichtlich, dass das elektrische Verhalten eines spiegelsymmetrisch aufgebauten Zweitors an beiden Toren gleich sein muss. Unabhängig von dieser strukturellen Symmetrie können jedoch auch Symmetrien vorliegen, die nicht unmittelbar aus dem zugrunde liegenden Netzwerk zu erkennen sind.

Kopplungssymmetrie

Ein kopplungssymmetrisches Zweitor zeichnet sich durch ein symmetrisches Übertragungsverhalten aus. Beschalten wir ein derartiges Netzwerk an beiden Toren mit realen Quellen und aktivieren jeweils nur eine Quelle, so ist die beobachtete Wirkung am anderen Tor in beiden Fällen gleich. Das Übertragungsverhalten zwischen den beiden Toren ist also unabhängig von der Übertragungsrichtung. Diese Eigenschaft wird auch als *Reziprozität* oder *Übertragungssymmetrie* bezeichnet. Die beschreibenden Matrizen kopplungssymmetrischer Zweitore weisen die Eigenschaften

$$\underline{Z}_{12} = \underline{Z}_{21} \quad \Leftrightarrow \quad \underline{Y}_{12} = \underline{Y}_{21} \quad \Leftrightarrow \quad \det \underline{A} = 1 \quad \Leftrightarrow \quad \underline{H}_{12} = \underline{H}_{21} \quad \Leftrightarrow \quad \underline{P}_{12} = \underline{P}_{21}$$

auf. Alle Netzwerke, die ausschließlich Widerstände, Kapazitäten, Induktivitäten und Übertrager enthalten, sind kopplungssymmetrisch. Netzwerke mit gesteuerten Quellen, also mit aktiven Bauelementen, sind in der Regel nicht kopplungssymmetrisch. Ist dabei die Bedingung $\underline{Z}_{12} = 0$ erfüllt, so nennt man das Zweitor rückwirkungsfrei.

Wir wollen nun anhand von Bild 7.11 die Reziprozität von Ursache und Wirkung etwas genauer betrachten. Wir beschreiben das Netzwerk in Bild 7.11 mit der Impedanzmatrix und berück-

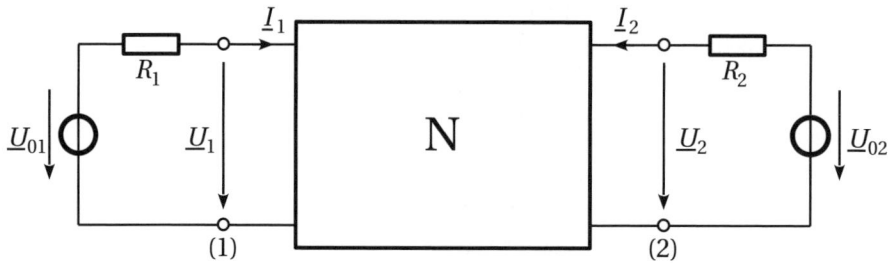

Bild 7.11 Das reziproke Zweitor ist an beiden Toren mit realen Spannungsquellen beschaltet. Die Wirkung der Quelle an Tor 1 auf das Tor 2 ist genau die gleiche, wie die der Quelle an Tor 2 auf das Tor 1.

sichtigen im Gleichungssystem beide Spannungsquellen.

$$\underline{U}_1 = \underline{U}_{01} - R_1 \underline{I}_1 = \underline{Z}_{11} \underline{I}_1 + \underline{Z}_{12} \underline{I}_2 \tag{7.20}$$

$$\underline{U}_2 = \underline{U}_{02} - R_2 \underline{I}_2 = \underline{Z}_{21} \underline{I}_1 + \underline{Z}_{22} \underline{I}_2 \tag{7.21}$$

Nun schalten wird die Quelle an Tor 2 aus, d. h., $\underline{U}_{02} = 0$, und legen an Tor 1 die Quellspannung $\underline{U}_{01} = \underline{U}_0$ an. Wir lösen (7.21) nach $\underline{I}_1$ auf. Sodann ersetzen wir $\underline{I}_1$ in (7.20) durch diesen Ausdruck und erhalten

$$\underline{I}_2 = \frac{\underline{U}_0}{\underline{Z}_{12} - (\underline{Z}_{11} + R_1)(\underline{Z}_{22} + R_2)/\underline{Z}_{21}} . \tag{7.22}$$

Im nächsten Schritt schalten wir die Quelle an Tor 2 aus. Nun ist also $\underline{U}_{01} = 0$. An Tor 2 legen wir die Quellspannung $\underline{U}_{02} = \underline{U}_0$ an. Analog zur eben beschriebenen Vorgehensweise lösen wir (7.20) nach $\underline{I}_2$ auf und setzen diesen Ausdruck in (7.21) ein. Der Strom durch den Widerstand R_1 an Tor 1 ergibt sich zu

$$\underline{I}_1 = \frac{\underline{U}_0}{\underline{Z}_{21} - (\underline{Z}_{11} + R_1)(\underline{Z}_{22} + R_2)/\underline{Z}_{12}} \, . \tag{7.23}$$

Die Ströme $\underline{I}_1$ und $\underline{I}_2$ sind genau dann gleich, wenn das Zweitor reziprok, also die Bedingung $\underline{Z}_{12} = \underline{Z}_{21}$ erfüllt ist. Die Quellspannung $\underline{U}_0$ ruft somit am jeweils anderen Tor die gleiche Wirkung hervor.

Widerstandssymmetrie

Ein widerstandssymmetrisches Zweitor weist an den beiden Toren die gleichen Eingangsimpedanzen auf. Auch diese Eigenschaft lässt sich in allen Matrizendarstellungen ausdrücken.

$$\underline{Z}_{11} = \underline{Z}_{22} \quad \Leftrightarrow \quad \underline{Y}_{11} = \underline{Y}_{22} \quad \Leftrightarrow \quad \underline{A}_{11} = \underline{A}_{22} \quad \Leftrightarrow \quad \det \underline{\boldsymbol{H}} = 1 \quad \Leftrightarrow \quad \det \underline{\boldsymbol{P}} = 1$$

Bei einem spiegelsymmetrisch[2] aufgebauten Zweitor ist das sofort ersichtlich. Aber auch unsymmetrisch aufgebaute Zweitore können durch geeignete Wahl der Bauelementwerte widerstandssymmetrisch sein.

Zur Verdeutlichung betrachten wir das Netzwerk in Bild 7.12. Das Zweitor ist nicht symmetrisch aufgebaut und besitzt die Impedanzmatrix

$$\underline{\boldsymbol{Z}} = \begin{pmatrix} \underline{Z}_1 & \underline{Z}_1/2 \\ \underline{Z}_1/2 & \underline{Z}_2 + 3\underline{Z}_1/4 \end{pmatrix} . \tag{7.24}$$

Widerstandssymmetrie liegt vor, wenn die Impedanz $\underline{Z}_2$ den Wert

$$\underline{Z}_2 = \underline{Z}_1/2 \tag{7.25}$$

annimmt. Je nach dem, wie die Impedanzen $\underline{Z}_1$ und $\underline{Z}_2$ realisiert sind, kann dies nur bei einer einzigen Frequenz der Fall sein oder auch allgemein gelten.

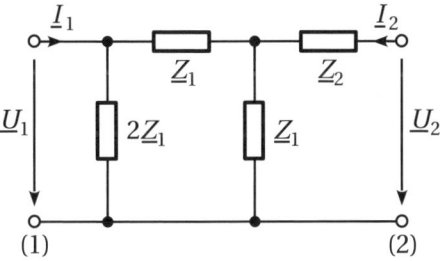

Bild 7.12 Das unsymmetrisch aufgebaute Zweitor kann durch eine geeignete Wahl der Impedanz $\underline{Z}_2$ widerstandssymmetrisch gemacht werden.

---

[2] Die Symmetrie bezieht sich sowohl auf die Anordnung als auch die Nennwerte der Bauelemente.

7.3.8 Umrechnung der Matrizen

Tabelle 7.1 Matrizenumrechnung

	Impedanzmatrix $\underline{Z}$	Admittanzmatrix $\underline{Y}$	Kettenmatrix $\underline{A}$	Hybridmatrix $\underline{H}$	Parallel-Reihen-Matrix $\underline{P}$
$\underline{Z}=$	$\underline{Z}$	$\frac{1}{\det\underline{Y}}\begin{pmatrix} \underline{Y}_{22} & -\underline{Y}_{12} \\ -\underline{Y}_{21} & \underline{Y}_{11} \end{pmatrix}$	$\frac{1}{\underline{A}_{21}}\begin{pmatrix} \underline{A}_{11} & \det\underline{A} \\ 1 & \underline{A}_{22} \end{pmatrix}$	$\frac{1}{\underline{H}_{22}}\begin{pmatrix} \det\underline{H} & \underline{H}_{12} \\ -\underline{H}_{21} & 1 \end{pmatrix}$	$\frac{1}{\underline{P}_{11}}\begin{pmatrix} 1 & -\underline{H}_{12} \\ \underline{P}_{21} & \det\underline{P} \end{pmatrix}$
$\underline{Y}=$	$\frac{1}{\det\underline{Z}}\begin{pmatrix} \underline{Z}_{22} & -\underline{Z}_{12} \\ -\underline{Z}_{21} & \underline{Z}_{11} \end{pmatrix}$	$\underline{Y}$	$\frac{1}{\underline{A}_{12}}\begin{pmatrix} \underline{A}_{22} & -\det\underline{A} \\ -1 & \underline{A}_{11} \end{pmatrix}$	$\frac{1}{\underline{H}_{11}}\begin{pmatrix} 1 & -\underline{H}_{12} \\ \underline{H}_{21} & \det\underline{H} \end{pmatrix}$	$\frac{1}{\underline{P}_{22}}\begin{pmatrix} \det\underline{P} & \underline{P}_{12} \\ -\underline{P}_{21} & 1 \end{pmatrix}$
$\underline{A}=$	$\frac{1}{\underline{Z}_{21}}\begin{pmatrix} \underline{Z}_{11} & \det\underline{Z} \\ 1 & \underline{Z}_{22} \end{pmatrix}$	$-\frac{1}{\underline{Y}_{21}}\begin{pmatrix} \underline{Y}_{22} & 1 \\ \det\underline{Y} & \underline{Y}_{11} \end{pmatrix}$	$\underline{A}$	$-\frac{1}{\underline{H}_{21}}\begin{pmatrix} \det\underline{H} & \underline{H}_{11} \\ \underline{H}_{22} & 1 \end{pmatrix}$	$\frac{1}{\underline{P}_{21}}\begin{pmatrix} 1 & \underline{P}_{22} \\ \underline{P}_{11} & \det\underline{P} \end{pmatrix}$
$\underline{H}=$	$\frac{1}{\underline{Z}_{22}}\begin{pmatrix} \det\underline{Z} & \underline{Z}_{12} \\ -\underline{Z}_{21} & 1 \end{pmatrix}$	$\frac{1}{\underline{Y}_{11}}\begin{pmatrix} 1 & -\underline{Y}_{12} \\ \underline{Y}_{21} & \det\underline{Y} \end{pmatrix}$	$\frac{1}{\underline{A}_{22}}\begin{pmatrix} \underline{A}_{12} & \det\underline{A} \\ -1 & \underline{A}_{21} \end{pmatrix}$	$\underline{H}$	$\frac{1}{\det\underline{P}}\begin{pmatrix} \underline{P}_{22} & -\underline{P}_{12} \\ -\underline{P}_{21} & \underline{P}_{11} \end{pmatrix}$
$\underline{P}=$	$\frac{1}{\underline{Z}_{11}}\begin{pmatrix} 1 & -\underline{Z}_{12} \\ \underline{Z}_{21} & \det\underline{Z} \end{pmatrix}$	$\frac{1}{\underline{Y}_{22}}\begin{pmatrix} \det\underline{Y} & \underline{Y}_{12} \\ -\underline{Y}_{21} & 1 \end{pmatrix}$	$\frac{1}{\underline{A}_{11}}\begin{pmatrix} \underline{A}_{21} & -\det\underline{A} \\ 1 & \underline{A}_{12} \end{pmatrix}$	$\frac{1}{\det\underline{H}}\begin{pmatrix} \underline{H}_{22} & -\underline{H}_{12} \\ -\underline{H}_{21} & \underline{H}_{11} \end{pmatrix}$	$\underline{P}$

Alle Matrizen sind gleichwertige Beschreibungen der Zweitorgleichungen und lassen sich ineinander umrechnen. In der Tabelle sind alle möglichen Kombinationen zur Umrechnung der Zweitormatrizen aufgeführt. Voraussetzung für die Existenz einer Matrix ist jedoch, dass der Quotient vor der jeweiligen Matrix nicht unendlich ist.

■ 7.4 Idealer Übertrager im Netzwerk

Übertrager werden zur galvanischen Trennung von Stromkreisen, zur Spannungstransformation oder zur Impedanzanpassung eingesetzt. In vielen Fällen ist zur Netzwerkbeschreibung ein idealisiertes Modell völlig ausreichend. Die Zweitorgleichungen sind dann besonders einfach.

7.4.1 Zweitorgleichungen des idealen Übertragers

Ein Übertrager bzw. Transformator[3] besteht aus zwei magnetisch gekoppelten Spulen, die in der Regel um einen Eisenkern gewickelt sind. Wie wir bereits in Abschnitt 3.1.4 gesehen haben, lässt sich das Verhalten eines idealen Übertragers (Bild 7.13) durch die beiden Gleichungen

$$n\,\underline{U}_2 = \underline{U}_1 \tag{7.26}$$

und

$$\underline{I}_2 = -n\,\underline{I}_1 \tag{7.27}$$

beschreiben. Mittels einer einfachen Umformung erhalten wir sofort die Kettenmatrix.

$$\left.\begin{aligned} \underline{U}_1 &= n\,\underline{U}_2 \\ \underline{I}_1 &= -\frac{1}{n}\underline{I}_2 \end{aligned}\right\} \quad \Rightarrow \quad \underline{A} = \begin{pmatrix} n & 0 \\ 0 & 1/n \end{pmatrix} \tag{7.28}$$

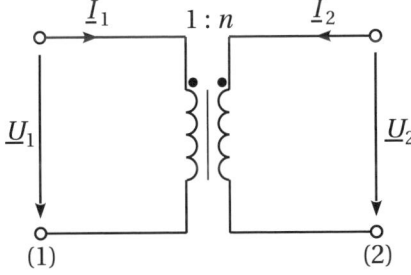

Bild 7.13 Der ideale Übertrager wird ausschließlich durch das Verhältnis der Windungszahlen beider Wicklungen beschrieben. Die beiden Punkte geben den Wicklungssinn wider. Befinden sie sich, wie hier dargestellt, beide an der gleichen Seite der Spulen, so sind die Spannungen $\underline{U}_1$ und $\underline{U}_2$ in Phase. Sind sie gegenüberliegend eingezeichnet, so ist die Spannung $\underline{U}_2$ gegenüber $\underline{U}_1$ um 180° phasenverschoben.

Sowohl die Impedanz- als auch die Admittanzmatrix des idealen Übertragers existieren nicht. Dies ist sofort aus Tabelle 7.1 ersichtlich, da bei der Matrizenumrechnung eine Division durch $\underline{A}_{21}$ bzw. $\underline{A}_{12}$ durchgeführt werden muss. Im Falle des realen Übertragers, bei dem die Selbstinduktivitäten und die Gegeninduktivität sowie Verluste berücksichtigt werden, existieren auch Impedanz- und Admittanzmatrix.

---

[3] Der Begriff Transformator wird im Zusammenhang mit der Energieübertragung verwendet.

Zur Bestimmung der Hybridmatrix und der Reihen-Parallel-Matrix wenden wir die Umrechnungsformeln aus Tabelle 7.1 an und erhalten

$$\underline{H} = \begin{pmatrix} 0 & n \\ -n & 0 \end{pmatrix} \quad \text{sowie} \quad \underline{P} = \begin{pmatrix} 0 & -1/n \\ 1/n & 0 \end{pmatrix}.$$

Dieses Ergebnis läßt sich auch sofort durch Umstellen der Gleichungen (7.26) sowie (7.27) und Vergleich mit den Definitionen (7.14) bzw. (7.17) finden.

7.4.2 Impedanztransformation

Übertrager können auch zur *Impedanztransformation* eingesetzt werden, um beispielsweise eine Anpassung zu erreichen. Wir betrachten nun den Übertrager in Bild 7.14, der sekundärseitig mit der Impedanz $\underline{Z}$ beschaltet ist. Uns interessiert die Eingangsimpedanz $\underline{Z}_1$, die eine primärseitig angeschlossene Quelle sieht. Diese Impedanz ist gegeben durch

$$\underline{Z}_1 = \frac{\underline{U}_1}{\underline{I}_1} = \frac{n\,\underline{U}_2}{-\underline{I}_2/n} = n^2 \frac{\underline{U}'}{\underline{I}'} = n^2\,\underline{Z}. \tag{7.29}$$

Zu beachten ist hierbei die Zählpfeilrichtung von $\underline{I}_2$, d. h., das Ohm'sche Gesetz liefert uns die Beziehung $\underline{U}_2 = -\underline{Z} \cdot \underline{I}_2$. Das Übertragungs- bzw. Windungsverhältnis geht quadratisch in die Gleichung (7.29) ein. Entsprechendes gilt auch für die Umrechnung der Bauteilwerte, wenn $\underline{Z}$ durch eine einzelne Kapazität oder eine einzelne Induktivität realisiert ist.

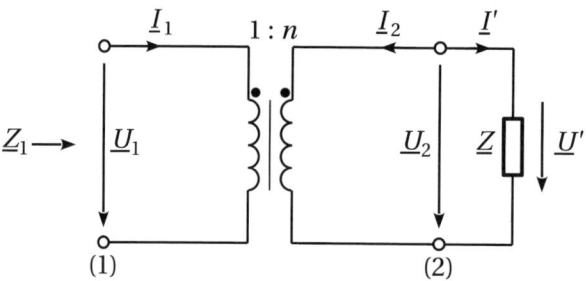

Bild 7.14 Übertrager lassen sich zur Impedanztransformation einsetzen. Auf diese Weise kann eine Anpassung (Wirkleistungsanpassung oder Wellenanpassung) erreicht und Reflexionen vermieden werden.

■ 7.5 Übungsaufgaben

Übung 7.1 Impedanz- und Admittanz-Matrix

Das im Bild dargestellte Zweitor ist zu untersuchen.

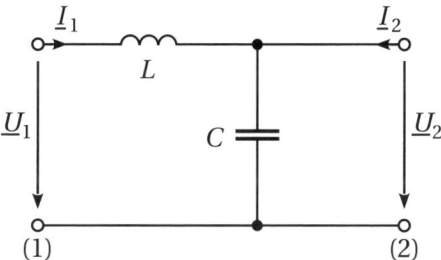

a) Bestimmen Sie die Impedanzmatrix des Zweitors.
b) Bestimmen Sie die Admittanzmatrix des Zweitors.
c) Berechnen Sie die Admittanzmatrix durch Inversion der Impedanzmatrix.
d) Berechnen Sie die Reihen-Parallel-Matrix aus der Impedanzmatrix.

Übung 7.2 Reihen-Parallel-Schaltung

Die Reihen-Parallel-Matrix $\underline{H}$ eines Zweitors N ist definiert durch

$$\begin{pmatrix} \underline{U}_1 \\ \underline{I}_2 \end{pmatrix} = \begin{pmatrix} H_{11} & H_{12} \\ H_{21} & H_{22} \end{pmatrix} \cdot \begin{pmatrix} \underline{I}_1 \\ \underline{U}_2 \end{pmatrix} \quad \text{mit} \qquad \underline{H} = \begin{pmatrix} H_{11} & H_{12} \\ H_{21} & H_{22} \end{pmatrix}.$$

a) Skizzieren Sie eine Reihen-Parallel-Schaltung, bestehend aus den Zweitoren N′ und N″. Zeigen Sie, dass die Reihen-Parallel-Matrix des Gesamtsystems gegeben ist durch $\underline{H} = \underline{H}' + \underline{H}''$.

Nun soll das im Bild dargestellten Zweitor betrachtet werden.

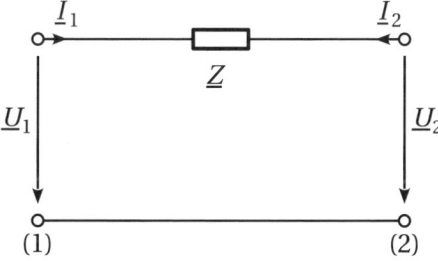

b) Ermitteln Sie die Reihen-Parallel-Matrix $\tilde{\underline{H}}$.

Jetzt werden zwei Zweitore N′ und N″ in einer Reihen-Parallel-Schaltung zusammengeschaltet. Beide Zweitore enthalten das im Bild dargestellte Netzwerk, wobei $\underline{Z}$ in N′ durch $j\omega L$ und in N″ durch $1/(j\omega C)$ gegeben ist.

c) Skizzieren und vereinfachen Sie die Schaltung.
d) Ermitteln Sie die Reihen-Parallel-Matrix $\underline{H}$ durch Summation gemäß Aufgabenpunkt a) und direkt. Warum stimmen die beiden Ergebnisse nicht überein? Welches Problem ist hier aufgetreten?

Übung 7.3 Beschaltetes Zweitor

Das Zweitor N wird, wie im Bild dargestellt, an Tor 2 mit der Impedanz $\underline{Z}_2$ beschaltet.

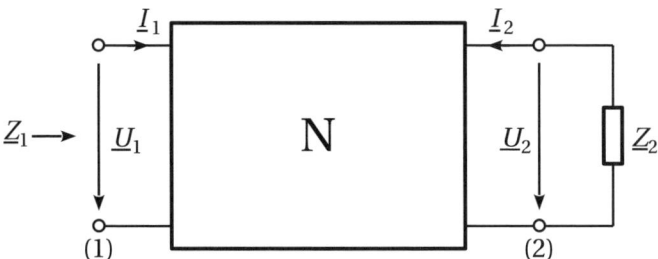

a) Beschreiben Sie das Netzwerk N mit der Impedanzmatrix $\underline{\mathbf{Z}}$.
b) Ermitteln Sie die Eingangsimpedanz $\underline{Z}_1$ in Abhängigkeit von $\underline{Z}_2$ und den Elementen der Impedanzmatrix $\underline{\mathbf{Z}}$.
c) Welche Werte nimmt $\underline{Z}_1$ an, wenn Tor 2 kurzgeschlossen wird bzw. leerläuft?

Übung 7.4 Hybridmatrix

Die Hybridmatrix eines Zweitors ist gegeben durch

$$\underline{\mathbf{H}} = \begin{pmatrix} 0 & 1 \\ -1 & \mathrm{j}\omega C \end{pmatrix}.$$

a) Bestimmen Sie die Impedanz $\underline{Z}_{22}$ an Tor 2 bei Leerlauf an Tor 1.
   (Ausgangsimpedanz bei Leerlauf am Eingang.)
b) Ermitteln Sie die Kettenmatrix des Zweitors.
Nun wird Tor 2 des Netzwerks mit einer Induktivität L beschaltet.
c) Bestimmen Sie die Impedanz $\underline{Z}_1$ des resultierenden Eintors.

Übung 7.5 Lineares Zweitor

Ein Zweitor wird durch $\underline{U}_1 = -R\underline{I}_2$ und $\underline{U}_2 = R\underline{I}_1$ beschrieben, wobei R eine positive Konstante darstellt.
a) Geben Sie die Impedanzmatrix $\underline{\mathbf{Z}}$ des Zweitors an.
b) Ermitteln Sie die Kettenmatrix $\underline{\mathbf{A}}$ des Zweitors.
Nun wird Tor 2 des Zweitors mit einer Kapazität C beschaltet. An Tor 1 wird eine ideale Spannungsquelle mit der Quellspannung $\underline{U}_0$ angeschlossen.
c) Skizzieren Sie die Anordnung. Tragen Sie dabei auch alle Spannungen und Ströme an den Toren des Netzwerks ein.
d) Berechnen Sie die Ströme $\underline{I}_1$ und $\underline{I}_2$ sowie die Spannung $\underline{U}_2$.
e) Durch das mit der Kapazität C beschaltete Netzwerk wird die Spannungsquelle induktiv belastet. Bestimmen Sie die entsprechende Induktivität L.

Übung 7.6 Admittanzmatrix

In der Abbildung ist ein Zweitor dargestellt, das aus drei Admittanzen $\underline{Y}_1$, $\underline{Y}_2$ und $\underline{Y}_3$ aufgebaut ist.

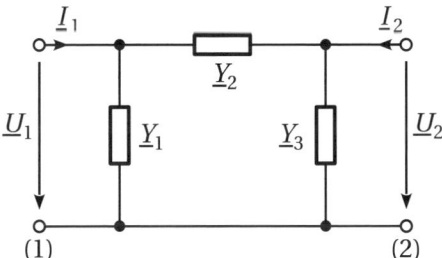

a) Ermitteln Sie die Admittanzmatrix $\underline{Y}$ des Zweitors.

b) Bestimmen Sie die Eingangsadmittanz $\underline{Y}_{1K} = \underline{I}_1/\underline{U}_1$ an Tor 1 des Zweitors bei Kurzschluss von Tor 2 ($\underline{U}_2 = 0$).

c) Bestimmen Sie die Eingangsadmittanz $\underline{Y}_{1L} = \underline{I}_1/\underline{U}_1$ an Tor 1 des Zweitors bei Leerlauf von Tor 2 ($\underline{I}_2 = 0$).

Nun wird an Tor 1 eine ideale Spannungsquelle mit der Quellspannung $\underline{U}_0$ und an Tor 2 ein reeller Leitwert G angeschlossen.

d) Skizzieren Sie die beschriebene Anordnung. Tragen Sie auch alle Spannungen und Ströme ein.

e) Berechnen Sie den Strom $\underline{I}_1$, der von der Quelle in Tor 1 eingespeist wird.

Übung 7.7 T-Schaltung

Im Bild ist eine sogenannte T-Schaltung dargestellt.

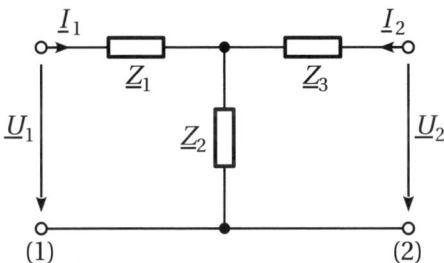

a) Ermitteln Sie die Impedanzmatrix $\underline{Z}$ des Zweitors.

b) Ermitteln Sie die Admittanzmatrix $\underline{Y}$ des Zweitors.

c) Bestimmen Sie die Eingangsimpedanz $\underline{Z}_{1K} = \underline{U}_1/\underline{I}_1$ an Tor 1 des Zweitors bei Kurzschluss von Tor 2 ($\underline{U}_2 = 0$).

d) Bestimmen Sie die Eingangsadmittanz $\underline{Y}_{1L} = \underline{I}_1/\underline{U}_1$ an Tor 1 des Zweitors bei Leerlauf von Tor 2 ($\underline{I}_2 = 0$).

Übung 7.8 Kettenschaltung

Das abgebildete RC-Glied stellt ein Zweitor dar.

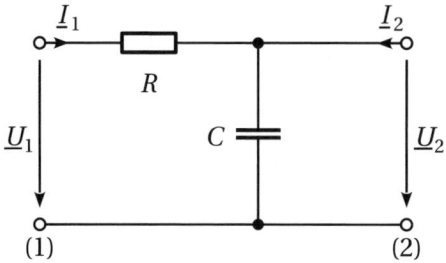

a) Bestimmen Sie die Kettenmatrix $\underline{A}$ des Zweitors.

Nun werden zwei identische RC-Glieder, wie dargestellt, kaskadiert.

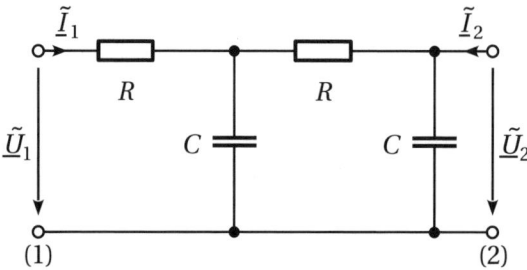

b) Geben Sie die allgemeine Berechnungsvorschrift zur Bestimmung der Ketten-matrix $\widetilde{\underline{A}}$ des Gesamtnetzwerks aus den Kettenmatrizen $\underline{A}$ der Einzelzweitore an.

c) Berechnen Sie die Kettenmatrix $\widetilde{\underline{A}}$ des Gesamtnetzwerks.

Jetzt wird an Tor 1 des Gesamtnetzwerks eine ideale Spannungsquelle mit der Quell-spannung $\underline{U}_0$ angeschlossen.

d) Ermitteln Sie den Strom $\widetilde{\underline{I}}_2$, wenn Tor 2 des Gesamtnetzwerks kurzgeschlossen wird.

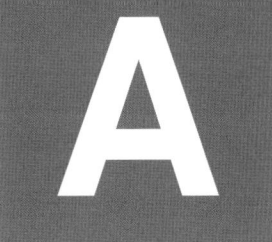

A Arbeiten mit Octave

Das Mathematik-Programm *Octave* ist ein vielseitig einsetzbares Werkzeug zur numerischen Berechnung technisch-wissenschaftlicher Aufgabenstellungen. Dieses Programm ist kostenfrei für alle gängigen Plattformen erhältlich (GNU-Lizenz). Octave ist in seiner Grundfunktionalität kompatibel mit dem kostenpflichtigen *Matlab*, das in Wissenschaft und Forschung Standard ist. Für die Bearbeitung der Übungsaufgaben wird der Einsatz von Octave empfohlen.

An dieser Stelle soll anhand einiger Beispiele eine kurze Einführung für die Anwendung von Octave bei der Lösung elektrotechnischer Problemstellungen gegeben werden. Mit den hier angesprochenen Methoden sollte der Leser in der Lage sein, die meisten Übungsaufgaben zu lösen. Wir erarbeiten hier eine strukturierte Vorgehensweise, um mit wenig Aufwand schnell verlässliche Ergebnisse zu erzielen. Auf Matrizen-Operationen, die zur Lösung der Netzwerkanalyseverfahren erforderlich sind, werden wir hier nicht eingehen. Octave bietet sehr viele Möglichkeiten zur Gestaltung der lexikalischen sowie grafischen Ein- und Ausgaben, auf die ebenfalls nicht eingegangen werden soll.

Ausführliche Informationen zu Octave mit einer umfangreichen Dokumentation sind unter dem Link https://www.gnu.org/software/octave/ zu finden.

■ A.1 Systemumgebung und Installation

Sämtliche Diagramme im vorliegenden Buch wurden mit Octave erzeugt. Es wurde dabei die folgende Systemumgebung verwendet:

Betriebssytem: Linux Mint 18 Sarah (Linux Version 4.4.0-xx-generic)

Octave: Version 4.0.0-3ubuntu9.1

Octave wurde über Anwendungsverwaltung (mintinstall 7.7.4) installiert.

Das verwendete Betriebssystem ist von untergeordneter Bedeutung, bei Octave sollte allerdings die Version 4 eingesetzt werden. Linux-Betriebssysteme bieten in ihrer Anwendungsverwaltung in der Regel auch Octave an. Hierbei handelt es sich allerdings nicht unbedingt um die neueste Version.

Für weiterführende Informationen zur Installation sei auf die oben angegebene Webadresse verwiesen.

■ A.2   Direkte Berechnung

Nachdem Octave gestartet wurde, können im Befehlsfenster unmittelbar numerische Berechnungen durchgeführt werden. So kann beispielsweise der Quotient 25/3 durch direkte Eingabe ermittelt werden.

```
>> 25/3
ans =  8.3333
>>
```

Zur besseren Übersicht und Nachvollziehbarkeit empfiehlt es sich, die Zahlenwerte Variablen zuzuweisen. Dadurch können einzelne Werte ohne vollständige Neueingabe der Rechnung später verändert werden. Wird die Zeile überdies mit einem Semikolon abgeschlossen, so erfolgt keine Rückmeldung durch Octave.

```
>> a=25;
>> b=3;
>> c=a/b
c =  8.3333
>>
```

Beispiel A.1 Spannungsteiler

Wir betrachten den Spannungsteiler in Bild A.1 mit der Quellspannung $U_0 = 12\,\text{V}$ und den beiden Widerständen $R_1 = 1\,\text{k}\Omega$ sowie $R_2 = 200\,\Omega$. Die Spannung U_2 über dem Widerstand R_2 wird durch

$$U_2 = \frac{R_2}{R_1 + R_2} \cdot U_0$$

ermittelt.

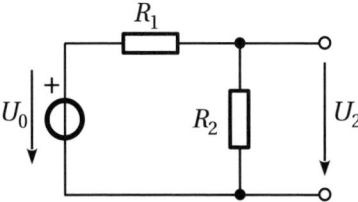

Bild A.1 Spannungsteiler

In Octave wird das folgendermaßen umgesetzt:

```
>> U0=12;
>> R1=1000;
>> R2=200;
>> U2=(R2/(R1+R2))*U0
U2 =  2
>>
```

Die Lösung lautet also $U_2 = 2\,\text{V}$. Man beachte, dass genau wie bei einem Taschen-rechner alle Zahlenwerte ohne Einheiten angegeben werden. Es ist daher dringend zu empfehlen, Präfixe unmittelbar bei der Eingabe zu berücksichtigen und keine zugeschnittenen Größengleichungen zu verwenden. Hier ist dies bei der Eingabe von $R_1 = 1\,\text{k}\Omega = 1000\,\Omega$ erfolgt. Alle Zahlenwerte sollten prinzipiell in der Grundeinheit angegeben werden.

Beispiel A.2 Wertetabelle

Nun soll das Beispiel A.1 dahingehend erweitert werden, dass die Spannung U_2 für mehrere Widerstandswerte von R_2 bestimmt wird. Wir geben nun für den Wider-stand R_2 die Werte $200\,\Omega$, $500\,\Omega$ und $900\,\Omega$ vor.
In Octave ersetzen wir das Skalar R2 durch einen Vektor, der in eckigen Klammern ge-schrieben wird. Werden die einzelnen Werte durch Komma getrennt, so erhalten wir einen Zeilenvektor. Trennen wir die Werte durch Semikolon, so wird das als Spalten-vektor interpretiert. (Es handelt sich hier um den Sonderfall einer Matrix, deren Zeilen-elemente durch Komma getrennt werden. Jede Zeile einer Matrix schließt mit einem Semikolon ab.)

```
>> U0=12;
>> R1=1000;
>> R2=[200;500;900;]
R2 =

   200
   500
   900

>> U2=(R2./(R1+R2))*U0
U2 =

   2.0000
   4.0000
   5.6842

>>
```

Sobald Vektoren oder Matrizen in einer Berechnung auftreten, werden Matrix-operationen ausgeführt. Um zu kennzeichnen, dass die Operation elementweise durchgeführt werden soll, muss dem Operator ein Punkt vorangestellt werden. In unserem Fall betrifft dies die Division bei der Berechnung der Spannung U_2. Der Vektor R2 wird also als Liste interpretiert. Ebenso stellt der Vektor U2 die Liste der zugehörigen Spannungen dar.

■ A.3 Skript-Dateien und Funktionen

Oft sollen Berechnungen wiederholt oder mit kleinen Änderungen durchgeführt werden. Natürlich ist es in diesem Fall viel zu mühsam, immer wieder alle Eingaben erneut vorzunehmen. Der vollständige Berechnungsablauf kann in einer Datei abgelegt werden. In Octave wird dann nur noch der Dateiname ohne die obligatorische Endung .m aufgerufen. Der Dateiname darf allerdings keine mathematischen Operationssymbole enthalten, da Octave diese dann interpretieren würde. Betrachten wir nun die Skript-Datei zur Berechnung des Beispiels A.1 mit dem Namen *beispiel1.m*.

```
% Skript-Datei "beispiel1.m" zur Berechnung eines Spannungsteilers

% Eingangsgrößen
U0 = 12;    % Volt
R1 = 1000;  % Ohm
R2 = 200;   % Ohm
% Kontrollausgabe
disp(["Spannungsteiler"]);
disp(["U0 = ",num2str(U0)," V"]);
disp(["R1 = ",num2str(R1)," Ohm"]);
disp(["R2 = ",num2str(R2)," Ohm"]);
disp("");

% Berechnung der Ausgangsspannung
U2=(R2/(R1+R2))*U0;

% Ausgabe der Ausgangsspannung
disp(["Ausgangsspannung"]);
disp(["U2 = ",num2str(U2)," V"]);
disp("");
```

In dieser Datei sind Kommentare eingefügt, die durch ein vorangestelltes Prozentzeichen gekennzeichnet sind. Anstatt die Zeile mit der Berechnungsformel ohne Semikolon enden zu lassen, erfolgt die Ausgabe von Werten hier mithilfe der Funktion *disp()*. Octave führt die Berechnung nun durch den Aufruf des Skripts durch.

```
>> beispiel1
Spannungsteiler
U0 = 12 V
R1 = 1000 Ohm
R2 = 200 Ohm

Ausgangsspannung
U2 = 2 V

>>
```

Funktionen sind eine Erweiterung von Skripten. Sie erlauben die Übergabe von Parametern und können durch direkte Eingabe, aus Skripten oder aus anderen Funktionen heraus aufgerufen werden. Der Funktionsname muss mit dem Dateinamen übereinstimmen. In der ersten Zeile der Datei werden die Übergabeparameter definiert.

Als Beispiel wollen wir hier die Parallelschaltung von zwei Widerständen R_1 und R_2 betrachten. Der resultierende Gesamtwiderstand R ist bekanntlich durch

$$R = R_1 \| R_2 = \frac{R_1 R_2}{R_1 + R_2}$$

gegeben. Diese Operation werden wir nun als Funktion *parallel()* formulieren, die in der Datei *parallel.m* abgelegt ist.

```
function R = parallel(R1,R2)

R = R1.*R2./(R1+R2);
```

In dieser Funktion wenden wir bei der Multiplikation und der Division die Punkt-Operatoren an. Damit lassen sich auch Vektoren wie im Beispiel A.2 verarbeiten. Wir werden das später im Abschnitt A.4 noch benötigen.

Die Funktionsdatei muss sich im Arbeitsverzeichnis befinden oder in einem Verzeichnis, das im Octave-Suchpfad *(path)* aufgeführt ist. Der Suchpfad ist durch den Octave-Befehl *addpath* erweiterbar.

In dem nun folgenden Beispiel A.3 soll die Anwendung der Funktion *parallel()* demonstriert werden.

Beispiel A.3 Belasteter Spannungsteiler

Wir betrachten den in Bild A.2 dargestellten belasteten Spannungsteiler mit der Quellspannung $U_0 = 12\,\text{V}$, den beiden Widerständen $R_1 = 1\,\text{k}\Omega$ und $R_2 = 200\,\Omega$ sowie dem Lastwiderstand $R_\text{L} = 500\,\Omega$. Die Spannung U_2 über der Parallelschaltung von R_2 und R_L wird durch

$$U_2 = \frac{R_2 \| R_\text{L}}{R_1 + R_2 \| R_\text{L}} \cdot U_0$$

ermittelt.

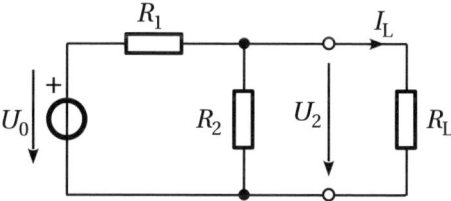

Bild A.2 Belasteter Spannungsteiler

Wir lösen das Problem mit der Skript-Datei *beispiel3.m*, in der die Funktion zur Berechnung der Parallelschaltung zweimal aufgerufen wird. Es handelt sich hier um eine Erweiterung der Skript-Datei *beispiel1.m*, wobei R_2 durch den Aufruf der Funktion ersetzt wurde.

```
% Skript-Datei "beispiel3.m" zur Berechnung der Ausgangsspannung
% eines belasteten Spannungsteilers

% Eingangsgrößen
U0 = 12;    % Volt
R1 = 1000;  % Ohm
R2 = 200;   % Ohm
RL = 500;   % Ohm
% Kontrollausgabe
disp(["Belasteter Spannungsteiler"]);
disp(["U0 = ",num2str(U0)," V"]);
disp(["R1 = ",num2str(R1)," Ohm"]);
disp(["R2 = ",num2str(R2)," Ohm"]);
disp(["RL = ",num2str(RL)," Ohm"]);
disp("");

% Berechnung der Ausgangsspannung
U2=(parallel(R2,RL)/(R1+parallel(R2,RL)))*U0;

% Ausgabe der Ausgangsspannung
disp(["Ausgangsspannung"]);
disp(["U2 = ",num2str(U2)," V"]);
disp("");
```

Nun führen wir die Skript-Datei in Octave aus.

```
>> beispiel3
Belasteter Spannungsteiler
U0 = 12 V
R1 = 1000 Ohm
R2 = 200 Ohm
RL = 500 Ohm

Ausgangsspannung
U2 = 1.5 V

>>
```

■ A.4   Diagramme

Zur Erstellung eines Diagramms benötigen wir eine Wertetabelle. Die Wertepaare geben den Abszissen- und den Ordinatenwert der entsprechenden Stützstelle an. In Octave stellen wir die Tabelleneinträge als Vektoren dar, behandeln diese allerdings wie Listen, d. h., wir verwenden zur Berechnung die in Beispiel A.2 angesprochenen Punkt-Operatoren. Wir wollen das im folgenden Beispiel verdeutlichen.

Beispiel A.4 Belasteter Spannungsteiler mit variabler Last

In der Schaltung aus Bild A.2 soll der Lastwiderstand R_L im Bereich $0 \leq R_L \leq 2\,\text{k}\Omega$ variiert und die Ausgangsspannung U_2 über dem Lastwiderstand in einem Diagramm aufgetragen werden. Dazu wird die bereits verwendete Skript-Datei etwas erweitert:

```
% Skriptdatei "beispiel4.m" zur grafischen Darstellung der Ausgangs-
% spannung eines belasteten Spannungsteilers bei Variation der Last

% Eingangsgrößen
U0 = 12;    % Volt
R1 = 1000;  % Ohm
R2 = 200;   % Ohm
% Kontrollausgabe
disp(["Belasteter Spannungsteiler"]);
disp(["U0 = ",num2str(U0)," V"]);
disp(["R1 = ",num2str(R1)," Ohm"]);
disp(["R2 = ",num2str(R2)," Ohm"]);
disp("");

% Festlegung der Stützstellen
N = 200;
n = 0:(N-1);

% Berechnung des Eingangsvektors (Lastwiderstand, x-Achse)
Rmin = 0;
Rmax = 2000;
RL = Rmin+n*(Rmax-Rmin)/(N-1);

% Berechnung des Ausgangsvektors (Ausgangsspannung, y-Achse)
U2=(parallel(R2,RL)./(R1+parallel(R2,RL)))*U0;

% Diagramm
plot(RL,U2,"color","r","LineWidth",2.5);
grid on;
xlabel("RL / Ohm","FontSize",12);
ylabel("U2 / Volt","FontSize",12);
```

Zunächst legen wir die Anzahl der Stützstellen fest und erzeugen einen Vektor, in dem die Stützstellen durchnummeriert sind. Daraus berechnen wir die Werte der Eingangs-Variablen und aus dieser schließlich die Ausgangsgröße. Die Vektoren lassen sich dann in Octave grafisch darstellen. Die Berechnung des Eingangsvektors ist hier etwas allgemeiner formuliert, sodass ein beliebiges Intervall gewählt werden kann. Die Abszisse muss also nicht zwingend im Ursprung beginnen.

Das Ergebnis der Berechnung ist im Bild A.3 dargestellt. Von den vielfältigen Gestaltungsmöglichkeiten von Diagrammen wurden hier nur Linienstärke und Linienfarbe angepasst sowie ein Gitter eingeblendet. Eine Achsenbeschriftung haben wir ebenfalls hinzugefügt. Ohne beschriftete Achsen kann ein Diagramm nicht interpretiert werden und ist somit wertlos.

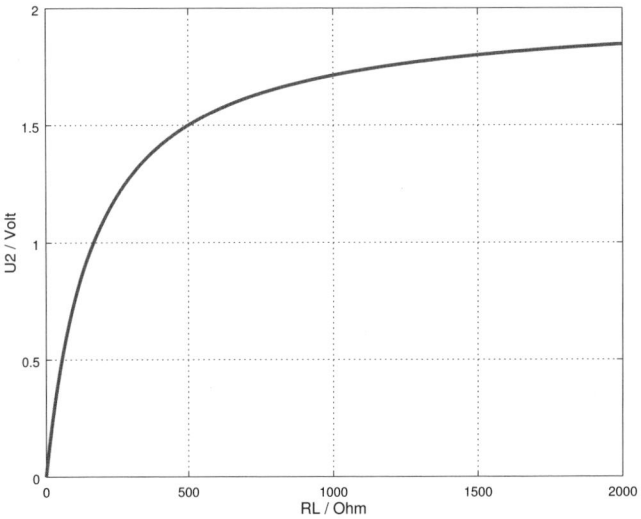

Bild A.3 Das Diagramm zeigt die Ausgangsspannung eines belasteten Spannungsteilers. Auf dem Bildschirm wird die Kurve rot dargestellt.   ■

Sofern mehrere Kurven in einem Diagramm dargestellt werden sollen, können sich Probleme mit der Skalierung und der Beschriftung der Achsen ergeben. Spannung und Strom können beispielsweise nicht in einem gemeinsamen Diagramm dargestellt werden. Eine Lösung bietet die normierte Darstellung, bei der ausschließlich einheitenlose Verhältnisgrößen aufgetragen werden. In einem abschließenden Beispiel wollen wir dies zeigen.

Beispiel A.5 Darstellung von Spannung und Strom in einem gemeinsamen Diagramm

Basierend auf dem Beispiel A.4 soll zusätzlich der Verlauf des Stromes I_L durch den Lastwiderstand R_L im Diagramm dargestellt werden. Spannung und Strom sollen dabei auf die Maximalwerte

$$U_n = \frac{R_2}{R_1 + R_2} \cdot U_0 \quad \text{und} \quad I_n = \frac{U_0}{R_1}$$

normiert werden.

```
% Skript-Datei "beispiel5.m" zur grafischen Darstellung
% von Spannung und Strom in einem gemeinsamen Diagramm

% Eingangsgrößen
U0 = 12;    % Volt
R1 = 1000;  % Ohm
R2 = 200;   % Ohm
% Kontrollausgabe
disp(["Belasteter Spannungsteiler"]);
disp(["U0 = ",num2str(U0)," V"]);
disp(["R1 = ",num2str(R1)," Ohm"]);
disp(["R2 = ",num2str(R2)," Ohm"]);
disp("");

% Festlegung der Stützstellen
N = 200;
n = 0:(N-1);

% Berechnung des Eingangsvektors (Lastwiderstand, x-Achse)
Rmin = 0;
Rmax = 2000;
RL = Rmin+n*(Rmax-Rmin)/(N-1);

% Berechnung des 1. Ausgangsvektors (Ausgangsspannung, y-Achse)
U2=(parallel(R2,RL)./(R1+parallel(R2,RL)))*U0;

% Berechnung des 2. Ausgangsvektors (Strom durch Lastwiderstand, y-Achse)
IL = U2./RL;

% Normierung der Größen
Un = (R2/(R1+R2))*U0;
In = U0/R1;

% Ausgabe der Bezugsgrößen
disp(["Bezugsspannung und Bezugsstrom"]);
disp(["Un = ",num2str(Un)," V"]);
disp(["In = ",num2str(In*1000)," mA"]);

% Diagramm
plot(RL,U2/Un,"color","r","LineWidth",2.5,...
     RL,IL/In,"color","b","LineWidth",2.5);
grid on;
xlabel("RL / Ohm","FontSize",12);
ylabel("U2 / Un,   IL / In","FontSize",12);
```

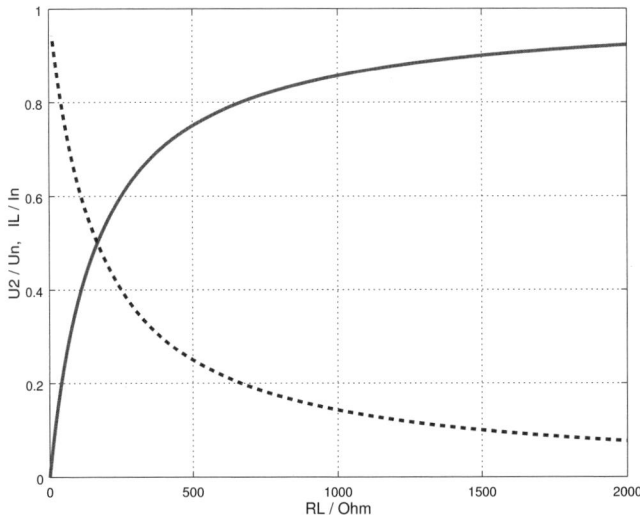

Bild A.4 Im Diagramm ist das Spannungsverhältnis U_2/U_n (durchgezogene Linie) und das Stromverhältnis I_L/I_n (gestrichelte Linie) am Lastwiderstand R_L mit $U_n = 2\,\text{V}$ und $I_n = 12\,\text{mA}$ dargestellt. Auf dem Bildschirm wird das Spannungsverhältnis rot und das Stromverhältnis blau gezeichnet.

Wie im Bild A.4 zu sehen ist, können mit der normierten Darstellung unterschiedliche Größen in einem Diagramm zusammengefasst werden. Dies ist vor allem für die Darstellung von Größen mit unterschiedlichen Einheiten interessant, kann aber auch verwendet werden, sofern sich die Wertebereiche der Parameter stark unterscheiden. In jedem Fall sind jedoch die Normierungsgrößen anzugeben, damit das Diagramm auch quantitativ ausgewertet werden kann.

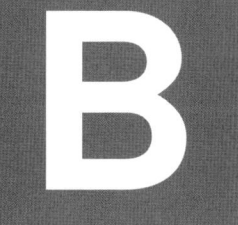

Komplexe Zahlen

Komplexe Zahlen sind eine Erweiterung der reellen Zahlen. Viele Problemstellungen lassen sich durch die Anwendung komplexer Zahlen leichter oder überhaupt erst lösen. Die bekannteste Anwendung in diesem Zusammenhang ist die Berechnung von Wurzeln negativer Zahlen. Problemstellungen der Wechselstromtechnik lassen sich durch die Anwendung komplexer Zahlen auf einen Formalismus zurückführen, der aus der Gleichstromtechnik bekannt ist.

■ B.1   Definition

Eine komplexe Zahl besteht aus zwei reellen Zahlen, die zu einem Zahlenpaar

$$\underline{x} = (x', x'') \tag{B.1}$$

zusammengefasst werden. In der kompakten Darstellung kennzeichnen wir eine komplexe Zahl, indem wir die Variable unterstreichen. Die erste Komponente einer komplexen Zahl heißt *Realteil*, d. h., $x' = \mathrm{Re}\{\underline{x}\}$, und die zweite *Imaginärteil*, d. h., $x'' = \mathrm{Im}\{\underline{x}\}$. Die Addition erfolgt komponentenweise

$$(y_1', y_1'') = (x_1', x_1'') + (x_2', x_2'') = (x_1' + x_2', x_1'' + x_2'') \, , \tag{B.2}$$

während die Multiplikation durch

$$(y_2', y_2'') = (x_1', x_1'') \cdot (x_2', x_2'') = (x_1' x_2' - x_1'' x_2'', x_1' x_2'' + x_1'' x_2') \tag{B.3}$$

definiert ist. Multiplizieren wir nun eine rein imaginäre Zahl, z. B. $(0, 1)$ mit sich selbst, so sehen wir, dass sich unter Anwendung von (B.3)

$$(0, 1) \cdot (0, 1) = (-1, 0)$$

eine negative reelle Zahl[1] ergibt. Im Umkehrschluss können wir also folgern, dass die Wurzel einer negativen (reellen) Zahl durch eine rein imaginäre Zahl gegeben ist. Eine wesentliche Vereinfachung ergibt sich durch die Einführung der imaginären Einheit[2] $j = (0, 1)$ mit der Eigenschaft $j \cdot j = -1$. Die imaginäre Komponente einer komplexen Zahl wird dann durch Multiplikation mit der imaginären Einheit gekennzeichnet. Somit können wir (B.2) sehr kompakt durch

$$\begin{aligned} \underline{y}_1 &= y_1' + j\, y_1'' = \underline{x}_1 + \underline{x}_2 \\ &= x_1' + j\, x_1'' + x_2' + j\, x_2'' = (x_1' + x_2') + j\,(x_1'' + x_2'') \end{aligned} \tag{B.4}$$

---

[1]   Weist eine Zahl die Eigenschaft *negativ* oder *positiv* auf, so ist diese Zahl auch reell. Eine komplexe Zahl ist weder positiv noch negativ. Ebenso sind die Relationen *größer* und *kleiner* auf komplexe Zahlen nicht abwendbar.

[2]   In der Mathematik wird die imaginäre Einheit mit i bezeichnet.

und (B.3) durch

$$\underline{y}_2 = y_2' + j\,y_2'' = \underline{x}_1 \cdot \underline{x}_2 \tag{B.5}$$
$$= (x_1' + j\,x_1'') \cdot (x_2' + j\,x_2'') = x_1' x_2' + x_1' j\,x_2'' + j\,x_1'' x_2' + j^2 x_1'' x_2''$$
$$= (x_1' x_2' - x_1'' x_2'') + j\,(x_1' x_2'' + x_1'' x_2')$$

ausdrücken. Bei Berechnungen mit komplexen Zahlen müssen dann lediglich die bekannten Rechenregeln angewendet werden.

■ B.2 Darstellungsformen

Die im Abschnitt B.1 verwendete, nach Real- und Imaginärteil getrennte, Schreibweise wird kartesische Darstellung genannt. Fassen wir nun die komplexe Zahl als Koordinate, also als Punkt in der komplexen Ebene[3] auf, so können wir diese Zahl auch durch den Abstand vom Ursprung (Betrag) und einem Winkel darstellen (Bild B.1). Diese Form heißt *Polardarstellung*. In der komplexen Ebene stellt die Abszisse den Real- und die Ordinate den Imaginärteil dar.

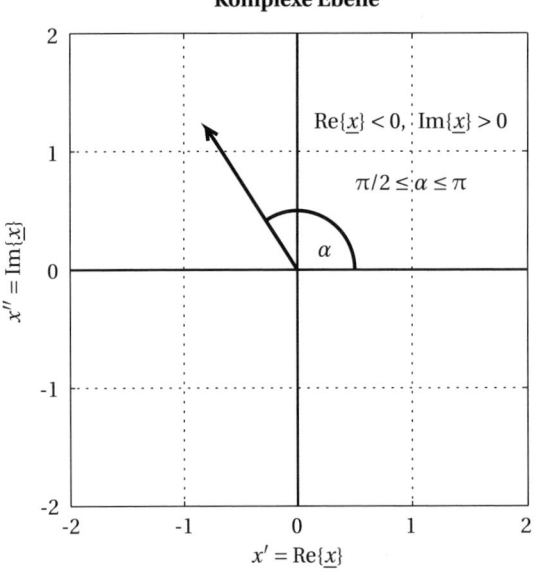

Bild B.1 Die komplexe Zahl $\underline{x}$ lässt sich auch durch den Betrag, also den Abstand zum Ursprung, sowie den Winkel zur positiven Abszisse darstellen. (Hier liegt der Winkel im Bereich $\pi/2 \leq \alpha \leq \pi$, d. h., bei der Winkelberechnung mithilfe der arctan-Funktion muss eine entsprechende Korrektur vorgenommen werden.)

---

[3] Die komplexe Ebene ist ein kartesisches Koordinatensystem, dass durch Real- und Imaginärteil aufgespannt wird.

Mathematisch drücken wir die beiden Darstellungsformen durch

$$\underline{x} = x' + \mathrm{j}\,x'' = \hat{x} \cdot \left(\cos\alpha + \mathrm{j}\sin\alpha\right) \tag{B.6}$$

aus, wobei $\hat{x} > 0$ den Betrag und $-\pi \le \alpha \le \pi$ den Winkel darstellt. Mittels geometrischer Betrachtungen können wir den Betrag und den Winkel aus der kartesischen Form berechnen.

$$\hat{x} = +\sqrt{(x')^2 + (x'')^2} \tag{B.7}$$

$$\alpha = \begin{cases} \arctan\dfrac{x''}{x'} - \pi & \text{für } x' < 0,\ x'' < 0 \\[2ex] \arctan\dfrac{x''}{x'} & \text{für } x' > 0 \\[2ex] \arctan\dfrac{x''}{x'} + \pi & \text{für } x' < 0,\ x'' > 0 \end{cases} \tag{B.8}$$

Aufgrund der Quotientenbildung x''/x' bei der Berechnung des Winkels geht die Information über den Quadranten, in dem die komplexe Zahl (x', x'') liegt, verloren. Daher ist die Fallunterscheidung in (B.8) erforderlich. Liegt die komplexe Zahl direkt im Ursprung, ist also $\underline{x} = 0$, so existiert kein Winkel. (Der Winkel ist in diesem Fall auch nicht null!)

In Bild B.1 ist die komplexe Zahl als Zeiger dargestellt, der vom Ursprung auf das Wertepaar (x', x'') zeigt. Die Länge des Zeigers entspricht dem Betrag der komplexen Zahl. Der Winkel wird immer relativ zur positiven reellen Achse (x-Achse) gezählt.

◼ B.3   Operationen und Rechenregeln

Die Rechenregeln für komplexe Zahlen sind eine Erweiterung der uns bekannten Regeln im Reellen. Eine entsprechende Erweiterung kann auch für Funktionen angegeben werden. Zusätzliche Operationen erleichtern den Umgang mit komplexen Zahlen.

B.3.1   Konjugation

Durch Einführung einer neuen Operation, der *Konjugation*, lassen sich viele Zusammenhänge bei der komplexen Rechnung sehr einfach und elegant darstellen. Die Konjugation ist durch die Negation des Imaginärteils definiert, d. h., beim Konjugieren wird j durch −j ersetzt.[4] Die Konjugation wird durch einen hochgestellten Stern gekennzeichnet.

$$\underline{x}^* = (x' + \mathrm{j}\,x'')^* = x' - \mathrm{j}\,x'' \tag{B.9}$$

---

[4]   Das bezieht sich auf jedes im entsprechenden Ausdruck vorkommende j, auch wenn der zugehörige Faktor nicht der Imaginärteil der komplexen Zahl ist.

B.3.2   Betrag, Betragsquadrat und Winkel

Zur vereinfachten Darstellung der Winkelberechnung wird der Ausdruck (B.8) (inklusive der Fallunterscheidung) durch die Funktion arg dargestellt. Der Winkel wird dann als das *Argument* der komplexen Zahl bezeichnet.

$$\alpha = \arg\{\underline{x}\} \tag{B.10}$$

Die Berechnung des Betrages einer komplexen Zahl erfolgt durch Multiplikation der Zahl mit ihrer Konjugierten. Statt des Betrages, der ja noch die Wurzel enthält, wird oft auch das Betragsquadrat verwendet.

$$\hat{x} = |\underline{x}| = +\sqrt{\underline{x} \cdot \underline{x}^*} \tag{B.11}$$

$$\hat{x}^2 = |\underline{x}|^2 = \underline{x} \cdot \underline{x}^* = (x')^2 + (x'')^2 \tag{B.12}$$

Das Betragsquadrat ist, genau wie der Betrag, immer positiv und stellt ebenfalls ein Maß für den Abstand der Zahl zum Ursprung dar. Da in dem Ausdruck (B.12) keine Wurzel auftritt, lässt dieser sich aber wesentlich einfacher handhaben.

B.3.3   Division und konjugiert komplexe Erweiterung

Die Division ist zunächst nur für reelle Zahlen (außer null) definiert. Damit wir eine Division durch eine komplexe Zahl durchführen können, müssen wir die Zahl so erweitern, dass der Nenner reell wird. Dieses Verfahren wird konjugiert komplexe Erweiterung genannt.

$$\underline{y} = \frac{\underline{x}_1}{\underline{x}_2} = \frac{\underline{x}_1 \cdot \underline{x}_2^*}{\underline{x}_2 \cdot \underline{x}_2^*} = \frac{\underline{x}_1 \cdot \underline{x}_2^*}{|\underline{x}_2|^2} = \frac{x_1' x_2' + x_1'' x_2'' + j\,(x_1'' x_2' - x_1' x_2'')}{(x_2')^2 + (x_2'')^2} \tag{B.13}$$

B.3.4   Real- und Imaginärteil

Durch Addition einer komplexen Zahl mit ihrer konjugiert komplexen hebt sich der Imaginärteil auf. Entsprechend kann durch eine Subtraktion der Realteil eliminiert werden.

$$x' = \mathrm{Re}\{\underline{x}\} = \frac{\underline{x} + \underline{x}^*}{2} \tag{B.14}$$

$$x'' = \mathrm{Im}\{\underline{x}\} = \frac{\underline{x} - \underline{x}^*}{2j} \tag{B.15}$$

Zu beachten ist hierbei, dass sowohl der Real- als auch der Imaginärteil selbst reell sind. Aus diesem Grund ist in (B.15) auch die Division durch 2j erforderlich.

B.3.5   Euler'sche Formel

Die *Euler'sche Formel*[5] stellt einen Zusammenhang zwischen der Exponentialfunktion und den Winkelfunktionen her. Aus der Gleichung (B.16) lassen sich unter Verwendung von (B.14) und (B.15) unmittelbar die Beziehungen (B.17) und (B.18) ableiten.

$$e^{j\alpha} = \cos\alpha + j\sin\alpha \tag{B.16}$$

$$\cos\alpha = \mathrm{Re}\left\{e^{j\alpha}\right\} = \frac{e^{j\alpha} + e^{-j\alpha}}{2} \tag{B.17}$$

$$\sin\alpha = \mathrm{Im}\left\{e^{j\alpha}\right\} = \frac{e^{j\alpha} - e^{-j\alpha}}{2j} \tag{B.18}$$

Die Polardarstellung (B.6) kann damit sehr einfach in der Form

$$\underline{x} = x' + j\,x'' = \hat{x}e^{j\alpha} \tag{B.19}$$

geschrieben werden. Zur Multiplikation oder zur Division ist die Polardarstellung hervorragend geeignet, da nur die Beträge multipliziert bzw. dividiert und die Argumente addiert bzw. subtrahiert werden müssen.

$$\underline{y}_1 = \underline{x}_1 \cdot \underline{x}_2 = \hat{x}_1 e^{j\alpha_1} \cdot \hat{x}_2 e^{j\alpha_2} = \hat{x}_1 \hat{x}_2 \cdot e^{j(\alpha_1 + \alpha_2)} \tag{B.20}$$

$$\underline{y}_2 = \frac{\underline{x}_1}{\underline{x}_2} = \frac{\hat{x}_1 e^{j\alpha_1}}{\hat{x}_2 e^{j\alpha_2}} = \frac{\hat{x}_1}{\hat{x}_2} \cdot e^{j(\alpha_1 - \alpha_2)} \tag{B.21}$$

Sehr hilfreich ist es oft, auch die imaginäre Einheit oder die reelle Zahl -1 durch die Exponentialfunktion auszudrücken: $j = e^{j\pi/2}$, $-j = e^{-j\pi/2}$ und $-1 = e^{j\pi} = e^{-j\pi}$.

---

[5]   Leonhard Euler, Schweizer Mathematiker und Physiker, 1707–1783.

Vektoren und Matrizen

Vektoren und Matrizen sind eine systematische Anordnung von Zahlen oder Variablen. Geometrisch betrachtet beschreibt ein Vektor aus reellen Zahlen einen Punkt in einem mehrdimensionalen Koordinatensystem. Dieser Vektor beinhaltet dann die Entfernung sowie die Richtung der Lage des Punkts, betrachtet vom Ursprung des Koordinatensystems. Diese Anschauungsweise machen wir uns bei der Interpretation von komplexen Zahlen zunutze. In den meisten Anwendungsfällen verwenden wir aber Vektoren und Matrizen zur kompakten Darstellung und Lösung linearer Gleichungssysteme.

■ C.1 Definition und Begriffe

Zunächst wollen wir die Begriffe *Vektor* und *Matrix* erläutern. Eine Matrix ist erst einmal lediglich eine rechteckige zweidimensionale Anordnung von Objekten, die wir *Elemente* nennen. Horizontal nebeneinander angeordnete Elemente nennen wir *Zeile* und vertikal übereinander angeordnete Elemente *Spalte*. Eine $(m \times n)$-Matrix besteht aus m Zeilen und n Spalten. Die Anzahl von Zeilen und Spalten, also $(m \times n)$, ist die *Dimension* der Matrix. Vektoren sind einzeilige oder einspaltige Matrizen.

C.1.1 Zeilen- und Spaltenvektoren

Wir schreiben einen *Zeilenvektor* in der Form

$$\boldsymbol{v} = \left(v_1, v_2, \cdots, v_n\right) \tag{C.1}$$

und einen *Spaltenvektor* stellen wir durch den Ausdruck

$$\boldsymbol{v} = \begin{pmatrix} v_1 \\ v_2 \\ \vdots \\ v_n \end{pmatrix} = \left(v_1, v_2, \cdots, v_n\right)^{\mathrm{T}} \tag{C.2}$$

dar. Eine kompaktere Schreibweise von Spaltenvektoren ermöglicht die Transposition (siehe Abschnitt C.2.1), die durch ein hochgestelltes T gekennzeichnet ist.

Die Addition von Vektoren erfolgt elementweise, wobei nur Vektoren gleicher Dimension addiert werden können. Die Multiplikation eines Vektors mit einem Skalar c bezieht sich ebenfalls auf jedes Element des Vektors, stellt aber keine Anforderungen an die Dimension.

$$c\,\boldsymbol{v} = \left(c\,v_1, c\,v_2, \cdots, c\,v_n\right)$$

C.1.2 Matrizen

Eine Matrix besteht, wie bereits eingangs erwähnt, aus mehreren Zeilen und Spalten. Dementsprechend werden die die Elemente doppelt indiziert.

$$
M = \begin{pmatrix}
M_{1,1} & M_{1,2} & \cdots & M_{1,n} \\
M_{2,1} & M_{2,2} & \cdots & M_{2,n} \\
\vdots & \vdots & \ddots & \vdots \\
M_{m,1} & M_{m,2} & \cdots & M_{m,n}
\end{pmatrix}
\tag{C.3}
$$

Auf das Komma bei der Indizierung wird oftmals verzichtet, sofern dadurch alle Elemente eindeutig gekennzeichnet sind. Entspricht die Anzahl der Zeilen die der Spalten, so sprechen wir von einer *quadratischen Matrix*.

Auch die Addition von Matrizen erfolgt elementweise und ist nur bei gleicher Dimension möglich. Die Multiplikation einer Matrix mit einem Skalar bezieht sich, ebenso wie bei Vektoren, auf jedes Element.

C.1.3 Einheitsvektor und Einheitsmatrix

Unter einem *Einheitsvektor* versteht man einen Vektor, der im geometrischen Sinne auf einen Punkt zeigt, welcher sich im Abstand eins vom Ursprung des Koordinatensystems befindet. Die Länge eines Vektors (auch Betrag oder Norm genannt) lässt sich durch

$$
\|v\| = \sqrt{v_1^2 + v_2^2 + \cdots + v_n^2}
\tag{C.4}
$$

ermitteln. Ein Einheitsvektor ist somit eine reine Richtungsangabe und besitzt ansonsten die Länge eins. Insbesondere sind alle Vektoren der Form

$$
e_i = \left(0, \cdots, 0, 1, 0, \cdots, 0\right),
\tag{C.5}
$$

wobei das i-te Element des Vektors den Wert eins annimmt, Einheitsvektoren und zeigen überdies genau in die Richtung einer dezidierten Achse des Koordinatensystems.

Eine *Einheitsmatrix* ist eine quadratische Matrix, deren Hauptdiagonalelemente eins sind. Alle anderen Elemente sind null.

$$
E = \begin{pmatrix}
1 & 0 & \cdots & 0 \\
0 & 1 & \cdots & 0 \\
\vdots & \vdots & \ddots & \vdots \\
0 & 0 & \cdots & 1
\end{pmatrix}
\tag{C.6}
$$

Die Einheitsmatrix ist das neutrale Element bezüglich der Matrixmultiplikation.

■ C.2 Operationen und Rechenregeln

Bei der Verknüpfung von Vektoren und Matrizen unter- bzw. miteinander muss, wie wir bereits gesehen haben, die Dimension beachtet werden. Darüber hinaus sind viele Operationen nicht kommutativ, d. h., die Reihenfolge der Operanden darf nicht beliebig vertauscht werden.

C.2.1 Transposition

Mit der *Transposition* werden Zeilen und Spalten einer Matrix vertauscht.

$$
\boldsymbol{M}^{\mathrm{T}} = \begin{pmatrix} M_{1,1} & M_{1,2} & \cdots & M_{1,n} \\ M_{2,1} & M_{2,2} & \cdots & M_{2,n} \\ \vdots & \vdots & \ddots & \vdots \\ M_{m,1} & M_{m,2} & \cdots & M_{m,n} \end{pmatrix}^{\mathrm{T}} = \begin{pmatrix} M_{1,1} & M_{2,1} & \cdots & M_{m,1} \\ M_{1,2} & M_{2,2} & \cdots & M_{m,2} \\ \vdots & \vdots & \ddots & \vdots \\ M_{1,n} & M_{2,n} & \cdots & M_{m,n} \end{pmatrix}
\tag{C.7}
$$

Damit ändert sich die Dimension einer (im Allgemeinen nicht quadratischen) Matrix, d. h., aus einer $(m \times n)$-Matrix wird eine $(n \times m)$-Matrix. Häufig wird die Transposition mit der Konjugation verknüpft. Hierbei werden die (komplexen) Elemente nicht nur vertauscht, sondern auch konjugiert. Diese Operation wird als *Transjunktion* bezeichnet und durch einen hochgestellten Stern gekennzeichnet.

$$
\underline{\boldsymbol{M}}^{*} = \begin{pmatrix} \underline{M}_{1,1} & \underline{M}_{1,2} & \cdots & \underline{M}_{1,n} \\ \underline{M}_{2,1} & \underline{M}_{2,2} & \cdots & \underline{M}_{2,n} \\ \vdots & \vdots & \ddots & \vdots \\ \underline{M}_{m,1} & \underline{M}_{m,2} & \cdots & \underline{M}_{m,n} \end{pmatrix}^{*} = \begin{pmatrix} \underline{M}_{1,1}^{*} & \underline{M}_{2,1}^{*} & \cdots & \underline{M}_{m,1}^{*} \\ \underline{M}_{1,2}^{*} & \underline{M}_{2,2}^{*} & \cdots & \underline{M}_{m,2}^{*} \\ \vdots & \vdots & \ddots & \vdots \\ \underline{M}_{1,n}^{*} & \underline{M}_{2,n}^{*} & \cdots & \underline{M}_{m,n}^{*} \end{pmatrix}
\tag{C.8}
$$

Wenden wir diese Operation auf Vektoren an, so wird ein transponierter oder transjungierter Zeilenvektor zu einem Spaltenvektor und umgekehrt.

C.2.2 Multiplikation von Vektoren und Matrizen

Die Multiplikation eines Zeilenvektors

$$
\boldsymbol{a} = \left(a_1, a_2, \cdots, a_n \right)
$$

mit einem Spaltenvektor gleicher Länge

$$
\boldsymbol{b} = \left(b_1, b_2, \cdots, b_n \right)^{\mathrm{T}}
$$

liefert das *Skalarprodukt*

$$
c = \boldsymbol{a} \cdot \boldsymbol{b} = \left(a_1, a_2, \cdots, a_n \right) \cdot \begin{pmatrix} b_1 \\ b_2 \\ \vdots \\ b_n \end{pmatrix} = a_1 \, b_1 + a_2 \, b_2 + \cdots + a_n \, b_n
\tag{C.9}
$$

und wird auch *inneres Vektorprodukt* genannt. Das Ergebnis ist immer eine skalare Größe. Das Quadrat der in Abschnitt C.1.3 erwähnten Norm eines komplexen $(n \times 1)$-Spaltenvektors $\boldsymbol{v}$ kann also im allgemeinen Fall durch das Skalarprodukt

$$
\|\boldsymbol{v}\|^2 = \boldsymbol{v}^{*} \cdot \boldsymbol{v} = \left(\underline{v}_1^{*}, \underline{v}_2^{*}, \cdots, \underline{v}_n^{*} \right) \cdot \begin{pmatrix} \underline{v}_1 \\ \underline{v}_2 \\ \vdots \\ \underline{v}_n \end{pmatrix} = |\underline{v}_1|^2 + |\underline{v}_2|^2 + \cdots + |\underline{v}_n|^2
\tag{C.10}
$$

ausgedrückt werden. Das Ergebnis wird in jedem Fall, also auch bei komplexen Elementen, immer ein nicht negativer Wert sein.

Die Operation in Gleichung C.9 können wir uns vorstellen, indem wir den rechten Spaltenvektor um 90° drehen und auf den linken Zeilenvektor legen. Sodann multiplizieren wir die aufeinanderfallenden Elemente und summieren alle Produkte. Jetzt vertauschen wir die Reihenfolge der beiden Vektoren a und b. Wir multiplizieren nun also einen Spaltenvektor mit einem Zeilenvektor und erhalten als Ergebnis eine quadratische $(n \times n)$-Matrix

$$
M = b \times a = \begin{pmatrix} b_1 \\ b_2 \\ \vdots \\ b_n \end{pmatrix} \times (a_1, a_2, \cdots, a_n) = \begin{pmatrix} b_1\,a_1 & b_1\,a_2 & \cdots & b_1\,a_n \\ b_2\,a_1 & b_2\,a_2 & \cdots & b_2\,a_n \\ \vdots & \vdots & \ddots & \vdots \\ b_n\,a_1 & b_n\,a_2 & \cdots & b_n\,a_n \end{pmatrix}. \tag{C.11}
$$

Das Ergebnis dieser Operation wird als *Kreuzprodukt* oder auch als *äußeres Vektorprodukt* bezeichnet. Hierbei bilden wir die erste Zeile der Matrix durch Multiplikation des Zeilenvektors rechts mit dem ersten Element des Spaltenvektors links. Für die zweite Zeile verfahren wir ebenso, wobei wir nun den Zeilenvektor mit dem zweiten Element des Spaltenvektors multiplizieren. Auf diese Weise entsteht eine quadratische Matrix.

Nun kombinieren wir diese beiden Operationen zur *Matrixmultiplikation*. Dabei muss die Spaltenanzahl k der linken Matrix mit der Zeilenanzahl der rechten Matrix übereinstimmen. Wir multiplizieren somit eine $(m \times k)$-Matrix mit einer Matrix der Dimension $(k \times n)$ und erhalten als Ergebnis eine $(m \times n)$-Matrix.

$$
M = A \cdot B = \begin{pmatrix} A_{1,1} & A_{1,2} & \cdots & A_{1,k} \\ A_{2,1} & A_{2,2} & \cdots & A_{2,k} \\ \vdots & \vdots & \ddots & \vdots \\ A_{m,1} & A_{m,2} & \cdots & A_{m,k} \end{pmatrix} \cdot \begin{pmatrix} B_{1,1} & B_{1,2} & \cdots & B_{1,n} \\ B_{2,1} & B_{2,2} & \cdots & B_{2,n} \\ \vdots & \vdots & \ddots & \vdots \\ B_{k,1} & B_{k,2} & \cdots & B_{k,n} \end{pmatrix} \tag{C.12}
$$

$$
= \begin{pmatrix} A_{1,1}B_{1,1} + \cdots + A_{1,k}B_{k,1} & \cdots & A_{1,1}B_{1,n} + \cdots + A_{1,k}B_{k,n} \\ A_{2,1}B_{1,1} + \cdots + A_{2,k}B_{k,1} & \cdots & A_{2,1}B_{2,n} + \cdots + A_{2,k}B_{k,n} \\ \vdots & \ddots & \vdots \\ A_{m,1}B_{1,1} + \cdots + A_{m,k}B_{k,1} & \cdots & A_{m,1}B_{2,n} + \cdots + A_{m,k}B_{k,n} \end{pmatrix}
$$

Das Element $(1,1)$ der Ergebnismatrix M bilden wir also, indem wir die erste Zeile der Matrix A mit der ersten Spalte der Matrix B skalar multiplizieren. So verfahren wir mit jedem Element der Ergebnismatrix. Das Element (i, j) wird also aus der i-ten Zeile von A und der j-ten Spalte von B gebildet. Stimmt die Zeilenanzahl der linken Matrix mit der Spaltenanzahl der rechten Matrix überein, so erhalten wir als Ergebnis eine quadratische Matrix.

Bezüglich der Multiplikation von Vektoren und Matrizen gilt das *Kommutativgesetz* nicht, d. h., die Reihenfolge der Operanden darf nicht beliebig vertauscht werden.

Beispiel C.1 Matrixmultiplikation

$$
\begin{pmatrix} 1 & 2 & 3 \\ 4 & 5 & 6 \\ 7 & 8 & 9 \end{pmatrix} \cdot \begin{pmatrix} 11 & 12 \\ 13 & 14 \\ 15 & 16 \end{pmatrix} = \begin{pmatrix} 1\cdot11+2\cdot13+3\cdot15 & 1\cdot12+2\cdot14+3\cdot16 \\ 4\cdot11+5\cdot13+6\cdot15 & 4\cdot12+5\cdot14+6\cdot16 \\ 7\cdot11+8\cdot13+9\cdot15 & 7\cdot12+8\cdot14+9\cdot16 \end{pmatrix} = \begin{pmatrix} 82 & 88 \\ 199 & 214 \\ 316 & 340 \end{pmatrix}
$$

C.2.3   Determinanten

Jeder quadratischen Matrix lässt sich eine Zahl zuordnen, die als *Determinante* bezeichnet wird. Die Berechnung der Determinante einer (2×2)-Matrix erfolgt, indem vom Produkt der *Hauptdiagonalelemente* das Produkt der *Nebendiagonalelemente* subtrahiert wird.

$$D = \det \begin{pmatrix} M_{11} & M_{12} \\ M_{21} & M_{22} \end{pmatrix} = \begin{vmatrix} M_{11} & M_{12} \\ M_{21} & M_{22} \end{vmatrix} = M_{11}\,M_{22} - M_{21}\,M_{12} \tag{C.13}$$

Quadratische Matrizen und deren Determinanten der Dimension $(n \times n)$ nennt man der Einfachheit halber auch n-reihig.

Höherreihige Determinanten zu berechnen ist wesentlich aufwendiger. Die Berechnung einer n-reihigen Determinante wird auf die Berechnung mehrerer $(n-1)$-reihiger Determinanten zurückgeführt. Dieser Entwicklungssatz wird so lange angewandt, bis nur noch zweireihige Determinanten übrig sind. Die Entwicklung kann nach einer Zeile oder einer Spalte erfolgen. Zur Entwicklung nach der ersten Spalte wird zunächst die erste Spalte und dann der Reihe nach je eine Zeile gestrichen. Die nicht gestrichenen Elemente ergeben eine $(n-1)$-reihige *Unterdeterminante*. Diese wird dann mit dem Element multipliziert, über dem sich die Streichungen kreuzen. Das Produkt wird dann noch mit dem *Vorzeichenmuster*

$$\begin{matrix} + & - & + & \cdots \\ - & + & - & \cdots \\ + & - & + & \cdots \\ \vdots & \vdots & \vdots & \ddots \end{matrix}$$

versehen. Das Vorzeichen des Elements (i, k) ist also durch $(-1)^{i+k}$ gegeben. Wir wollen hier die Berechnung beispielhaft für eine dreireihige und eine vierreihige Determinante zeigen.

$$\begin{vmatrix} M_{11} & M_{12} & M_{13} \\ M_{21} & M_{22} & M_{23} \\ M_{31} & M_{32} & M_{33} \end{vmatrix} = M_{11} \cdot \begin{vmatrix} M_{22} & M_{23} \\ M_{32} & M_{33} \end{vmatrix} - M_{21} \cdot \begin{vmatrix} M_{12} & M_{13} \\ M_{32} & M_{33} \end{vmatrix} + M_{31} \cdot \begin{vmatrix} M_{12} & M_{13} \\ M_{22} & M_{23} \end{vmatrix}$$

$$\begin{vmatrix} M_{11} & M_{12} & M_{13} & M_{14} \\ M_{21} & M_{22} & M_{23} & M_{24} \\ M_{31} & M_{32} & M_{33} & M_{34} \\ M_{41} & M_{42} & M_{43} & M_{44} \end{vmatrix} = M_{11} \cdot \begin{vmatrix} M_{22} & M_{23} & M_{23} \\ M_{32} & M_{33} & M_{34} \\ M_{42} & M_{43} & M_{44} \end{vmatrix} - M_{21} \cdot \begin{vmatrix} M_{12} & M_{13} & M_{14} \\ M_{32} & M_{33} & M_{34} \\ M_{42} & M_{43} & M_{44} \end{vmatrix}$$

$$+ M_{31} \cdot \begin{vmatrix} M_{12} & M_{13} & M_{14} \\ M_{22} & M_{23} & M_{24} \\ M_{42} & M_{43} & M_{44} \end{vmatrix} - M_{41} \cdot \begin{vmatrix} M_{12} & M_{13} & M_{14} \\ M_{22} & M_{23} & M_{24} \\ M_{32} & M_{33} & M_{34} \end{vmatrix}$$

Beispiel C.2 Determinante

$$\begin{vmatrix} 1 & 2 & 3 \\ 4 & 5 & 6 \\ 7 & 8 & 9 \end{vmatrix} = 1 \cdot \begin{vmatrix} 5 & 6 \\ 8 & 9 \end{vmatrix} - 4 \cdot \begin{vmatrix} 2 & 3 \\ 8 & 9 \end{vmatrix} + 7 \cdot \begin{vmatrix} 2 & 3 \\ 5 & 6 \end{vmatrix} = 0$$

C.2.4   Adjunkte

Die *Adjunkte* eines Matrixelements (i, k) ist die durch Streichen der i-ten Zeile und der k-ten Spalte hervorgehende Unterdeterminante, versehen mit dem bereits aus Abschnitt C.2.3 bekannten Vorzeichenmuster $(-1)^{i+k}$. Die Adjunkte wird auch als algebraisches Komplement bezeichnet. Betrachten wir die Matrix

$$M = \begin{pmatrix} M_{11} & M_{12} & M_{13} & M_{14} \\ M_{21} & M_{22} & M_{23} & M_{24} \\ M_{31} & M_{32} & M_{33} & M_{34} \\ M_{41} & M_{42} & M_{43} & M_{44} \end{pmatrix},$$

so ist beispielsweise die zum Element M_{32} gehörige Adjunkte gegeben durch

$$\widetilde{M}_{32} = (-1)^{3+2} \cdot \begin{vmatrix} M_{11} & M_{13} & M_{14} \\ M_{21} & M_{23} & M_{24} \\ M_{41} & M_{43} & M_{44} \end{vmatrix} = - \begin{vmatrix} M_{11} & M_{13} & M_{14} \\ M_{21} & M_{23} & M_{24} \\ M_{41} & M_{43} & M_{44} \end{vmatrix}.$$

C.2.5   Matrixinversion

Ist die Determinante $\det M$ einer quadratischen Matrix von null verschieden, so existiert eine *inverse Matrix* M^{-1}, sodass das Produkt

$$M^{-1} \cdot M = E \tag{C.14}$$

die Einheitsmatrix ergibt. Zur Berechnung der inversen Matrix M^{-1} können wir (C.14) auswerten. Die Inversion einer n-reihigen Matrix führt dabei auf n lineare Gleichungssysteme mit jeweils n Gleichungen.
Für die praktische Anwendung besser geeignet ist der kompakte Ausdruck

$$M^{-1} = \frac{1}{\det M} \begin{pmatrix} \widetilde{M}_{1,1} & \widetilde{M}_{1,2} & \cdots & \widetilde{M}_{1,n} \\ \widetilde{M}_{2,1} & \widetilde{M}_{2,2} & \cdots & \widetilde{M}_{2,n} \\ \vdots & \vdots & \ddots & \vdots \\ \widetilde{M}_{n,1} & \widetilde{M}_{n,2} & \cdots & \widetilde{M}_{n,n} \end{pmatrix}^{\mathrm{T}}, \tag{C.15}$$

wobei $\widetilde{M}_{i,k}$ die zum Element (i, k) gehörige Adjunkte ist. Der Aufwand der *Matrixinversion* steigt mit der Dimension der zu invertierenden Matrix also stark an. Numerisch lässt sich das allerdings recht leicht bewerkstelligen, da alle gängigen Mathematikprogramme, wie z. B. Octave, und sogar einige Taschenrechner über entsprechende Algorithmen verfügen.
Die Inversion einer zweireihigen Matrix ist auch analytisch sehr kompakt darstellbar, da sich die Adjunkten auf jeweils ein Element reduzieren.

$$\begin{pmatrix} M_{11} & M_{12} \\ M_{21} & M_{22} \end{pmatrix}^{-1} = \frac{\begin{pmatrix} +M_{22} & -M_{21} \\ -M_{12} & +M_{11} \end{pmatrix}^{\mathrm{T}}}{M_{11}M_{22} - M_{21}M_{12}} = \frac{\begin{pmatrix} +M_{22} & -M_{12} \\ -M_{21} & +M_{11} \end{pmatrix}}{M_{11}M_{22} - M_{21}M_{12}} \tag{C.16}$$

■ C.3   Lineare Gleichungssysteme

Wir wenden Vektoren und Matrizen zu einer strukturierten Darstellung und systematischen Lösung linearer Gleichungssysteme an. Dazu stellen wir das Gleichungssystem, bestehend aus n Gleichungen mit n Unbekannten $x_1, x_2, \ldots x_n$ der Form

$$
\begin{aligned}
a_{1,1}\, x_1 + a_{1,2}\, x_2 + a_{1,3}\, x_3 + \cdots + a_{1,n}\, x_n &= b_1 \\
a_{2,1}\, x_1 + a_{2,2}\, x_2 + a_{2,3}\, x_3 + \cdots + a_{2,n}\, x_n &= b_2 \\
\vdots \qquad \vdots \qquad \vdots \qquad\ \ \vdots \quad \vdots & \\
a_{n,1}\, x_1 + a_{n,2}\, x_2 + a_{n,3}\, x_3 + \cdots + a_{n,n}\, x_n &= b_n
\end{aligned}
\tag{C.17}
$$

in der Matrizen-Schreibweise

$$
A \cdot x = b \tag{C.18}
$$

kompakt dar, wobei die Matrix

$$
A = \begin{pmatrix}
a_{1,1} & a_{1,2} & a_{1,3} & \cdots & a_{1,n} \\
a_{2,1} & a_{2,2} & a_{2,3} & \cdots & a_{2,n} \\
\vdots & \vdots & \vdots & \ddots & \vdots \\
a_{n,1} & a_{n,2} & a_{n,3} & \cdots & a_{n,n}
\end{pmatrix}
$$

sowie der Vektor $b = (b_1, b_2, \cdots, b_n)^{\mathrm{T}}$ gegeben sind. Sofern n linear unabhängige Gleichungen vorliegen, wird die Matrix A auch quadratisch und stets invertierbar sein. Bei den in Kapitel 6 beschriebenen Verfahren zur Netzwerkanalyse ist dies immer der Fall.

Zur Lösung des Gleichungssystems multiplizieren wir (C.18) von links mit A^{-1}.

$$
\underbrace{A^{-1} \cdot A}_{= E} \cdot x = A^{-1} \cdot b
$$

$$
x = A^{-1} \cdot b \tag{C.19}
$$

Damit führen wir die Lösung des linearen Gleichungssystems auf eine Matrixinversion sowie die Multiplikation einer Matrix mit einem Vektor zurück.

Beispiel C.3 Lösung eines linearen Gleichungssystem

$$
\begin{aligned}
6x_1 + 3x_2 - 2x_3 &= 6 \\
4x_1 - 2x_2 + x_3 &= 3 \\
2x_1 + x_2 - x_3 &= 1
\end{aligned}
\quad \Leftrightarrow \quad
\begin{pmatrix}
6 & 3 & -2 \\
4 & -2 & 1 \\
2 & 1 & -1
\end{pmatrix}
\cdot
\begin{pmatrix} x_1 \\ x_2 \\ x_3 \end{pmatrix}
=
\begin{pmatrix} 6 \\ 3 \\ 1 \end{pmatrix}
$$

$$
A \cdot x = b \quad \text{mit} \quad
A = \begin{pmatrix} 6 & 3 & -2 \\ 4 & -2 & 1 \\ 2 & 1 & -1 \end{pmatrix}
\quad \text{sowie} \quad
x = \begin{pmatrix} x_1 \\ x_2 \\ x_3 \end{pmatrix}
\quad \text{und} \quad
b = \begin{pmatrix} 6 \\ 3 \\ 1 \end{pmatrix}
$$

$$
x = A^{-1} \cdot b =
\begin{pmatrix} 6 & 3 & -2 \\ 4 & -2 & 1 \\ 2 & 1 & -1 \end{pmatrix}^{-1}
\cdot
\begin{pmatrix} 6 \\ 3 \\ 1 \end{pmatrix}
= \frac{1}{8}
\begin{pmatrix} 1 & 1 & -1 \\ 6 & -2 & -14 \\ 8 & 0 & -24 \end{pmatrix}
\cdot
\begin{pmatrix} 6 \\ 3 \\ 1 \end{pmatrix}
=
\begin{pmatrix} 1 \\ 2 \\ 3 \end{pmatrix}
$$

■

Ergänzende und weiterführende Literatur

Grundlagen der Elektrotechnik

[1] *Albach, Manfred*: Grundlagen der Elektrotechnik 1. 3. Auflage, Pearson Studium, München, 2011.

[2] *Albach, Manfred*: Grundlagen der Elektrotechnik 2. 2. Auflage, Pearson Studium, München, 2011.

[3] *Altmann, Siegfried; Schlayer, Detlef*: Elektrotechnik. 4. Auflage, Fachbuchverlag Leipzig im Carl Hanser Verlag, München, 2008.

[4] *Bernstein, Herbert*: Elektrotechnik in der Praxis. De Gruyter Oldenbourg, Berlin, 2016.

[5] *Clausert, Horst; Wiesemann, Gunther; Hinrichsen, Volker; Stenzel, Jürgen*: Grundgebiete der Elektrotechnik 1: Gleichstromnetze. 11. Auflage, De Gruyter Oldenbourg, München, 2011.

[6] *Clausert, Horst; Wiesemann, Gunther; Hinrichsen, Volker; Stenzel, Jürgen*: Grundgebiete der Elektrotechnik 2: Wechselströme. 12. Auflage, De Gruyter Oldenbourg, Berlin, 2015.

[7] *Felderhoff, Rainer; Freyer, Ulrich*: Elektrische und elektronische Messtechnik. 8. Auflage, Fachbuchverlag Leipzig im Carl Hanser Verlag, München, 2007.

[8] *Felleisen, Michael*: Elektrotechnik für Dummies. 1. Auflage, Wiley-VCH Verlag, Weinheim, 2016.

[9] *Führer, Arnold; Heidemann, Klaus; Nerreter, Wolfgang*: Grundgebiete der Elektrotechnik 1. 9. Auflage, Fachbuchverlag Leipzig im Carl Hanser Verlag, München, 2012.

[10] *Führer, Arnold; Heidemann, Klaus; Nerreter, Wolfgang*: Grundgebiete der Elektrotechnik 2. 9. Auflage, Fachbuchverlag Leipzig im Carl Hanser Verlag, München, 2011.

[11] *Hagmann, Gert*: Grundlagen der Elektrotechnik. 17. Auflage, Aula Verlag, Wiebelsheim, 2017.

[12] *Kindler, Herbert; Haim, Klaus-Dieter*: Grundzusammenhänge der Elektrotechnik. 1. Auflage, Vieweg-Verlag, Wiesbaden, 2006.

[13] *Moeller, Franz; Frohne, Heinrich*: Grundlagen der Elektrotechnik. 21. Auflage, Vieweg + Teubner, Wiesbaden, 2008.

[14] *Nitsch, Jürgen; Knauff, Uwe; Magdowski, Mathias*: Einführung in die Elektrotechnik. Shaker Verlag, Aachen, 2010.

[15] *Ose, Rainer*: Elektrotechnik für Ingenieure. 3. Auflage, Fachbuchverlag Leipzig im Carl Hanser Verlag, München, 2005.

[16] *Pregla, Reinhold*: Grundlagen der Elektrotechnik. 8. Auflage, Hüthig Verlag, Heidelberg, 2009.

[17] *Schmidt, Lorenz-Peter; Schaller, Gerd; Martius, Siegfried*: Grundlagen der Elektrotechnik 3. Pearson Studium, München, 2006.

[18] *Stiny, Leonard*: Elektrotechnik für Studierende, Bd. 1 – Grundlagen. 1. Auflage, Christiani Verlag, Konstanz, 2012.

[19] *Stiny, Leonard*: Elektrotechnik für Studierende, Bd. 2 – Gleichstrom. 1. Auflage, Christiani Verlag, Konstanz, 2012.

[20] *Stiny, Leonard*: Elektrotechnik für Studierende, Bd. 3 – Wechselstrom. 1. Auflage, Christiani Verlag, Konstanz, 2014.

[21] *Wagner, Andreas*: Elektrische Netzwerkanalyse. Books on Demand, Norderstedt, 2001.

[22] *Weißgerber, Wilfried*: Elektrotechnik für Ingenieure 1. 10. Auflage, Springer Fachmedien, Wiesbaden, 2015.

[23] *Weißgerber, Wilfried*: Elektrotechnik für Ingenieure 2. 9. Auflage, Springer Fachmedien, Wiesbaden, 2015.

[24] *Zastrow, Dieter*: Elektrotechnik. 17. Auflage, Vieweg + Teubner, Wiesbaden, 2010.

Theoretische Elektrotechnik, Netzwerk- und Systemtheorie

[25] *Ballas, Rüdiger Gregor; Pfeifer, Günther; Werthschützky, Roland*: Elektromechanische Systeme der Mikrotechnik und Mechatronik. 2. Auflage, Springer Verlag, Berlin, Heidelberg, 1994.

[26] *Belevitch, Vitold*: Classical Network Theory. Holden-Day Inc., San Francisco, 1968.

[27] *Herter, Eberhard; Lörcher, Wolfgang*: Nachrichtentechnik. 9. Auflage, Fachbuchverlag Leipzig im Carl Hanser Verlag, München, 2004.

[28] *Mathis, Wolfgang; Reibiger, Albrecht*: Küpfmüller Theoretische Elektrotechnik. 20. Auflage, Springer Verlag, Berlin, Heidelberg, 2017.

[29] *Papoulis, Athanasios*: Circuits and Systems. Holt, Rinehart and Winston Inc., Fort Worth, Chicago, 1980.

[30] *Schüßler, Hans Wilhelm*: Netzwerke, Signale und Systeme. 3. Auflage, Springer Verlag, Berlin, Heidelberg, 1991.

[31] *Simonyi, Károly*: Theoretische Elektrotechnik. 10. Auflage, Barth Verlag, Deutscher Verlag der Wissenschaft, Leipzig, 1993.

[32] *Süße, Roland (Hrsg.)*: Theoretische Grundlagen der Elektrotechnik 1. 1. Auflage, Teubner Verlag, Wiesbaden, 2005.

[33] *Süße, Roland (Hrsg.)*: Theoretische Grundlagen der Elektrotechnik 2. 1. Auflage, Teubner Verlag, Wiesbaden, 2006.

Aufgabensammlungen

[34] *Führer, Arnold; Heidemann, Klaus; Nerreter, Wolfgang*: Grundgebiete der Elektrotechnik 3. 9. Auflage, Fachbuchverlag Leipzig im Carl Hanser Verlag, München, 2015.

[35] *ter Haseborg, Jan Luiken; Schuster, Christian; Kasper, Manfred*: Fit für die Prüfung – Elektrotechnik. Fachbuchverlag Leipzig im Carl Hanser Verlag, München, 2015.

[36] *Mattes, Heinz*: Übungskurs Elektrotechnik 1. Springer Verlag, Berlin, Heidelberg, 1992.

[37] *Mattes, Heinz*: Übungskurs Elektrotechnik 2. Springer Verlag, Berlin, Heidelberg, 1994.

[38] *Stiny, Leonhard*: Aufgabensammlung zur Elektrotechnik und Elektronik. 3. Auflage, Springer Fachmedien, Wiesbaden, 2017.

Formelsammlungen, Tabellen- und Übersichtswerke

[39] *Böttle, Peter; Fehmel, Gerd*: Formeln und Tabellen der Elektrotechnik. 4. Auflage, Vogel Verlag, Würzburg, 1997.

[40] *Dietmeier, Ulrich*: Formelsammlung der Elektrotechnik. 10. Auflage, Oldenbourg Wissenschaftsverlag, München, Wien, 2009.

[41] *Metz, Dieter; Naundorf, Uwe; Schlabbach, Jürgen*: Kleine Formelsammlung Elektrotechnik. 6. Auflage, Fachbuchverlag Leipzig im Carl Hanser Verlag, München, 2014.

[42] *Plaßmann, Wilfried; Schulz, Detlef (Hrsg.)*: Handbuch Elektrotechnik. 7. Auflage, Springer Vieweg, Wiesbaden, 2016.

Mathematik

[43] *Bronštejn, Il'ja Nikolaevič*: Taschenbuch der Mathematik. 10. Auflage, Verlag Europa-Lehrmittel, Haan-Gruiten, 2016.

[44] *Bucher, Stephan*: Anwendungsorientierte Mathematik für Techniker. Fachbuchverlag Leipzig im Carl Hanser Verlag, München, 2016.

[45] *Eaton, John; Bateman, David; Hauberg, Søren; Wehbring, Rik*: GNU Octave. Edition 4 for Octave version 4.2.1, February 2017. Online: www.gnu.org/software/octave/octave.pdf

[46] *Hämmerlin, Günther; Hoffmann, Karl-Heinz*: Numerische Mathematik. 4. Auflage, Springer Verlag, Berlin, Heidelberg, 1994.

[47] *Hoffmann, Josef; Quint, Franz*: Simulation technischer linearer und nichtlinearer Systeme mit MATLAB/Simulink. De Gruyter Oldenbourg, München, 2014.

[48] *Koecher, Max*: Lineare Algebra und analytische Geometrie. 4. Auflage, Springer Verlag, Berlin, Heidelberg, 1997.

[49] *Stein, Ulrich*: Programmieren mit Matlab. 6. Auflage, Fachbuchverlag Leipzig im Carl Hanser Verlag, München, 2017.

[50] *Walter, Wolfgang*: Analysis 1. 7. Auflage, Springer Verlag, Berlin, Heidelberg, 2004.

[51] *Walter, Wolfgang*: Analysis 2. 5. Auflage, Springer Verlag, Berlin, Heidelberg, 2002.

Index

Für den schnellen Durchblick

Lindner, Brauer, Lehmann
Taschenbuch der Elektrotechnik und Elektronik
10., aktualisierte Auflage
693 Seiten
€ 28,–. ISBN 978-3-446-44497-3

Alles Wichtige zur Elektrotechnik, elektrischen Maschinen und Elektronik aufbereitet in einem Taschenbuch. Das Werk hilft Schülern und Studierenden technischer und wirtschaftlicher Ausbildungsrichtungen beim Verständnis der Lehrinhalte und der Prüfungsvorbereitung, indem es Wissen in konzentrierter und leicht erfassbarer Form bietet. Zusätzlich enthält das Buch Übersichten zu Schalt- und Formelzeichen sowie Einheiten und Abkürzungen. Für den Praktiker der Elektrobranche ist das Nachschlagen von Fachbegriffen und Auffrischen des vorhanden Wissens auf schnellem Wege möglich.